集外编余论稿

马国馨 编著

天津大学出版社
TIANJIN UNIVERSITY PRESS

图书在版编目(CIP)数据

集外编余论稿 / 马国馨编著. -- 天津:天津大学出版社,2019.4
ISBN 978-7-5618-5560-7

Ⅰ.①集… Ⅱ.①马… Ⅲ.①建筑设计-文集 Ⅳ.①TU2-53

中国版本图书馆CIP数据核字(2019)第063019号

Jiwai Bianyu Lungao

策划编辑：金　磊　韩振平　苗　淼
责任编辑：刘　浩
美术设计：朱有恒　董晨曦

出版发行　天津大学出版社
地　　址　天津市卫津路92号天津大学内（邮编：300072）
电　　话　韩振平工作室：022-27402281
网　　址　publish.tju.edu.cn
印　　刷　北京利丰雅高长城印刷有限公司
经　　销　全国各地新华书店
开　　本　210mm × 285mm
印　　张　13.5
字　　数　340千
版　　次　2019年4月第1版
印　　次　2019年4月第1次
定　　价　136.00元

马国馨，1942 年出生于山东省济南市。1959—1965 年就读于清华大学建筑系，后到北京市建筑设计研究院（现北京市建筑设计研究院有限公司）工作至今。现为院总建筑师，教授级高级建筑师，国家一级注册建筑师，APEC 注册建筑师。1981—1983 年在日本丹下健三都市建筑设计研究所研修，1994 年被授予全国工程勘察设计大师称号，1997 年被选为中国工程院院士。曾任中国科学技术协会常务委员、北京市科学技术协会副主席、中国建筑学会副理事长等职，现任中国文物学会 20 世纪建筑遗产委员会会长。

主要负责和主持的设计作品有北京国际俱乐部（1972）、15 号宾馆羽毛球馆和游泳馆（1973）、北京前三门住宅规划设计（1976）、毛主席纪念堂（1977）、北京国家奥林匹克体育中心（1990）、首都国际机场 2 号航站楼和停车楼（1999）、北京宛平中国人民抗日战争纪念雕塑园（2000）等，曾获国家科技进步二等奖（一项），北京市科技进步特等奖（一项），全国优秀工程设计金奖（两项）、银奖（一项），建设部优秀设计一等奖（两项），北京市优秀工程特等奖（一项）、一等奖（两项），国际体育休闲娱乐设施协会银奖（一项）等。

主要学术著作有：《丹下健三》（1989）、《日本建筑论稿》（1999）、《体育建筑论稿——从亚运到奥运》（2007）、《建筑求索论稿》（2009）、《礼士路札记》（2012）、《走马观城》（2013）、《求一得集》（2014）、《长系师友情》（2015）、《环境城市论稿》（2016）、《南礼士路 62 号——半个世纪建院情》（2018）；另著有《学步存稿》（2008）、《寻写真趣》（2009）、《学步续稿》（2010）、《清华学人剪影》（2011）、《寻写真趣 2》（2011）、《建筑学人剪影》（2012）、《学步三稿》（2012）、《科技学人剪影》（2014）、《敝帚集》（2016、2017）、《寻写真趣 3》（2017）等。

目录

住宅的现状

注：本文是柴裴义和作者在日本东京研修时，合作发表于 1981 年 11 月日本《玻璃与建筑》的增刊号《中国建筑》上的一篇论文，题目是“住宅的现状”，主要介绍了当时北京市的住宅建设概况。最近作者将该论文由日文（见图 1）译为中文。

中华人民共和国成立以来，住宅问题一直是重要的课题，每年都有大规模的住宅整治和开发工作。在 30 年前（1949 年以前），北京的住宅几乎都是传统的四合院，总面积约 1325 万㎡，但此后到 1980 年间新建住宅即达 3658 万㎡。

最近我国的经济建设进入调整阶段，亦即建设的规模要压缩，特别是大的工业基建项目压缩或延期，但是由于住宅供应不足，所以住宅建设仍高速、大规模地进行。今年（1981 年）1—8 月全国住宅开工面积为 8778 万㎡，竣工面积为 1951 万㎡。仅以北京为例，1979 年竣工面积 266 万㎡，1980 年 356 万㎡，今年预计达到 400 万㎡以上。

但是作为有着 10 亿人口的发展中国家，中国即使保持这样的规模和速度也还不能满足人民的需要，要解决住宅困难的问题，恐怕还需要相当长的时间。可以说住宅问题是我国面临的众多问题之中一个最大的问题。今后的住宅建设，必须在质和量两方面都有更大的提高。

我国的住宅建设与日本不同的地方很多。住宅研究开发的资金均由国家投资，住宅建设的政策和计划以及设计标准等，均由建设委员会等单位统一制定。住宅建设一部分（相当主要的部分）由城市建设开发公司或房管局进行建设和管理，另外还有一部分由机关、工厂、学校等单位建设和管理。

住宅的分配问题就更加复杂，有像日本那样采取抽签的方式等各种各样的分配方案。一般要根据工作人员的工作年限、本人年龄、子女年龄、家庭人口、现在的居住水平等诸多因素加以综合考量而最后决定。另外由于中国的住宅建设是非盈利的福利分配，交费十分便宜，普通的 55 ㎡的单元房每月为 5~8 元（编者注：100 年偿还，利息没有，地价也没有，实际计算如此）。

住宅建设量在日本是按户数计算，中国则按平方米，1 户的平均面积可按 55~60 ㎡计算。

建筑面积是指由外墙所包围起来的一户面积。北京的住宅每户有 140、90、70、55 ㎡等（每户人数按 4 人计），而高层住宅面积稍有增加，如一般的多层住宅每户 62 ㎡，高层住宅每户 64 ㎡。

居住面积指室内净面积的合计，不包括厨房、厕所、走廊、楼梯面积。

居住的面积系数：居住面积 / 建筑面积 ×100%，一般应在 50% 以上。

使用面积系数：使用面积 / 建筑面积 ×100%，使用面积指除去交通面积（走廊、厅、楼梯）之后的卧室、居室、厨房、浴室、厕所的面积。

平均开间：在一栋住宅内有不同开间，此指平均的开间。

户型：在北京按住户单元的卧室数称为 2 室户、3 室户，2 室户相当于日本的 2DK 型。

另外由于北京地处地震区，所以结构设计必须按地震烈度 8 度计算。

为了保证设计水准，北京的住宅建设采用工业化生产，降低造价以及提高设计效率等，住宅设计重复使用“标准设计”，业主不能改变面积、装修和层高。而制定这些标准设计的工作几乎都由北京市建筑设计院来承担，院内有建筑、结构、给排水、电气、设备、预算、电算等专门的建筑师、规划师、工程师和研究人员约 1000 人。在 20 世纪 50 年代以后，院里考虑到大量住宅的工业化和标准化，要制定很多种标准设计，所以设置了专门的标准室。在这里，根据国家的经济发展、技术发展的水平，施工方法的改进以及适当的居住水平，每年都有不同的标准设计制定出来（从 50 年代至今设计的标准图有 461 种）。

住宅の現状

馬國馨（まこくしん） 昭和17年2月28日生
職業：北京市建築設計院に勤務
現在：丹下健三・都市建築設計研究所に研修中

柴裴義（さいはいぎ） 昭和17年6月3日生
職業：北京市建築設計院に勤務
現在：丹下健三・都市建築設計研究所に研修中

新中国が建国されて以来、住宅問題はいつも大切な課題であった。年々、大規模な住宅整備と開発が行なわれている。30年前(解放前)の北京の住宅(ほとんどが伝統的な「四合院」というものだった)の総面積は1,352万m²であったが、その後1980年までに作った住宅は3,658万m²に達する。

最近、わが国の経済建設は調整の段階に入っている。すなわち、建設の規模は押さえられ、特に大プラントの建設は縮められ、延期させられている。しかしその中で、住宅建設だけは(住宅不足に対応して)より早く、大規模に行なわれている。今年1月から8月までの全国の住宅の着工面積は8,778万m²、竣工面積は1,951万m²に達した。北京だけでも、1979年竣工面積266万m²、1980年は356万m²で、ことし81年は400万m²以上になると予想される。

しかし、人口が10億に達した発展途上国である中国にとって、このくらいの建設規模とスピードでは人民の需要を満たすことはできない。住宅難を解消するには、かなり長期間を要すると思う。住宅問題はやはりわが国がかかえる諸問題の中で最大のもののひとつである。今後、住宅建設の質と量を急速に高めなければならない。

わが国の住宅建設は日本と異なる面が多い。住宅の研究・開発の資金はすべて国家によって投資され、住宅建設の企画・政策および設計標準も、建設委員会などによって統一的に決定される。住宅建築の一部(主要な一部)は「城市建設開発公司」あるいは「房屋管理局」で建設され管理されている。もう一部は工場・機関・学校などで建設され、管理されている。

住宅の分配問題は、より複雑な問題である。日本

建国門

のような抽選方式でなく、いろいろな分配方式がある。普通従業員の場合は就職期間・本人年齢・子供年齢・家族人数構成・現在居住水準などの諸要素によって総合的に判定され、決定される。

また、わが国の住宅建設は非営利の福祉事業であるので、家賃は非常に安い。普通の55m²ユニットは家賃が毎月5〜8元(700〜1,000円)である。(編注、100年償還・利子なし・地代なしだと実際計算でこの位になるそうである。)

住宅建設量は、日本では戸数で言うが、わが国では平方メートルで言う。1戸の平均面積55〜60m²で換算することができる。

建築面積：外壁で囲まれた面積の1戸当たり平均面積のこと。北京の住宅は1戸当たり140m²・90m²・70m²・55m²などがある(世帯当たり人数は4人)。高層住宅は少し増える。たとえば一般的な中層住宅は1戸当たり62m²、高層塔式は1戸当たり64m²である。

居住面積：寝室の面積(内法面積)の合計である。台所・便所・廊下・階段などは含めない。

居住面積係数：(居住面積/建築面積)×100、一般に50%以上を確保する。

使用面積係数：(使用面積/建築面積)×100、使用面積というのは交通面積(廊下・ホール・階段)を除いた面積、すなわち寝室・居間・台所・浴室・便所の合計。

平均間口：1住棟に異なる間口の住戸がある場合、その間口の平均。

戸型：北京では住戸ユニットは寝室数によって「2室戸」・「3室戸」と呼ぶ。「2室戸」は日本の2DK型に相当する。

また、北京には地震があるので、構造設計を地震烈度8度で計算しなければならない。

北京では、設計レベルの確保、工業化生産、コストダウンと設計業務の効率などのために、住宅設計はすべて「標準設計」が繰り返し用いられる。建築主は面積・仕上げ・層高などを変えることはできない。これらの標準設計をつくる役割は、ほとんど北京市建築設計院によって担当されている。院内には意匠・構造・給排水・電気・設備・積算・コンピュータなど専門のプランナー・アーキテクト・エンジニア・研究者が1,000人ほどいる。1950年代後半からは院内に量産住宅の工業化・標準化を検討したり、数多くの類型の標準設計を担当する専門設計室を設けている。ここではわが国の経済発展の段階、技術発展の水準、施工工法の進歩と適正な居住水準に従って毎年度異なる標準設計を決定してきている(50年代から今までに設計は461種類の標準設計が決定されている)。

新型設計ができると、その設計によって建設された住宅が一定時間使用された時点で、プランナーとアーキテクトが実態調査を行ない、居住者の満足と不満の内容をまとめて検討し、短所を改善して、長所をさらに発展させるための新しい住宅案を作成する。1981年現在、北京の住宅標準設計として、中層住宅(6階以下)には、板状式5種類、塔状式4種類があり、高層住宅には、板状式と塔状式各2種類ずつがある。種類ごとにいくつかの住戸ユニットがあり、それを組み合わせていろいろな長さ・面積・戸型のフレシビリティのある数10種類の住棟を組み立てることができ、大変便利である。

また、新しいニーズに対して、設計の高水準と多様化を求めるために、近年来北京市建築学会は何回か公開住宅設計コンペを主催した。コンペ優勝は、一賞・二賞・三賞と新しいイメージ賞を設け、賞金を授与されるほかに、一賞案は北京市建築設計院によって新しい標準設計図に採用され、使用されている。

●中層住宅設計について

北京の住宅建設の中に占める、中層住宅(4〜6階)の割合は、毎年竣工面積の⅔を占め、さらに中層住宅における煉瓦造は⅔を占めている。たとえば、1980年全市住宅竣工面積356万m²の中で煉瓦造は230万m²に達しており、このことは煉瓦造中層住宅が今の生産力水準に適応しているからにほかならない。煉瓦が使用される主な理由は以下のとおりである。

1. 煉瓦の原材料は入手し易く、生産も楽である。(煉瓦以外の材料、プレストレストスラブ・バルコニー・排気ダクト・ゴミダクト・階段・庇などはすべて定型部品として工場から供給している。)

2. 施工上熟練度は要求されず、操作も便利である。

3. コストが安い。

図2に示す3種類の平面図は煉瓦造の、「80住②」という新しい中層住宅標準設計の基本ユニットである。

以下にその特徴を紹介したい。

1. 戸型：3種類のユニット(甲型2-3、乙型2-2-2、丙型3-1-2)には1室戸・2室戸・3室戸の戸型が含まれている。(甲型2-3は2室戸・3室戸が各々

●14 GLASS & ARCHITECTURE 81

1

按每一标准图建设的住宅使用一定时间以后，规划师和建筑师就要进行使用调查，了解住户满意和不满意的地方，取长补短，加以改进，设计新的标准住宅方案。在 1981 年北京市的标准住宅中，多层住宅（6 层以下）有 5 种板式、4 种塔式，而高层住宅中有板式和塔式各 2 种。在每一种类之中又有几种住宅单元，通过组合可以在长度、面积、户型的组合上形成数十种住宅形式，十分方便。另外为了满足用户新的需求，同时形成设计的高水平和多样化，近年来北京市土建学会举办了多次公开的住宅设计竞赛，设置了一、二、三等奖和新造型奖，在颁发奖金的同时，一等奖方案还由北京市建筑设计院做成新的标准图而加以推广使用。

关于多层住宅设计

北京的住宅建设中多层住宅（4~6 层）的面积约占每年竣工面积的 2/3，尤其是砖混结构约占 2/3。例如 1980 年全市住宅竣工面积 356 万㎡中，砖混结构为 230 万㎡，这说明砖混的多层住宅比较适应当前的生产力水平。使用砖混的主要理由有以下几点。

图 1. 论文的日文版（局部）

（1）制砖的原材料容易取得，生产方便（砖以外的材料，预制混凝土板、阳台、排气道、垃圾道、楼梯、挑檐等为定型构件，由工厂生产）。

（2）工人施工熟练度高，操作较便利。

（3）造价低。

图 2 及图 3 所示为砖混结构的透视图、平面图，即 80 住 2 的新多层住宅标准图，有以下特点。

（1）户型。三种单元中的 1 室户、2 室户、3 室户的户型（甲型 2–3，乙型 2–2–2，丙型 3–1–2，指一单元中有 1 室、2 室和 3 室户的户型。每一单元中不是一户，而是一个楼梯面对 2~3 户）。这些单元的组合即如表 2 所示，可以组合成不同规模的组合单元。这些组合单元总长度为 35~69 m，总建筑面积为 2300~4700 ㎡，可以适合不同户型、不同用地条件和用地面积，满足多种不同需求。每户建筑面积平均 56 ㎡。具体见表 1 和表 2。

表 1　80 住 2 的三种单元

户型		甲	乙	丙
		2–3	2–2–2	3–1–2
建筑面积（㎡）	每层	119.01	152.17	152.17
	每户	59.51	50.72	50.72
居住面积（㎡）	每层	65.76	78.89	52.73
	每户	32.88	26.63	27.58
居住面积系数	（%）	55.26	52.61	54.37
使用面积系数	（%）	72.81	71.52	71.23

表 2　80 住 2 的六种组合

	组合单元	总长（m）	总建筑面积（㎡）	建筑面积（㎡/户）	户型			平均开间（m/户）
					1 室户	2 室户	3 室户	
80 住 2–1	丙–甲–甲–甲–甲–乙	68.88	4682.4	55.74	6	48	30	4.92
80 住 2–2	丙–甲–甲–甲–乙	58.38	3968.33	55.12	6	42	24	4.87
80 住 2–3	丙–甲–甲–乙	45.18	3071.52	56.88	–	36	18	5.02
80 住 2–4	丙–甲–甲–甲	45.18	3071.52	56.88	6	24	24	5.02
80 住 2–5	甲–甲–乙	34.68	2357.44	56.13	–	30	12	4.95
80 住 2–6	丙–甲–甲	34.68	2357.44	56.13	6	18	18	4.95

2

（2）平面。除主卧室外，具有其他多种功能的空间就是入口门厅。2/3 的住宅是 2 室户，其中大卧室 15 ㎡，小卧室 8~12 ㎡，即便是标准设计，一般家庭也希望有个多功能的使用空间，所以把入口附近加大，一般有 5~9 ㎡左右。这个空间除了做餐厅之用外，有时还可以放进单人床。另外这个厅从厨房或卧室的玻璃窗可以取得间接采光，如南北卧室也可从厅里得到穿堂风，这在北京的市民中也得到较好的评价。

（3）厨房和浴厕。厨房面积一般为 3.6~4 ㎡，由于小型的换气风扇还未普及，所以一般都有直接的外窗。热源大部分是城市煤气，也有液化石油气。厕所的尺寸一般为 1580 mm × 1200 mm，装有强化玻璃钢的浴缸、便器和洗脸盆。热水方面除了煤气加热外，也有利用太阳能的，垃圾收集则利用垃圾管道。

（4）结构和采暖。建筑外砖墙厚 360 mm，内墙 240 mm，隔墙 120 mm，均按照砖的模数。采暖多用金属散热器，热源则由城市集中供暖系统或地区的锅炉房供给。

（5）装修。地面几乎都是水泥砂浆，内墙也是水泥砂浆外加涂饰，屋顶几乎均为加气混凝土隔热和沥青卷材防水，外墙一般都是清水砖墙（一般用深 3~5 mm 的水泥砂浆勾缝），阳台、窗口处有时用水刷石，窗户为钢窗，门为钢框木门。

但是砖混的多层住宅也有若干缺点。首先制砖要大量取土，北京的建设用地不足是个制约。另外

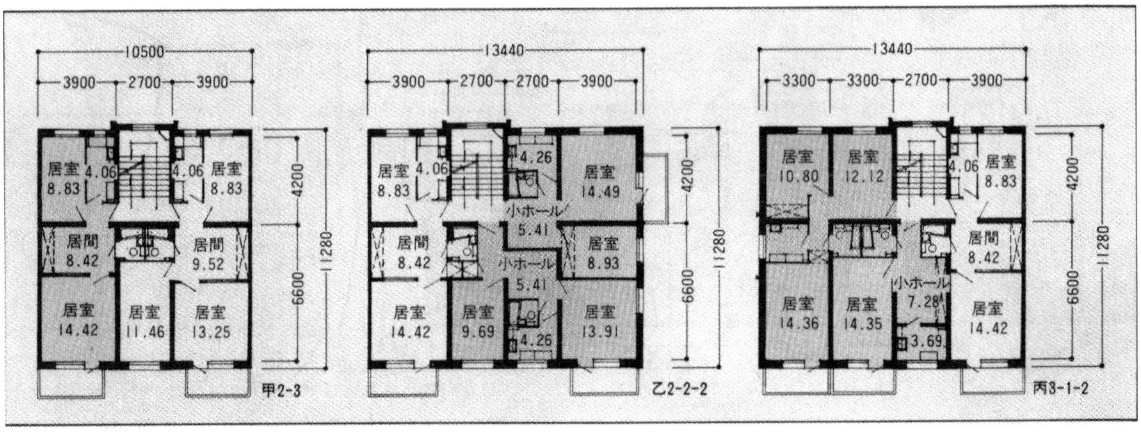

3

图 2.80 住 2 的透视图　　图 3.80 住 2 的单元平面图

砌砖是手工作业，要占用人工，不能适应大规模的工业化生产。砖混结构作为一种过渡方案，可能还要存续一段时间，但将逐渐为新的材料和施工方法所取代。

大型钢模板施工方法的研究

这种施工方法是70年代初期在中国开始出现的，具有以下特征。

（1）建筑的内部骨架是现场浇筑的钢筋混凝土，而外墙材料如是多层，则为砖墙，高层则是预制混凝土墙板。钢模板的大小由于和房间的长度、高度相同，所以种类较少，其他构件均由工厂生产提供。

（2）建筑的主要结构是作为整体结构的现场浇筑混凝土，其抗震性优于砖混结构。

（3）施工进度可以加快，例如某栋住宅分为四个单元，可以在流水线上分别安排绑扎钢筋、组装钢模、现场浇筑、组装预制混凝土墙板，四个单元陆续准备不同工序，使之在四天内就可以完成一层住宅的结构。

因此这种施工方法近年来很快被判定为新开发的施工方法，表现出逐步取代砖混结构的趋向。

在向降低造价和提高质量的工业化住宅方向发展时，为了满足市民对住宅多样化的需求，北京市建筑设计院的研究人员正和施工单位、构件厂一起，进一步研究施工体系的标准化。

这种标准化的研究，首先针对各种住宅工程的构成和变化加以分析和综合，然后提出建筑模数系列、构件系列和大样系列，由此把构件和相关部品定型，从而对应住宅设计中的多种需求。

（1）建筑模数。

开间：2700 mm、3300 mm、3900 mm。

进深：5100 mm。

层高：2700 mm。

墙厚：高层住宅，外墙预制混凝土墙板280 mm厚，内墙160 mm厚；多层住宅，外墙砌砖360 mm，内墙分别为140 mm（横墙）和160 mm（纵墙）。

由以上模数决定住宅平面。

（2）住宅的构件。

楼板为和房间大小相同的双向预应力混凝土大楼板，外形规格按照模数分为三种，如按荷载和楼板上留洞则共有40种左右，楼板的饰面在工厂做好。

高层住宅的预制混凝土外墙板（轻质混凝土）有64种，其中纵墙墙板有44种，山墙墙板有20种，总厚度均为280mm。

楼梯有20种。

阳台、走廊等有3种。

厕所有2种，分别为1250 mm × 1700 mm，1450 mm × 1700 mm。

（3）利用这些模数和构件，可以设计出许多新的平面，其平面和指标见图4和表3。

（4）高层住宅。其平面交通有内廊式、外廊式、内外廊式。垂直交通为电梯和楼梯。根据消防相关

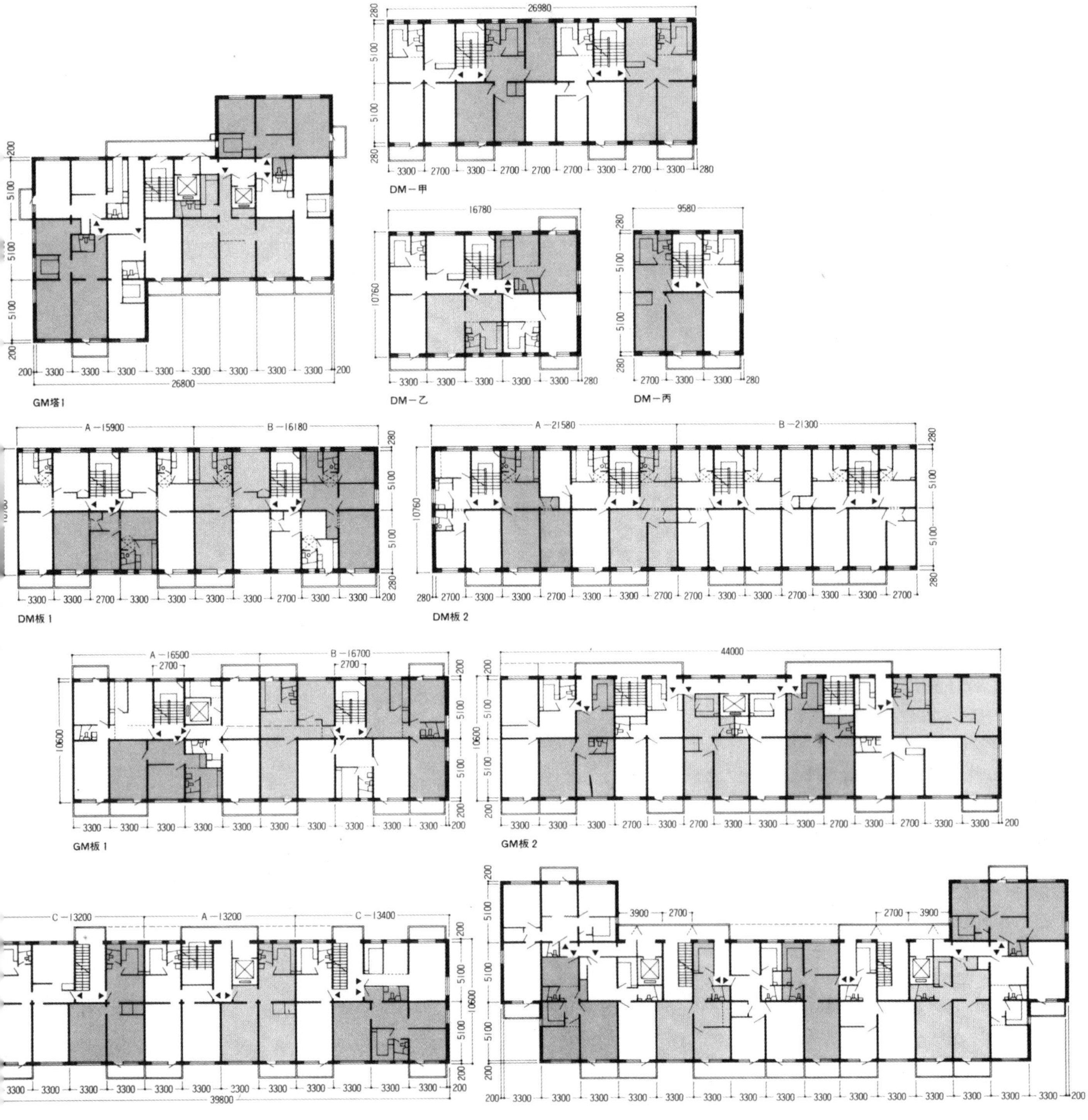

4

规范，一个单元需设两个楼梯、一部电梯，一层的户数约 6~9 户。有的高层住宅为了提高电梯速度，隔层或三层停靠，然后住户靠走廊和楼梯到达家中，这是我国因电梯数量较少而采取的解决方式。而塔式住宅，要设两部电梯。

图 4. 大模板施工法的各种平面实例

表 3 大模板施工方法的设计指标

		高层					多层				
		GM 板 1	GM 板 2	GM 板 3	GM 板 4	GM 塔 1	DM 板 1	DM 板 2	DM 甲	DM 乙	DM 丙
户型		3-2-2-2-2-3	3-3-2-2-2-2-1	3-3-2-2-2-1	1-2-2-2-2-2-2-3-3-4	3-3-3-2-2-2			2-2	1-1-1-2	1-2
建筑面积（㎡）	每层	422.3	490	440	627	399.7	691.2	693.6	103.1	108.6	103.1
	每户	61.2	61.5	63	62.7	64.9	57.6	57.8	51.5	45.2	51.5
居住面积（㎡）	每层	216.5	257	223.6	329.2	211.1	374.6	367.0	50.0	91.1	50.0
	每户	31.4	32.4	32.0	32.9	34.3	31.2	30.6	25	22.8	25.0
居住面积系数 (%)		51.5	52.7	50.2	52.6	52.8	54	53	49	51	49
使用面积系数 (%)		70.2	69		67						
每户开间 (m)		5.7	5.5	5.7	4.95	4.35	5.35	5.4	4.75	4.2	4.78

这种施工方式的开发和研究，还处于第一阶段，今后还要有新的装修，解决大开间（达到6000 mm）等问题，预计还要陆续研究框架结构、轻混凝土墙板以及隔断系统等课题。

表 4 FW22 住宅面积

户型		6-4-5-5
建筑面积（㎡）	每层	620
	每户	154.5
居住面积（㎡）	每层	334
	每户	83.4
居住面积系数（%）		54
平均开间（m）		12.15

关于 FW22 住宅

下面介绍一个作为个体设计的 FW22 住宅（见图 5、表 4）。

FW22 住宅是位于复兴门外，于 1979 年竣工的 14

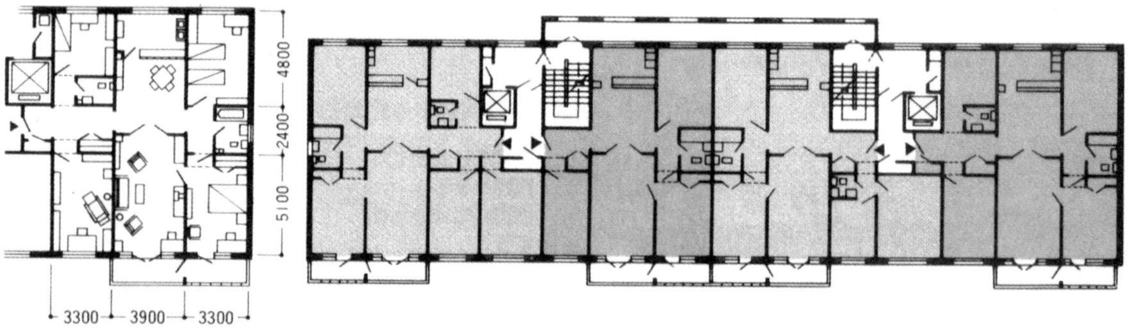

5

图 5.FW22 住宅的平面图

层住宅，总建筑面积 27526 ㎡，总户数 168 户，其标准层有以下特点。

（1）平面设计以 22.1 ㎡的起居室和 13.4 ㎡的餐厅为中心，二者之间有玻璃门可以打开，以形成一个 35.5 ㎡的可变大空间，以满足家庭的多种需求。卫生间面积更大，阳台的一部分是玻璃的，以保证老人和孩子的日照。

（2）每一单元都有两部电梯和楼梯，消防用的疏散楼梯间要和外廊相连。

（3）结构体系内墙是大型钢模，钢筋混凝土抗震墙，外墙是预应力混凝土墙板，隔断为加气混凝土板。设备方面由城市集中热源供暖和供给热水，屋顶设集中电视天线。

（4）装修材料。内墙面饰以壁纸，地面为石棉地板块，屋顶为卷材防水和加气混凝土保温材料。

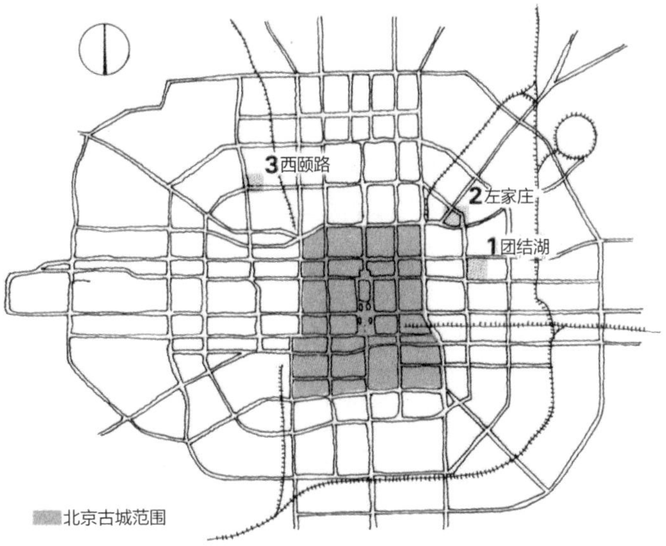

6

新的住宅区的开发

住宅区开发是和住宅建设同时进行的，而设计手法从邻里单位理论开始，陆续受到各种手法的影响，逐渐形成了北京地区住宅区设计方法。其中最重要的就是新住宅区开发的“六统”原则，即统一投资，统一规划，统一设计，统一施工，统一分配，统一管理。最近由于市区的建设用地相当紧张，于是在近

表 5 北京市新住宅区一览表

		团结湖住宅区		左家庄住宅区[5]	西颐路住宅区
		一期	二期		
用地面积（hm^2）		24.66	15.14	43.88	40.20
居住人数（人）		21255	12608	32000	26800
每人用地面积（㎡ / 人）		11.60	12.01	13.71	15
其中	住宅用地（㎡ / 人）	6.92	7.81	7.85	12.30
	公建用地（㎡ / 人）[1]	3.40	3.13	3.69	0.6
	道路用地（㎡ / 人）	1.27	1.07	1.01	0.8
	绿化用地（㎡ / 人）	0	0	1.16	1.3
总建筑面积（㎡）		302500	186600	500000	420000

图 6. 北京市新住宅区用地示意

续表 5

		团结湖住宅区		左家庄住宅区⑤	西颐路住宅区
		一期	二期		
其中	住宅建筑（㎡）	263300	168400	420000	348000
	公共建筑（㎡）	39200	18200	80000	72000
平均住宅层数		6.9	6.53	8.2	8.5
人口毛密度（人 /hm^2）②		862	833	729	667
居住面积毛密度（㎡ /hm^2）③		10.677	11.123	9.571	8.657
居住面积净密度（㎡ /hm^2）④		17.900	17.100	16.720	10.545
规划时间		1976	1977	1979	1979

注：①公共建筑包括商业、教育、服务业等面积，简称“公建”。②人口毛密度为居住人数 / 用地面积。③居住面积毛密度为住宅总面积 / 用地面积。④居住面积净密度为住宅总面积 / 住宅用地面积。⑤其中左家庄住宅区设计单位为清华大学土建设计院。

郊的农村进行了大量的新区建设，下面就是北京最近新建的一部分住宅区的示意（见图 6 和表 5）。

在小区设计中基本要考虑如下问题（见图 7—9）。

（1）以居民 700~800 户为基本单位称之为住区，各住区由居民组织居民委员会负责居民的政治、治安、生活、服务、儿童教育等，提供了很大便利。数个住区合在一起称之为居住小区，一般小区为 2000~2500 户，由城市道路围起，小区宽度一般为 400~500 m，是比较独立而完备的居住单位。4~5 个小区为一个住宅区，其用地 40~50 hm^2，居民 1~1.2 万户，约 4~5 万人。

（2）住宅区的生活附属设施要按一定的比例与住宅同时建设，地下管线也应先行或同时建设。小区中要设

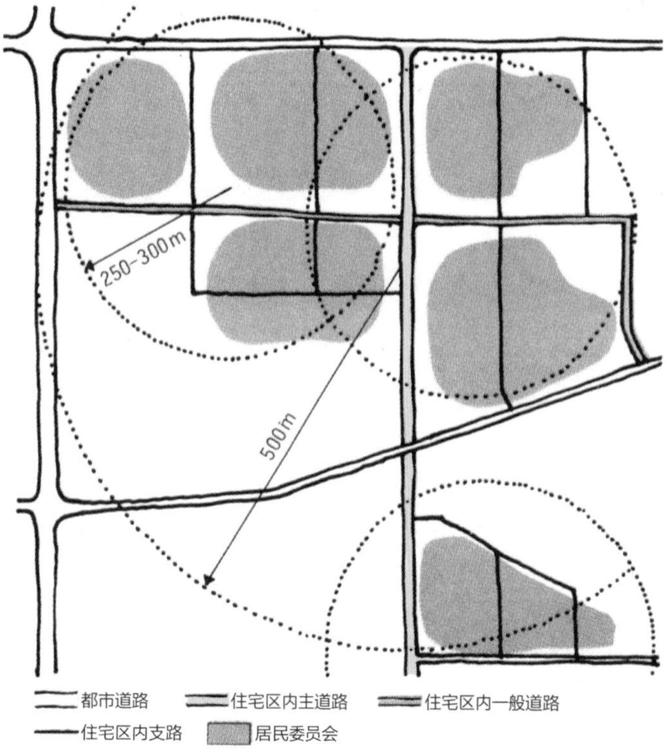

7

图 7. 团结湖住宅区北区居委会和道路的关系

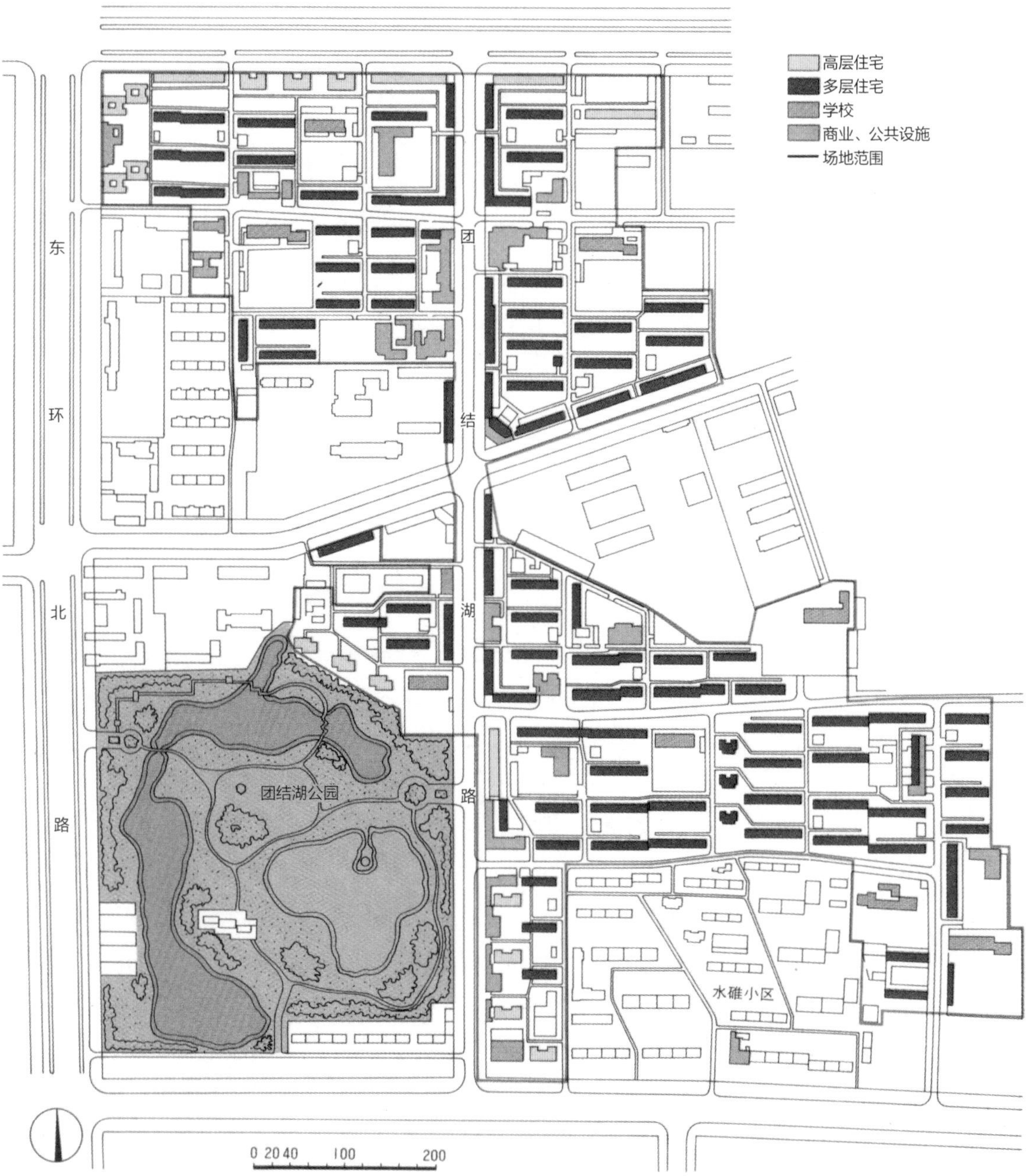

8

置与居民生活紧密相关的商业和服务业，如食品店、日常用品店、餐厅、理发、银行支行、幼儿园等，小区中也要设置供暖机房、配电室、中学、小学等。一般小学的设置不要横穿城市道路，而中学可以稍远，最远不要超过 400 m 的距离。另外在住宅区主干路的两侧可设商业中心、餐厅、电影院、诊疗所、邮局、书店、服务中心等。住宅区中心的服务半径，一般在 500 m 左右。

图 8. 团结湖住宅区规划总平面

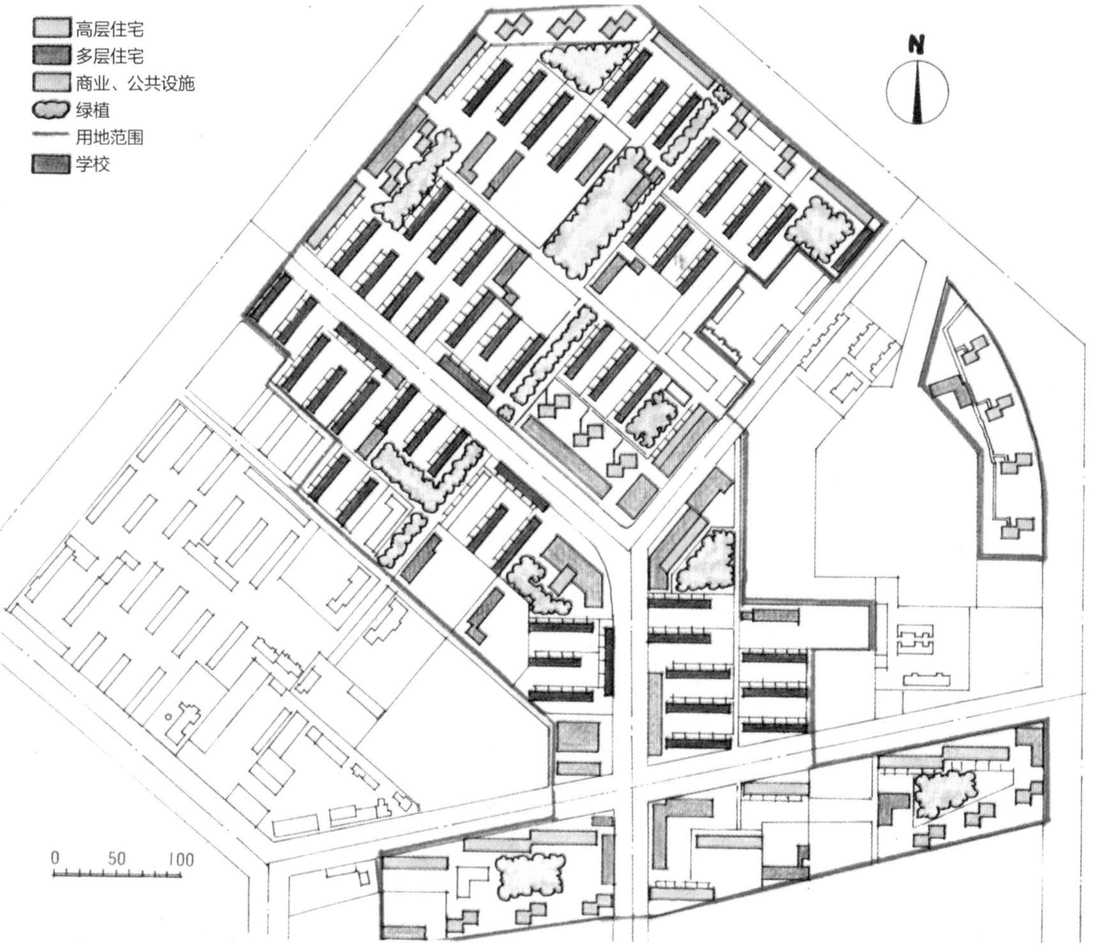

9

关于道路用地，住宅区平均3㎡/人，小区平均1㎡/人。小区内主要道路宽6~7 m，普通道路3.5~4 m，住宅入口道路2~2.5 m。关于绿地，一般为1㎡/人，在团结湖住宅区，由于附近有两个城市公园，所以住宅区内没有设置集中绿地。

（3）为了节约用地，在确保居民的环境需求的同时又多建住宅，住宅建筑的前后间距一般为房高的1.6~1.8倍。如60年代住宅的平均层数4~5层，人口密度为400人/hm^2，现在为6~8层，人口密度就达700~800人/hm^2，所以高层住宅和塔式住宅也多了起来。

（4）消防和疏散。在住宅区规划中，必须充分考虑消防和疏散的主要道路。此外为了加强住宅的抗震性能，首先要使用不燃材料，在建筑的震害倒塌范围内不要建造其他建筑物，同时尽量利用学校的运动场，建筑的地下室和地下道路作为避难场所。

（5）施工。由于住宅区的建设时间一般要几年以上，必须考虑让居民尽早入住。住宅设计几乎都是采用标准设计，大量的构件和部品都由工厂生产，尤其是在总体规划阶段，为方便施工创造了条件。

（6）住宅的立面。外观必须结合中国当时的经济水平加以考虑，当前许多住宅区在住宅的布置上

图9. 左家庄住宅区规划总平面

精心设计，创造出许多宜人的空间，从而成为北京市新的城市景观。

几个问题

随着住宅建设的同时也出现了新的问题，这里面不仅是设计问题，还包含着体制和管理的问题。

（1）节约用地问题。在最近 30 年中，北京市区的面积扩大了 3 倍以上，到达 340 万 km^2，人口增加了 2.5 倍以上。现在城市中心部一人的平均用地为 76 ㎡，而老城中心一人仅有 37.5 ㎡，与其他国家首都的平均用地水准相比是很低的，因此节约用地的需要就越发突出。

最近的趋向就是提高建筑密度。住宅前后间距由房高的 2.0 倍、1.8 倍减小到 1.6 倍，住宅楼的长度由过去的 40~50 m 增大到 80~90 m，另外住宅的进深加大，平均面宽缩小，于是也出现了内天井的方案，厨房和厕所围绕内天井采光，平面的进深可以达到 12 m。

另外层高由 2.9 m 缩成至 2.7 m（室内净高 2.54 m），这样不仅可以节约造价，还可缩减建筑间距，对节约用地是有一定作用的。但是住宅建筑密度也不可能无限地提高，如前所述团结湖住宅区的居住建筑密度为 12260 ㎡ /hm^2，居住面积密度 17900 ㎡ /hm^2，人口密度达 862 人 /hm^2。

这个住宅区附近有 2 个城市公园，于是住宅区内没有集中绿地和儿童游戏场，但这对老年人和儿童的休息、游戏是很不方便的。

有关密度的问题，究竟到何种程度时才是合适的，这需要认真地研究。

（2）高层化。由于土地利用的问题，最近正在推广高层住宅，因此住宅区住宅的平均层数不断提高，现在已达到了 7~8 层。

1978 年竣工的前三门大街高层住宅区的平均层数为 11.6 层，对此有两种截然不同的意见。一种认为高层住宅可以解决目前住宅困难和土地困难的问题，同时增加绿地和游戏场，另外也可以改善城市景观。另一种意见认为高层化提高了造价，也造成居民生活的不便，由于出现各种各样的问题，所以这种

10

11

图 10. 建国门外的公寓建筑　　图 11.FW22 住宅外景

意见认为北京的住宅类型还是应以多层住宅或低层住宅为主，而尽量控制高层住宅的建设。

这个问题至今仍在持续讨论之中（见图 10—12）。

12

（3）多样化和优质化。现在大量建设的二室户住宅，是按照当时的经济水平，以卧室（睡眠空间）为主，而不能适应家庭人口的变化。为了能创造更多的居住用空间，前述的 80 住 2 方案就是尝试解决这些矛盾的方案之一。

另外，在户型上要求扩大多室户的比例（即三室户以上）的同时，也出现了全部为多室户或一室户（称之为青年公寓）的住宅方案，也建成了类似在外国常见的跃层或试验住宅。

然而当前有关住宅的质量方面还存在许多难点，如内外噪音问题，视线的问题，通风的问题，部品流通不足，居住面积狭小，设备老化等。此外在住宅区的规划中，商业、教育、交通、服务等设施受当时经济水平的限制，处于较低的水准。然而随着经济的发展，必须满足居民不断增长的需求。但如果要满足这些，就面临着旧住宅的老化和已有住宅的改造的新课题。这些将是建筑师所必须面对的重要任务，我们还应不断地努力加以改进。

2018 年 3 月 13 日译完

图 12. 前三门 105 住宅

关于合作住宅

注：本文原刊于《新建筑》1986 年 1 期，是国内较早论及合作住宅的文章。

合作住宅（ Co-operative Housing ）在欧洲各国有多年的历史，目前已经成为一些国家住宅供应的一种主要方式，在美国、加拿大、日本等国也有相当程度的发展。当前为解决我国的住宅问题，在开拓多种渠道的住宅供应方式的探索中，研究一下国外合作住宅的产生与发展，对我们还是有一定启发的。

到底什么是合作住宅？想要回答这个问题不是一件很容易的事情，因为欧美各国合作住宅的合作方式是彼此不同的，而且在发展过程中又有很多变化。尽管其具体做法有所不同，但作为其共同基础的基本原则还是十分相近的，就是以自助协作和民主管理为精神理念，通过自己的双手来创造更好的住宅、更好的环境以及以服务社会为目的的一种住宅建设和供应方式。从各国建设的实践来看，在刚刚开始推行这种合作住宅时，必须充分注意到这一条原则。因为它不同于一般住宅，分配给一些互不相识的人们，而是在组织起居住者协会的过程中，互相协作，从而逐步产生了比较密切的关系，因此在各住户迁入新居以后，也比较容易管理、维修，并形成一个比较融洽的社会（ Community ）。

从更广泛的意义上说，在人类开始形成部族社会的时候，部族的住宅就是由该部族的成员互相协作而建成的，这种方式有很强的血缘或地缘关系。但是现代的合作住宅则是在产业革命之后，随着生产力的不断提高，工商业的发展，城市的形成以及阶级矛盾的不断尖锐化而产生的。当时工人阶级生活悲惨，居住条件低下，这样生活贫困的劳苦大众把凭借一个人的力量解决不了的问题，通过协作或组织协会来加以解决。17 世纪末，在英国就出现了互助会（ Friendly Society ），这是一个解决工人生病、死亡、失业等问题的互助系统。此后由英国空想社会主义者罗伯特·欧文等进行过各种试验，但都因为经验不足或缺乏现实性而失败。真正对英国以及欧洲各国产生影响的还是 1844 年，在英国曼彻斯特北部一个叫罗契代尔的小镇，由 28 名贫苦的纺织工人所组成的“公正开拓者工会”。他们受欧文及其弟子的理论和思想的影响，每人出资一英镑，组成了一个以粮食等日用品为主，经营各种生活物质的小店铺。在开店之前，提出了六点原则，此后即被称为“罗契代尔原则”而被欧洲各国的合作协会所接受。进入 20 世纪以后，又进一步成立了国际合作协会同盟（ICA），目前已有六七十个国家参加了这个联盟，在 1937 年的大会上，联盟提出了四项基本原则和三项任意原则，在世界范围内被许多国家所采纳。

基本原则的主要几点如下。

(1)协会的公开性。因为协会是基于自发和自愿的原则，所以任何人都能以相同的条件加入协会。

(2)民主的管理。协会成员不管资金多少，不分男女性别，可以平等参加协会的管理，每个成员都有一票的投票权。

(3)对于资本利息的限制。出于非营利的原则，对于资本所有者的协会会员利息有所限制。

(4)有比例地偿还。把协会的剩余金额按会员入会时的金额比例予以偿还。

任意原则如下。

(1)在政治和宗教上的中立。

(2)对一般居民和协会成员加强协会常识教育。

(3)各协会之间进行联系和协助。

基于上述原则，为解决住宅困难，1779年在英国伯明翰创立了“建筑协会”(Building Society)。

为了便于理解各国合作住宅的方式，我们将各国住宅供应的渠道简化为图1的形式。

住宅供应的主要渠道分为三种。所谓公共方面是指国家或地方政府资助的特殊团体，例如日本的住宅公团或地方住宅供给公社；所谓民间方面则是指营利的企业或个人；第三方面则是指以非营利为目的的住宅供给组织，对其中的组织我们可以作进一步的划分。公益住宅法人是指由财团、教会、劳动团体或地方团体出资所设立的公益住宅组织，主要供应低房租住宅，如英国、丹麦的住宅协会等；非营利住宅公司是基于国外的非营利企业法而成立的一种股份公司，它受到税制方面的优惠，而供应价格便宜的住宅，如法国的HLM公司等；而住宅合作协会就是我们所指的Co-op，其组织具有法人资格，按一名成员一票的表决方式进行管理：在供应住宅的方式上，住宅合作协会与前两种不同，它只为本协会的成员供给住宅，这是本文所要重点介绍的一种方式。

如图1所示，根据住宅所有状态的不同有不同形式的合作住宅，各国则根据本国具体情况分别采取其中的一种或几种。

1.协会所有的合作住宅

就合作住宅而言，其不动产的最初所有状态为协会所有，因为取得建设用地、资金的调配开发及建设管理的所有责任都是由协会予以负担的，因此土地和建筑物的所有权属于住宅协会。作为协会成员的居住者，只要不退出协会，就能保证具有居住权，这最适合于合作住宅所追求的基本目标，因此有相当多的住宅需求者参加，是各国合作住宅的主流。

如果进一步分析其居住权，根据居住者每月支付的金额和退出协会时所能得到的退还金额不同，又可以区分为以下类型。

共有使用权型(Non-equity Co-op)，这是联邦德国和加拿大合作住宅的主要方式，英国与法国部分采取这种方式，其性质与公营出租住宅十分相近。居住者不具有对不动产的产权。一般来说协会成员首先交纳比较便宜的资金，填写登记表，经过协会委员会审查之后，即从搬进新的住宅之日起，以每月交纳房租的形式继续支付(其标准相当于公营住宅水平)；如果居住者退出协会并搬出住宅，

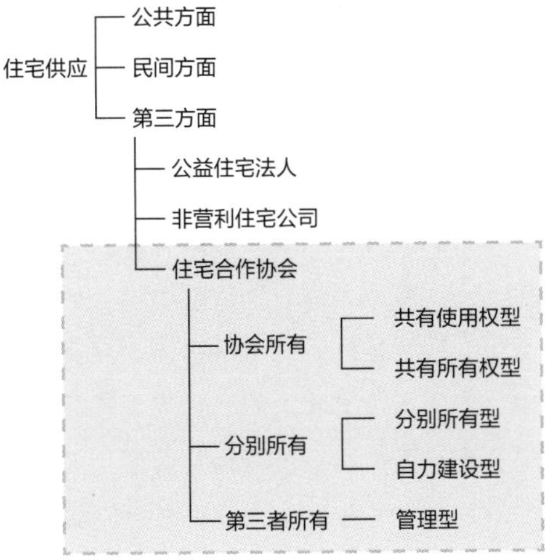

1

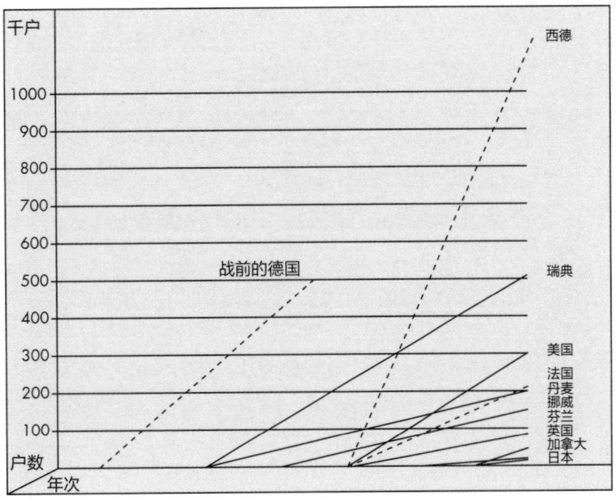

2

这时只退还在参加协会时所交纳的资金。这种方式很像出租住宅，主要适于低收入阶层，同时受到国家的资助也比较多，如加拿大根据住宅法协会可以获得 100% 的贷款，偿还期限定为 50 年，并且在这期间可以只偿还货款的 90%，其余 10% 则算作国家的补助费。

共有所有权型（Co-ownership Co-op）是瑞典、丹麦等北欧各国合作住宅的主要形式，所以也被称为斯堪的纳维亚型，在英、法、美也可见到，美国称之为 Management-type。其与前种形式的区别是土地和建筑物的产权归协会所有，但是居住者也享有一部分财产权，因为在建设时所需资金的一部分是由居住者负担的。居住者搬入住宅后所支付的房租中还包括有建设资金的一部分，所以相对房租要贵些；另一方面，在居住者退出协会时，即将其至此所支付的建设资金部分按目前的比价予以折算偿还。实际上这种房租有储蓄的作用，因此受到一些国家的欢迎。

2. 分别所有的合作住宅

这是一种将土地和建筑物分归居住者所有的住宅方式。一般在建设过程中采取组织协会的方式，但在住宅建成迁入住户以后，就和一般的出售住宅一样，有的将协会解散，有的则由管理协会来进行管理。美国称之为 Sales-type，加拿大称之为 Building-type，日本和意大利也有这种做法。这种方式不是合作住宅的主流。

还有一种自力建设型（Self-build type），严格说只能算作一种住宅建设方式，即参加协会的成员要提供自己的劳力，并接受其他方面的技术援助来建设住宅。这是一种比较原始的合作住宅形式，但是在建成之后，几乎都是分别所有的住宅，所以也归入了这一类型。加拿大合作住宅的初期，及英国、奥地利的一部分均属于这种方式。

3. 第三者所有的合作住宅

管理型（ Management-type ）是由居住者把地方的公营出租住宅改为由自治体来进行自主管理而设立的组织。虽然这不是由合作住宅协会供给住宅，但在英国这种住宅是应用合作协会的精神和原

图 1. 各国住宅供应方式　　图 2. 世界各国合作住宅建设概况

则进行管理而取得了成功，并有意识地将这些住宅转化为协会所有的合作住宅，所以也可将这种型式称之为合作住宅的一种展开形式。

世界各国关于合作住宅的进展如图 2 所示，我们将其分为四组来进行介绍。

第一组是联邦德国的住宅合作协会。在西欧各国当中，联邦德国拥有最雄厚的合作住宅资金，自 1862 年在汉堡成立住宅协会，1889 年颁布住宅合作协会相关律法以后，由于没有公营的公共往宅，所以合作住宅和非营利的住宅公社一起，成为社会上住宅供给的主要方式，具有悠久的历史。在经营过程中，住宅协会都按限定地区活动，并接受自治体或州的支援，成为地区的住宅供给体，其贷款由建筑贮蓄金库供给。合作住宅的主要形式是共有使用权型，由低收入和中等收入的协会成员进行住宅的供应和管理。协会的成员一般都不参加有关建筑计划和住宅管理，而由协会进行经营管理。第二次世界大战以后联邦德国的合作住宅建成约 130 万户，占全国总住宅户数的 10%，近年来建设数目有所减少。

第二组是北欧的瑞典、丹麦、挪威等国家。这是在第一次世界大战以后为解决住宅困难而发展起来的。瑞典是以合作住宅最为充实而为人们所熟知的国家。1872 年最早成立了哥德堡建筑协会，到 1923 年成立了住宅储蓄协会（HSB），第二年成立了全国联合会，1934 年通过了住宅合作协会法，1940 年成立了全国建筑协会（SR）。HSB 和 SR 都是全国性的非营利住宅组织。尤其是 HSB，除去全国组织以外，还由地区组织和住宅协会构成了它的三级组织机构。另外，其地区协会具有协会成员合作住宅储蓄银行的作用，甚至一般市民也有进行 HSB 储蓄的。HSB 这个组织从成立到 1975 年期间共建设住宅 34 万户。其中最高的一年占全国住宅总数的 18%。SR 的总建设户数约 15 万户。这些大都是共有所有权型，近来由于民间建设量的增加，合作住宅有所减少，但又有合作别墅的出现。其他北欧国家合作住宅的建设也都相当于每年住宅建设量的 10%~25%。

第三组包括美国、法国、芬兰等国家，从第二次世界大战后才真正开始的合作住宅建设。

法国标准租金住宅互助协会（HLM）于 1951 年成立，以该组织为中心，供应具有公营性质的住宅，以补充低收入阶层的住宅不足。其组织又分为 HLM 公社、HLM 服务公司和 HLM 互助协会三个组织。合作住宅主要由各地方协会进行建设，并由地区联合会和全国联合会进行相互联系和支援，其住宅类型有分别所有型、共有所有权型和共有使用权型三种。

美国由于 1950 年关于非营利住宅资金援助法律的扩大和修正，在同年成立了住宅合作协会全国联合会。因为美国住宅建设的主要力量在民间企业，所以相比之下合作住宅的比重较小。到 1970 年为止，建设的合作住宅仅有 25 万户，其形式以分别所有型和共有所有权型居多。最近比较引人注目的是在城市中原有租赁住宅的合作化以及开发合作村、合作老人村等。

第四组包括加拿大、英国、日本等，它们是近十几年才开始推行合作住宅的，因此与前三组相比，又有不同的特色和做法。因为前三组国家多数已经过了合作住宅的全盛时期，而把重点转移到了现有合作住宅的经营、管理或维护修复上。但第四组国家中合作住宅的数目却是年年增加，同时合作住宅的作用也不单是为了解决居住困难，而是作为一种新的手段，希望通过这种方式能够解决公共住宅事业的停滞、城市居住环境的贫民窟化、维修管理等方面的尖锐矛盾。

长期以来，英国以公共住宅作为其政策的核心。起初政府将住宅协会作为住宅供给的慈善机构，但近年来又开始认识到合作住宅的重要性，并从1976年起着手真正的合作住宅建设。英国合作住宅的最大特点是多种多样，几乎包括了前述的所有类型。此外，在民间出租房屋的修复和改建上，城市中心区的再生和再开发，以及对低收入者或残疾人的住宅都采取合作的方式进行。公营住宅由于实行了自由管理组织，也具有合作住宅的性质。在英国，住房需求者可以组织协会，一般规定7人以上称为一次合作，支持和援助他们的组织称为二次合作，协会可以向非营利的住宅金库或建筑货款协会申请低息货款。

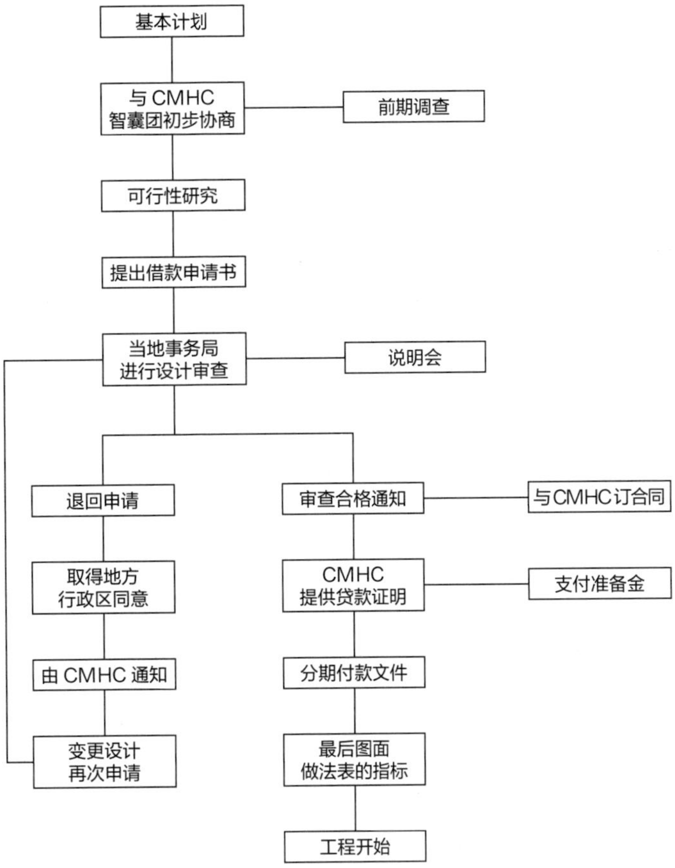

3

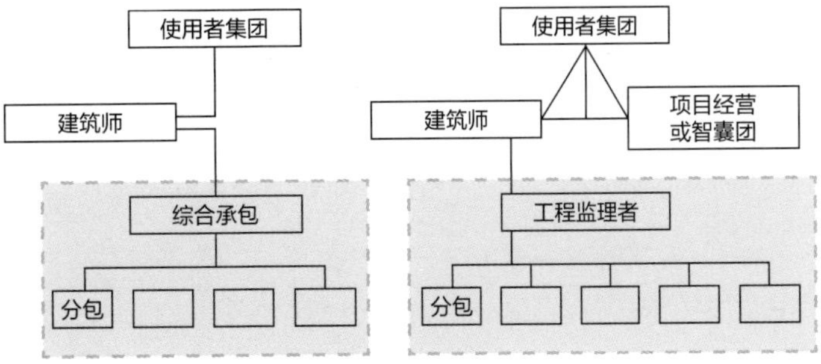

4

加拿大在1946年成立住宅贷款公社（CMHC），以前的合作住宅多属于比较原始的自力建设型（加拿大称为 Building Co-op），一般的合作住宅的建设，是在1960年加拿大合作住宅财团成立之后开始的。这个财团是由工会评议会、合作协会联盟、学校、保险协会和基督教总同盟等组成的全国性组织。但真正的制度化还是在1973年以后，加拿大政府修改了住宅法，由政府方面提供低息贷款和一部分无偿援助的资金，使合作住宅从行政系统方面得到很大的推动，这时的合作住宅多为共有使用权型（或称持续型 Continuing Co-op）。

加拿大合作住宅的特性是它的总体系统（ Total System ），即不管是政府还是民间，都是以居住为中心，由专门的集团加以协同的系统。即加拿大存在着一个方案支持小组或称智囊团（Resource

图3. 申请贷款的手续　　图4. 承包体制的比较

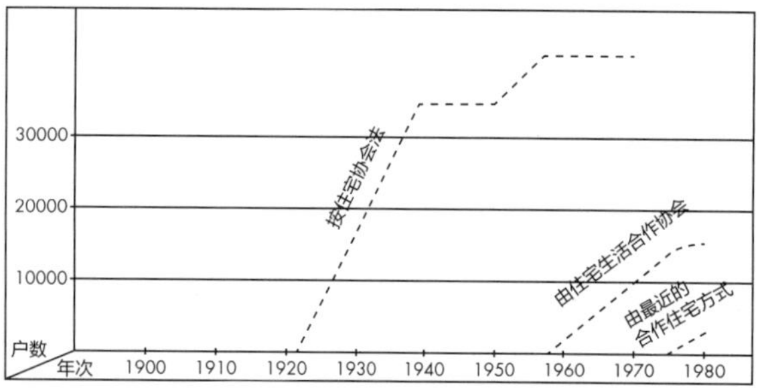

5

Group)，作为各地区推进合作住宅的据点，从方案、计划、施工等方面进行顾问、代理或介绍。目前，加拿大约有 40 多个这样的组织，这是一种非营利的民间指导团体。图 3 为向加拿大住宅贷款公社申请贷款的手续示意。建筑承包制度目前最为流行的是一种工程监理者承包体制(Construction Management)，从造价到施工过程的控制，都便于向使用者反映。图 4 表示一般承包体制与工程监理者承包体制的比较。到目前为止加拿大已建 2 万户左右，平均每年建 2000 户住宅。

日本合作住宅的建设走的是另一条道路。第一次世界大战后，由于住宅困难，经一些人士的提倡引进了欧洲的合作住宅建设方式，经政府讨论通过了住宅协会相关法律。该法规规定需要者 7 人以上就可组成具有法人资格的协会，可以接受国家的低息贷款并提供用地。但由于政府贷款数不足，不能及时偿还贷款，侵略战争带来的形势恶化以及引进合作住宅的基本原则还不能充分为人们所理解等缘故，这一期间建设仅 41000 户左右。1958 年后通过住宅生活合作协会对工人出售住宅约 15000 户，但严格说来这些都还称不上是真正的合作住宅。直到 1974 年前后，一些有志者才开始了自发活动，也就是在城市及其周围建设分别所有型的住宅时，入居者直接参加计划的一种方式。参加者必须组成建设合作协会，但在日本这仅是民间的协会，而不具有法人资格，即至今还没有什么正式认定的制度和组织，而贷款也多是接受金融公库的“个人共同住宅贷款”，一般年利率为 5.5%，35 年内还清。到目前为止，以这种方式实现的例子约 127 项 3200 余户。图 5 即是日本合作住宅建设的情况。

从近年的实例分析，按主导组织的不同可分为以下三种情况。

（1）参加者主导型。这是由参加者自身的劳力来实现，而不依赖有关组织和专家的例子，总数比较少。如 1974 年 10 月完成的包括三户建筑师在内的六户人家自建的住宅，称之为 OHP（Our Housing Project），或由几户友人或同事合建的小规模住宅。

（2）方案者主导型（Co-ordinator）。这是一些以建筑师为中心的专门组织，或有一定背景的专家集团，由他们做好合作住宅的方案，然后征求由参加者组成的居住者协会的意见，根据居住者意见加以修改或调整，并参与一般事务管理和工程的设计监理。日本采用这种形式为最多，一般要占总数的 70% 左右。但由于资金、组织能力都很有限，规模都比较小，也存在不少问题。

（3）公共事业体主导型。这种型式以住宅城市整备公团或住宅供给公社等非营利的公共事业体为主研究出方案，然后和居住者协会一起进行计划和建设。在信用、资金、技术能力和土地方面，都要比前一种型式更为有利。目前，该类型住宅约占合作住宅总数的 20% 左右。

日本住宅城市整备公团的集团（Group）出售住宅就属于公共事业体主导型，但其中又可以分为四种形式。一是集团自己准备好建设用地，并做好建设计划进行申请，由公团对此加以建设和出售的方式。第二种是公团提出用地之后征集组成集团，由这个集团做出建设计划，然后由公团进行建设和

图 5. 日本合作住宅建设情况

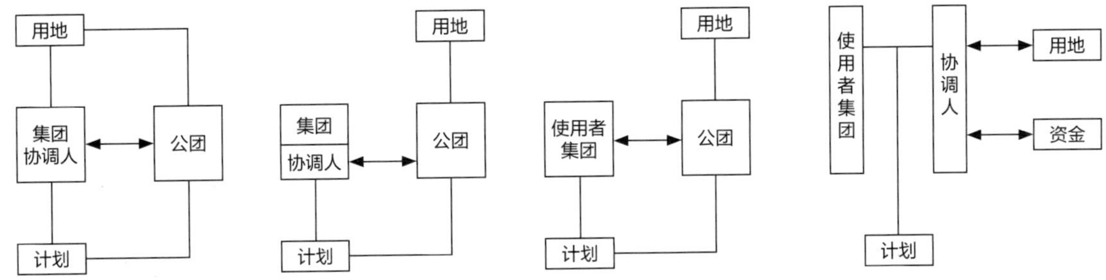

6

出售的方式。第三种方式是公团提出一定的用地后征募个人，由他们组成集团做出建设计划，由公团对此进行建设和出售。而最后为一般民间常用方式。如神奈川县的一次合作住宅建设从 400 名申请者中选出 30 户，成立建设协会，签订基本协议决定各住户的位置，签订接收合同等，前后历时两年并召集 39 次会议。（见图 6）

日本有关单位对合作住宅的居住者曾进行过调查，参加合作住宅的原因一般集中于“设计阶段就可以有居住者参加，因此室内设计和布置可以反映自己的意志”；因为是非营利的组织，费用全部用于建设，比较经济便宜，用地和价格都比较合适。住户迁入以后普遍比较满意的两点是：住户之间有较深的互相理解，可以培养较为密切的人和人的关系；居住者不仅对自己的住宅，而且对住宅全部及环境进行共同维护管理，增强人们的整体感。

利用合作住宅模式进行建设不仅在欧美日本流行，第二次世界大战以后东欧一些国家也利用这种方式进行一部分住宅建设并取得一定的效果。当前在我国的城乡建设中，住宅建设占了绝大部分的比重，除了在设计、建设标准、建筑材料、建筑环境方面做进一步探讨之外，在住宅建设的体制、供应方式、维修管理等方面也都需要不断地进行改革，以创造出适合我国国情的多种渠道、多种方式的住宅建设和供应体制，因此充分研究国外的有关经验，包括在合作住宅建设方面的一些做法，对我们是有所帮助的。

图 6. 日本合作住宅常用的四种形式

西萨・佩里

注：本文原刊于《建筑师》24 期（1986 年），本次对插图做了较大调整和更换。

西萨・佩里（CESAR PELLI）是现代美国建筑界一位有影响的建筑师，被称为是“银色派”（Silvers）的主将。评论认为：“在美国的第三代建筑师当中，像佩里这样引人注目地一次又一次变化，而又不断前进的建筑家还是很少见的。”在国内，近年来开始对他的作品有所介绍。现就我所了解的情况对佩里的作品和观点做一个简单的评述。

1

1926 年 10 月 12 日，佩里出生于阿根廷北部山区的图库曼（Tucuman）。他于 1949 年在图库曼大学建筑系毕业，并于 1950—1952 年在当地的一个政府组织内任设计主任。此后因获得了国际教育研究所的奖学金而到了美国。1954 年，他在伊利诺州获得建筑硕士学位，同年进入伊罗・沙里宁建筑事务所，并在这个事务所工作了 10 年之久。

众所周知，伊罗・沙里宁是一位成就极高的建筑家，他在 27 年的创作生涯中给人们留下了大量构思新颖、让人赞叹不绝的名作，“虽然他没有发展一种可为后人所仿效的风格，但他在设计上留下了一份有创造性的遗产，并深深地影响着此后的建筑艺术”[1]。

从 1954 年到 1964 年，佩里在沙里宁事务所的这 10 年间，正是沙里宁创作的高峰时期，他的美国驻英大使馆（1955—1960）、纽约环球航空公司航站楼（1956—1962）、贝尔电话公司研究实验室（1957—1962）、华盛顿杜勒斯国际机场（1958—1963）、耶鲁大学冰球馆（1958）、纽约林肯中心瑞皮多里剧场和图书馆（1958—1964）等有名作品都是在这一期间先后问世的。当时佩里作为一般建筑师参加了环球航空公司航站楼、林肯中心剧场和奥斯陆美国驻挪威大使馆等重要工程。在沙里宁事务所的这一段经历，对佩里创作道路的影响是至关重要的。以至有一次人们问佩里哪个建筑家对他的影响最大时，他十分明确地回答：“这肯定是伊罗・沙里宁。对我来说，沙里宁的影响完全是决定性的。”[2] 他赞同沙里宁的一些观点，并认为他从沙里宁那里学习到了如何识别建筑设计中的正确和错误。

1964 年是佩里创作生活中的一个转折点，他和他的同事安东尼・拉姆斯登（Anthony Lumsden）一起，加入了以洛杉矶为据点的 DMJM 事务所并分别担任设计正副部长。DMJM（Danel，Mann， Johnson &

图 1. 西萨・佩里

Mendenhall）是以美国西部地区业务为主的美国五大设计组织之一，成立于1947年，其名称由4个人的姓名字头组成，有工作人员600人以上。佩里的这一次变化并不仅是他的工作地点从东部、中西部向当时文化和建筑方面都还属于后进的西部地区的移动，同时也是从一个属于作家、艺术家型的沙里宁事务所向一个现代的大型设计组织的转变。在DMJM，佩里可以有更多的机会接触到大规模的复杂工程。由于佩里和拉姆斯登的密切合作，仅仅用了3~4年时间，DMJM就成为美国西海岸最引人注目的设计事务所，佩里也成为DMJM的副所长。“与其说是DMJM的西萨·佩里，不如说是由佩里率领DMJM很快确立了他自己建筑家的地位。”有人用这样的话来形容佩里的重要作用。

2

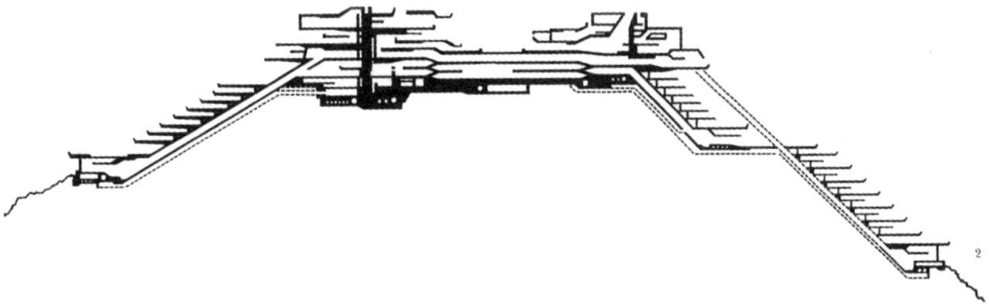

3

佩里在DMJM的第一个重要设计方案就是1966年洛杉矶圣·莫尼卡山顶桑塞特山（Sunset）公园的住宅规划。这个被称为城市核（Urban Nuclear）的方案，获得了最高奖，佩里也随之开始为人们所认识。

规划用地是面临太平洋的一片未经开发的山地，面积为1436 hm^2。按照洛杉矶市关于开敞空间的条例，对这样的新城，允许在用地内建7200户住宅。在地形、经济、城市规划几方面都有所限制的情况下，一般说来设计师多采用独户的街坊住宅（Terrace House）来布满整片用地，但这样一来整个用地的自然环境美就将被完全破坏，而如果集中建设成高层公寓式的建筑，其生活内容的丰富多样性又要

图2. 桑塞特山公园住宅模型鸟瞰　　图3. 桑塞特山公园住宅剖面

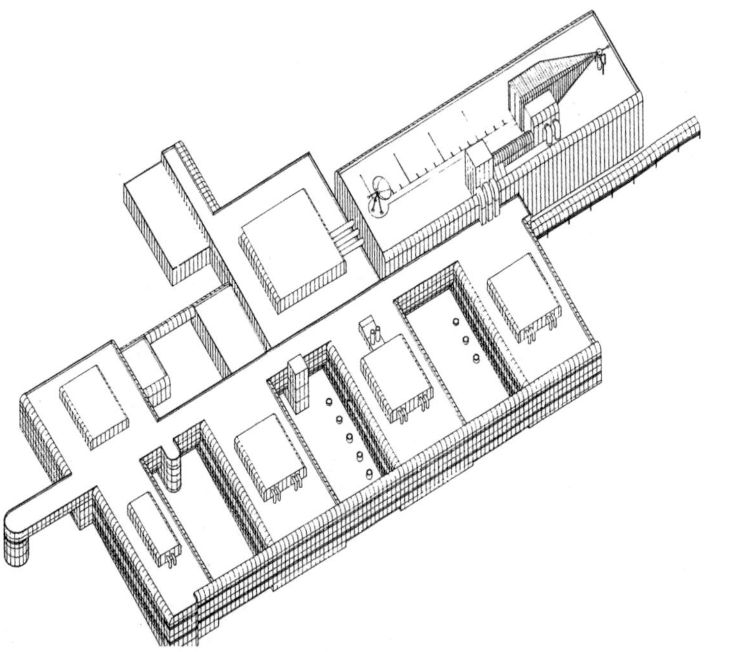

4

大大逊色于独户住宅。佩里在这里采取了另外一种手法。他在起伏的山地上，于突出之处依山就势集中布置居住单元，而将绝大部分用地空出来作为自然公园。在城市核部分集中布置了 1500 个居住单元，这些单元不是高层结构的住宅（High-rise Structure），而是采用了依山就势的等高线式结构（Contour-rise Structure）。各单元通过各种手段和大地发生联系，和地面都是水平的步行联系，各户的阳台都处理成为平台，这样就创造了多种类型的生活方式，每一单元都有良好的环境和宽阔的视角，同时也没有阴影遮挡的问题。通过倾斜的自动扶梯，人们可以到达底部的大公园。

这是一个由各个小单元组成的一个完全的城市组织，这个组织的城市中心（Urban Centre）是居民们互相交往、接触的场所，也是交通运输系统集中的地方。汽车道路从山后直接到达顶部，停车场位于公共中心之下，居民到达停车场后可以通过步行或自动步道而到达登山电车。同时由于将大量的居住单元集中布置，所以可以采用一些独户住宅所不可能使用的新系统，诸如通过有线电视购买商品，用气送管运输物品，利用电子计算机提供各种服务项目等。

在这一段时间中他还和拉姆斯登合作了洛杉矶世纪城的医疗广场（Century City Medical Plaza，1966）和马里兰州克拉克斯堡的柯姆萨特实验室（Comsat Laboratory，1967），其中后者获得了设计奖。

柯姆萨特实验室总建筑面积 2.36 万㎡，是在 8.5 hm^2 土地上建设而成的一个供通信卫星研发和制造所必需的各种设施的综合体。设计的主要内容有中心实验室、附属实验室、追踪调查办公室、宇宙飞船组装、管理部、建筑物和机电的服务部、停车场等。工作人员预计有 350 人左右。

因为是从事尖端科学的研究，很难预计其中的某些部门将来要怎样扩展，所以无论在空间还是机械动力供给等方面都要求有一定的通用性和灵活性。佩里在这个大部分为二层的建筑中首先根据交通线（Circulation Line）来决定平面骨架。在有空间的地方，就存在有交通线，而这条交通线又是为工作人员和器材所使用的，所有的使用空间都围绕着交通线而组合起来，同时机械、动力等也都按照这种模式处理，使之具有了发展的可能性。对于将来要扩建而又无法明确地加以预测的，在平面上也故意在许多不清楚的地方保留了“开放端”（Open End），形成一种未完成的局面。

1966 年他设计加利福尼亚州的泰利达因系统实验室（Teledyne System Laboratory）时也采用了

图 4. 科姆萨特实验室轴测图

同样的概念和手法。这是一个生产供飞机和宇宙飞船使用的电子产品的实验室，在平面上同样是“开放端”的线型组织。这栋建筑获得了美国钢铁建设学会的奖赏。

1968 年 7 月，对于佩里的建筑生涯来说又是一次大的转机。他和拉姆斯登分手，成为洛杉矶另一个大事务所格伦事务所（Gruen Associates）的主要合伙人。格伦事务所的创始人维克多·格伦（Victor Gruen，1903—）是出生在维也纳的建筑家，以创造了商业中心的新概念而闻名于美国。事务所大约有 300 名工作人员，在洛杉矶、纽约、华盛顿和德黑兰设有分事务所。1968 年正是创始人格伦准备隐退的时候，而且设计业务也不十分景气，但 DMJM 的成功却对他们是一个很大的刺激。格伦认识到，事务所想要重整旗鼓，就必须找一个强有力的设计负责人来领导整个事务所恢复过去的地位，并重建事务所的设计队伍。这时他们就把目光集中到了佩里身上。在他们看来，最直截了当而又简便可行的办法就是把佩里从 DMJM 那里“挖”过来。当然这可能也是美国那种社会司空见惯的手法。佩里的这一次转变自然也使许多人大吃一惊并随之感到不快，但紧接着他在维也纳联合国国际机构总部设计竞赛的成功，却冲淡了那些让人不快的记忆。

奥地利维也纳联合国国际机构总部（United Nations City，1989）的国际设计竞赛是佩里进入格伦事务所以后的第一个重要设计。这个设计竞赛有 50 多个国家参加，提出了 280 个方案，最终佩里的方案获得一等奖，这一方面显示了佩里的个人才华和能力，同时也使佩里一举成名，成为世界知名的建筑家。评论认为这个设计方案无论在平面、立面还是空间处理上都十分成功，可以说是佩里最优秀的作品之一，但很可惜的是没有付诸实现。

这个总部中包括国际原子能机构、工业发展组织的总部、四个国际机构、会议中心，其他还有如广播中心、餐厅、办公等必要的设施和可停放 500 辆汽车的停车场。用地约 14 hm^2，位于维也纳市多瑙公园以东 4 km 处，周围有方便的铁路、地下铁和汽车的交通。

业主要求整个工程按三期进行建设，并要求允许功能变化的灵活性，因此设计方案必须适应这种变化、成长的状况。面对着这个规模巨大、内容庞杂的任务，

5

图 5. 维也纳联合国国际机构总部西北外景

佩里将他的“交通系统”和“开放端”的概念再次加以运用，使整个平面处理得十分简洁、精彩。根据他的“交通系统”产生了整个平面，这好像是一株水平放置的大树，沿着循环路的主干而生长出主枝。并且这个平面完全是模数化的。他以 48 m 为一个基本单位，按这个模数安排主枝，因为佩里认为 48 m 这个模数对于停车场、会议厅、高层结构以及上部的服务空间都是比较适宜的。同时 48 m 可以二等分、三等分、四等分，又是一些基本模数的倍数，例如隔断的基本模数为 1.20 m，车库的基本模数为 16.0 m，现有建筑制品的模数为 0.3 m、1.2 m、2.4 m。

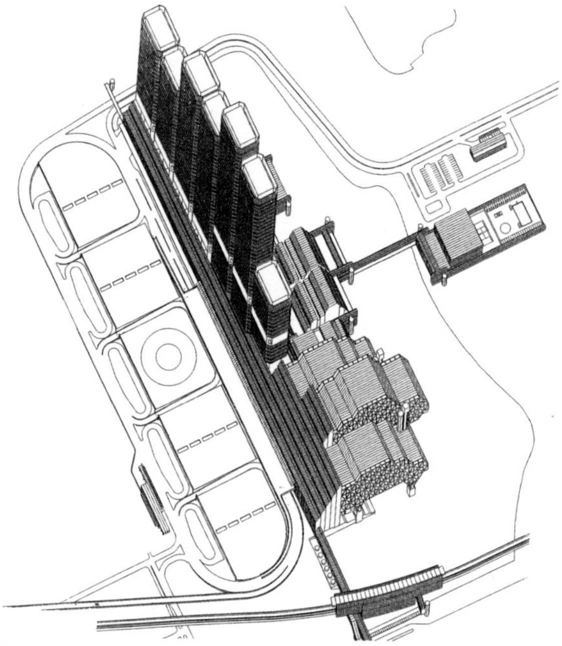

6

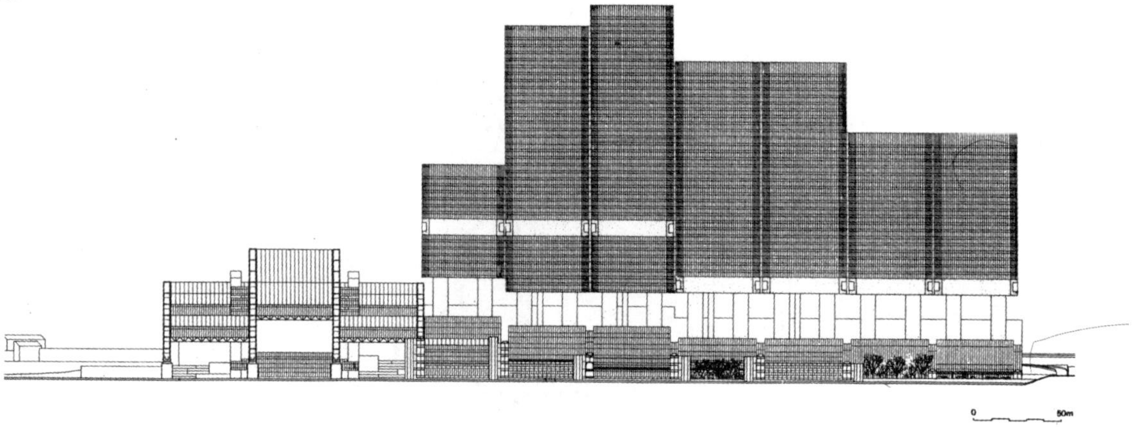

7

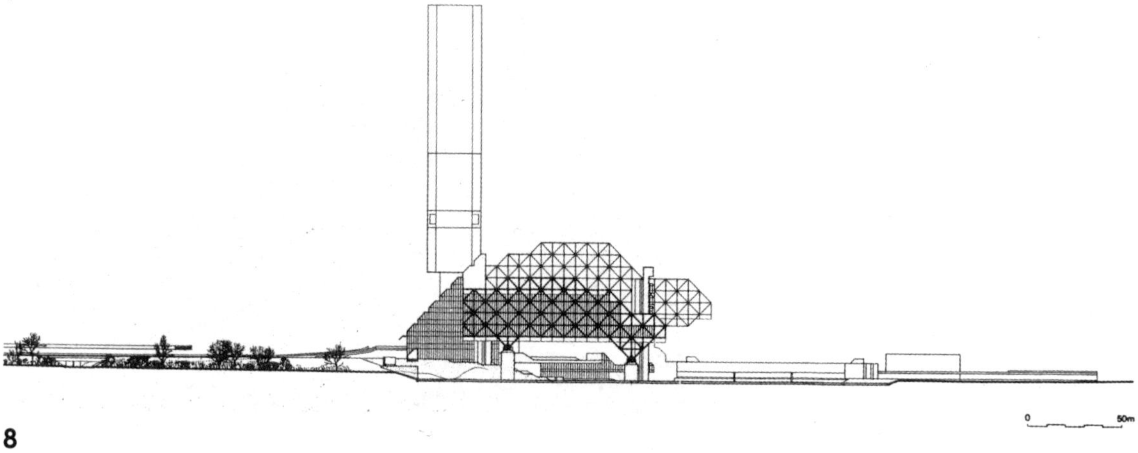

8

图 6. 维也纳联合国国际机构总部轴测图　图 7. 维也纳联合国国际机构总部东立面
图 8. 维也纳联合国国际机构总部南立面

建筑物的外形处理得单纯、有力，让人十分容易理解和记忆。朝着维也纳市的一面，也就是主要停车场的一面是由两个单纯的要素构成的，一是垂直挺拔的办公部分的直线，另一个就是贯穿整个建筑群的中央广场由曲折的波动覆盖面所形成的不规则的波动墙。而朝着多瑙公园的一面则利用湖水来反映一些比较小的尺度，以形成丰富的倒影，并且把人们经常利用的设施，如餐厅、图书馆、幼儿园、平台、入口广场和庭园等，都朝着多瑙公园开放。因为会议中心是这个组群的主要公共部分，所以在外形处理上就更为重视，以强调其性格和特征。各个会议厅都按照 48 m 的基本单元平行布置，而把单元的端部空间桁梁外露，桁架的形状直接反映了会议厅的外轮廓，以至在整个建筑群中，形成了丰富的高低变化部分。而更给人以深刻印象的是这个庞大的建筑物的主要部分都是用玻璃包起来的，由于四时的光影反射，形成了变化万千的表面，而在夜晚则变成了光的雕刻。

内部空间的主要焦点集中在它的中央广场，这是一个尺度非常大的空间，长 484.8 m，高度由 24 m 到 54 m 之间变化。这个中央广场让人明确地感到佩里所运用的交通系统的主干及其功能，同时也是为了创造出一个与联合国的这些机构相称的大空间。这个空间又是一个变化的有透视感的空间，因为空间是明显的不对称形，其中一面是大片的玻璃墙面，在它的上部是倾斜 45° 的玻璃面屋顶，由此产生了一种倾斜和运动的透视感。除此以外，设计还通过中央广场内的平台、阳台、桥、楼梯、电梯和自动扶梯等进一步加强了这种运动和活跃感。

在朝着北面湖面的方向和中央广场相连的是附有屋顶的主入口广场。这个广场上部的会议厅的桁架和支柱，形成了一个很有特点的开敞公共空间，它一面扩大了原已很壮观的中央广场空间，同时也可以作为举行一些大型公共仪式的场所。

大会议厅的前厅和入口厅以及各国际机构的大厅都在巨大的中央广场之中，但处理手法又有所不同。前者是吊在中央广场之内的大平台，而后者由于各自的独立性，虽然共处于一个空间之中，但用玻璃加以隔离，所有这些生动活泼的公共部分还都可以通过中央广场的玻璃墙面和屋顶，眺望维也纳及其郊外的风光，尤其在广场顶层视野就更为开阔。

在格伦事务所期间，佩里精力充沛地完成了一个又一个工程，一次又一次地引起了人们的注意，下面就是几栋极具特色，可以说是佩里代表作的作品。

市民和市政厅中心（Commons & Courthouse Centre）是 1971—1974 年在印第安纳州的哥伦布市建成的，这个设计获得了

9

图 9. 哥伦布市民和市政中心

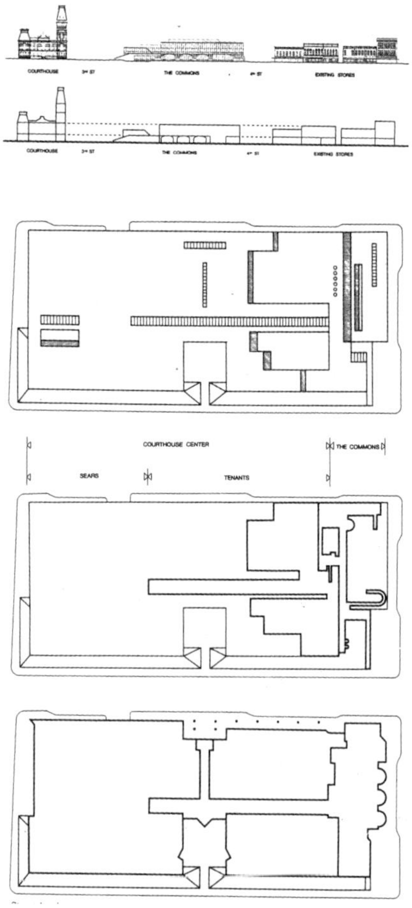

10

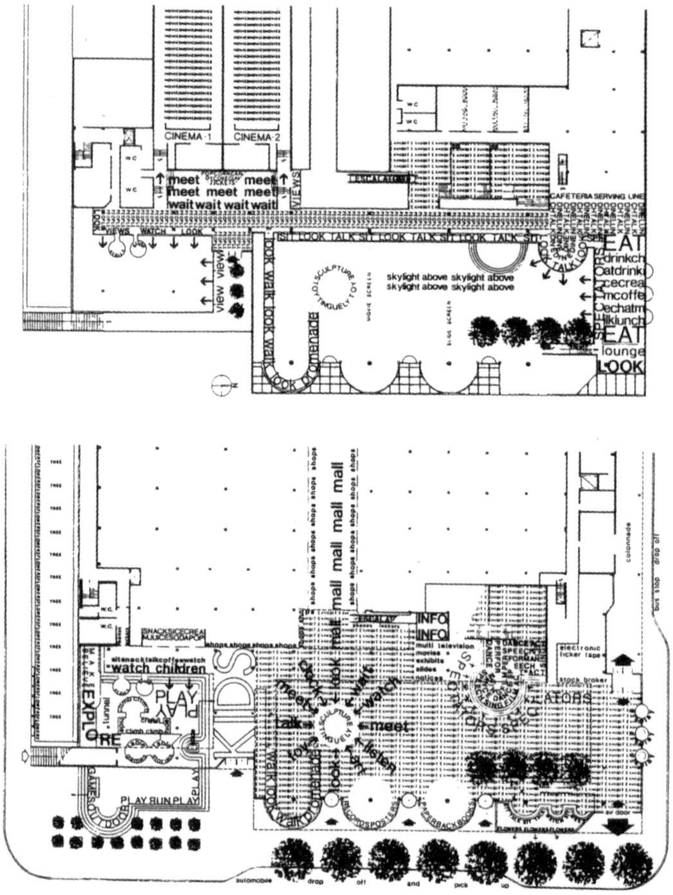

11

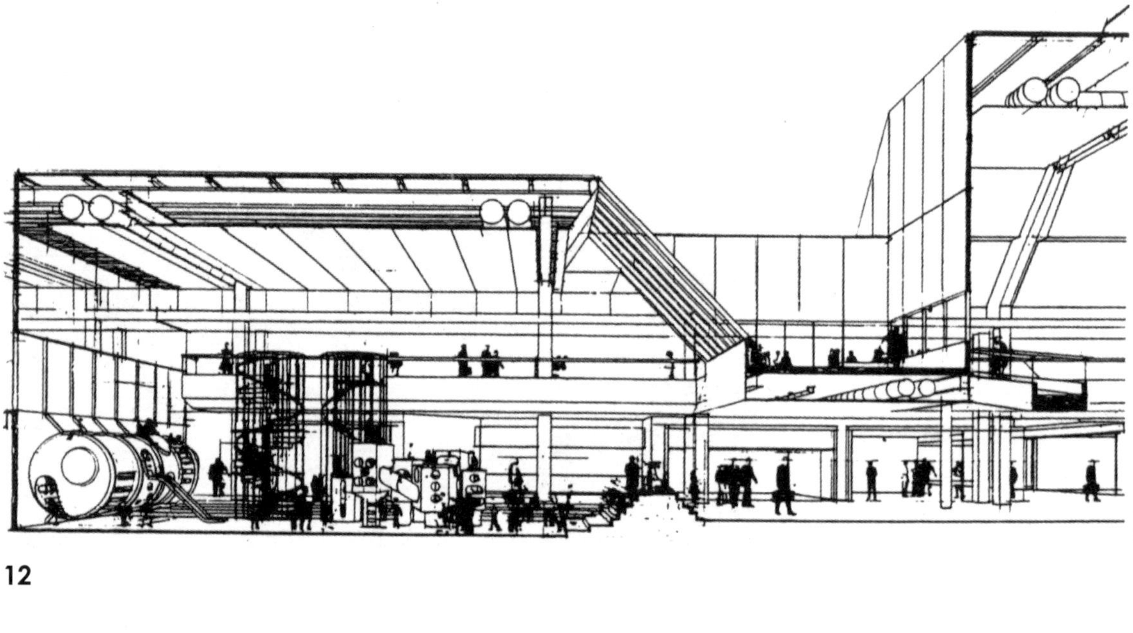

12

图 10. 哥伦布市民和市政中心（自上至下）华盛顿大街立面，屋顶平面，夹层平面，道路处平面

图 11. 哥伦布市民和市政中心内的中心广场平面 上：夹层 下：首层

图 12. 哥伦布市民和市政厅中心游戏室剖面

美国建筑师协会南加利福尼亚支部的优秀奖。哥伦布市是只有2.7万人的小城市，市中心都是19世纪建设的小街道，中心在华盛顿大街一侧的四个街区，另一面的建筑物几乎都是两层，并有漂亮的维多利亚式立面，大街的最南端是城里最漂亮的建筑物之一——市政厅。在这样的环境当中，佩里规划设计市民和市政厅中心这个巨大建筑时，必须解决怎样和周围的城市功能相联系的问题，以及这个巨大建筑怎样和周围小尺度街道相适应的问题。

这个中心是近代商店的集合体，有包括著名的西尔斯百货店在内的专门商店，但又是一个公共中心。普通的商业中心处理是把停车场和店铺直接相连，并仅仅是把采购商品的人们吸引到这里，而佩里设计的市民中心则注目于城市整体的活动，不仅是买东西，而且要把市中心的人们都吸引过来，形成一个起着广场作用的媒介空间。在这个空间里可以举办跳舞、慈善、展览、演奏会、集会和音乐会等各种活动，备有可以讲课及演出木偶剧、乡村音乐、爵士乐和戏剧的舞台，在展览空间可以举行美术、技术、科学、工艺等各种展览，另外还有举办小宴会、集会和讲课用的会议室。这儿不仅是公共活动的场所，也是人们日常生活的场所。围绕着被称为“混沌1号”的雕塑，情报显示板上不断传播着哥伦布地区的各种信息。这儿还有各种游玩器具的儿童游戏场，有供人们散步、活动的各种装置和设备。

建筑的外墙都是玻璃面，使中心广场在空间上和华盛顿大街融合为一体。建筑物的高度与周围原有建筑的平均高度相合，女儿墙和入口部分的高度与市政厅的上楣高度相同。为了不破坏华盛顿大街等处的连续性，在平面上的凹凸及入口的位置上，都细心地注意与原有店铺的节奏相吻合。在华盛顿大街和3号街的交叉口，平面上稍稍退进形成了小广场，也使人们观看市政厅塔楼的视野更为开阔。

同样是在1971年设计的洛杉矶太平洋设计中心（Pacific Design Centre）使佩里更加声名大噪，这个用深蓝色玻璃包起来的建筑，让所有看过它的人们都感到有一种不可思议的魅力。

建筑物总面积69750 ㎡，平面是一个长161.5 m，宽74.7 m的长方形，有6层高，总高39.6 m，这是为了满足负责住宅建设的建筑师、室内设计师和装饰家的特殊要求而建设的供其展览及出售商品的地方。1层部分有一个宽24.4~42.7 m的广场，周围是零售商店和各种服务设施，包括会议室、餐厅和展场地等。2~6层是展室和商品交易处，在9.1~36.6 m宽的步行道两侧是各种制造商和贩卖代理店设在这里的

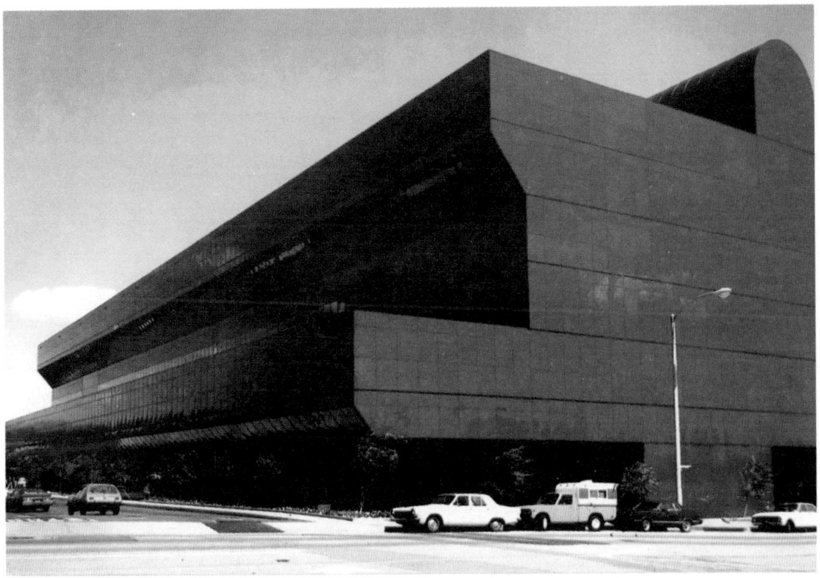

13

图13. 洛杉矶太平洋设计中心

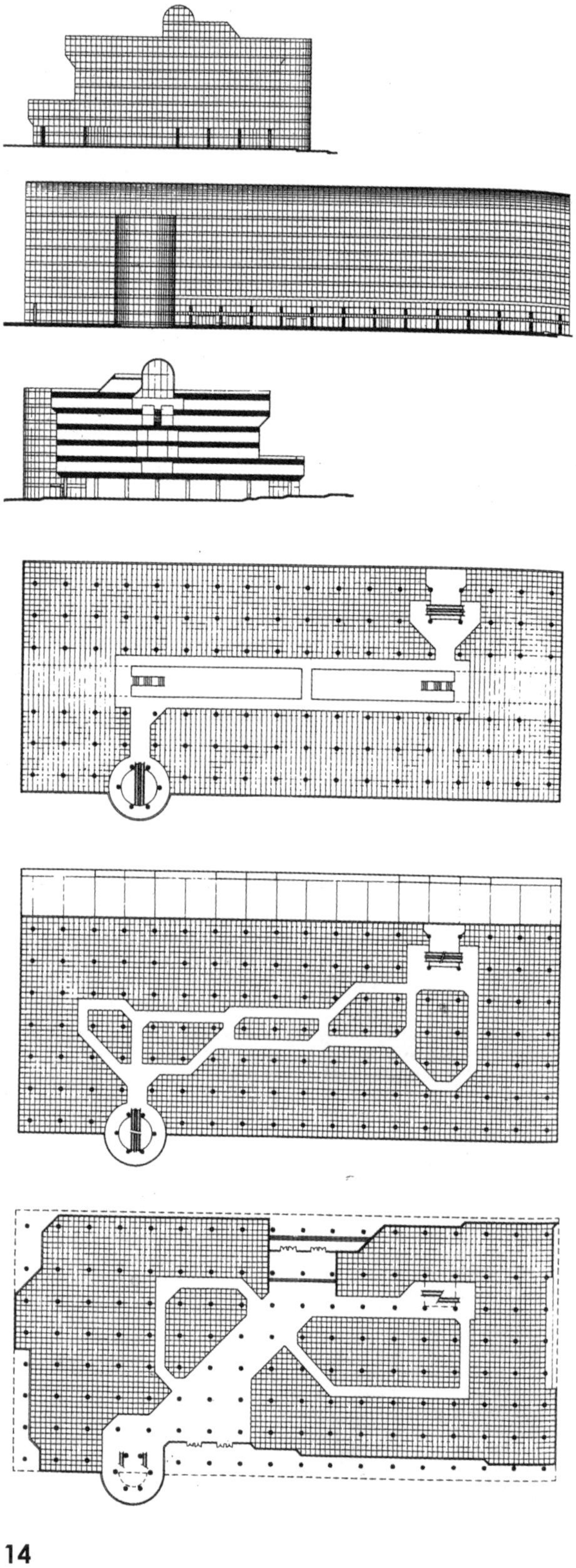

14

图 14. 洛杉矶太平洋设计中心（自上至下）立面、剖面、6 层平面，3 层平面、首层平面

展览室，展览家具、地毯、装饰用品、礼品和妇女用品等。各展览室都是由使用者自行设计的，只是在标牌的位置、门的大小等方面做了统一规定。在 5 层和 6 层部分，有一个类似跑马廊的内庭和走廊，通过两端的楼梯可以进入夹层。这儿有配备各种各样视听设备的多用途会议室，每间可容 300 人左右，也可以加以分隔以适应人数较少的会议。内庭和走廊上部有和整个建筑物同长的拱形顶，空间高 18.3 m，上面铺有茶色弯曲塑料板，防止阳光直射入内。

南北两组自动扶梯是垂直交通的主要途径，它在人们眺望建筑内外的同时，把人们输送到各层。南侧的自动扶梯在一个半圆柱体中，凸出在建筑之外，乘扶梯时可以眺望街景，而在北面的自动扶梯上可以眺望远山。此外还有客用货用电梯各 2 部。建筑物外有 3.64 hm^2 的地上停车场，可停车 1150 辆。

整个建筑物的表面被 18600 ㎡的玻璃所覆盖，其中 5000 块是深蓝色的不透明玻璃，2000 块是茶色玻璃。茶色玻璃安装在南北两个自动扶梯厅处。外墙的深蓝色基调使它获得了“蓝鲸”的美称。整个内装修也以浅茶色为基调，使整体色调十分和谐统一。各层走廊地面为红褐色地毯，而 1 层广场和顶部内庭的地面则是暗红色的防滑瓷砖。

1972 年，佩里又经手设计了美国驻日本大使馆，这是他在远东的第一个作品，这个建筑的成功加深了外部世界尤其是东亚对他的了解。

美国驻日本大使馆位于东京市中心的赤坂，占地 1.3 hm^2，与有名的大仓旅馆相邻，地形有比较大的起伏。为了避免大使馆的主楼对周围产生压迫感，佩里改变了 1931 年建

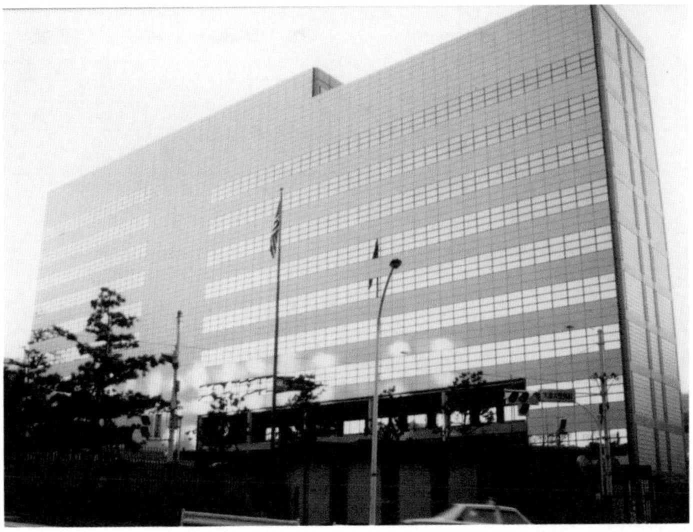

15

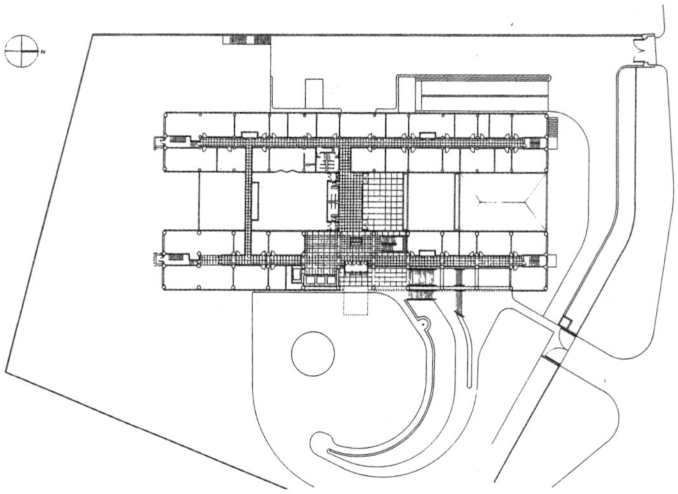

16

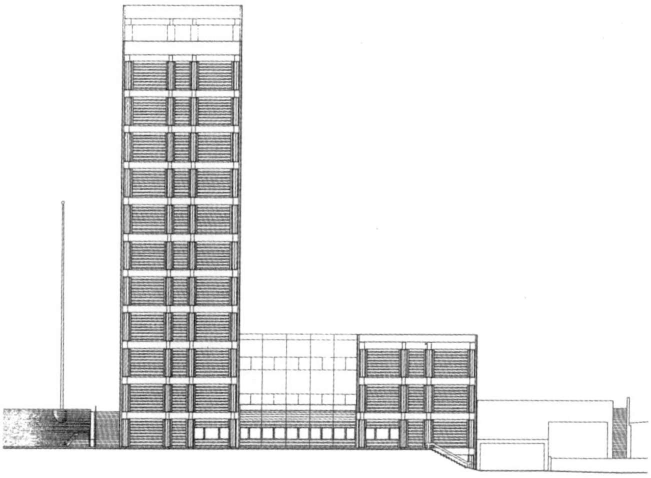

17

的旧大使馆的设计，放弃建筑正对入口的对称做法，把主楼东西向布置，这样和正面入口形成了一定的角度；并在建筑物和坡地相交的地方，设置了台阶和架空柱廊，形成令来访者方便进入的布局。在东京开敞绿地是十分宝贵的，而该设计最大限度地保证了开敞绿地和原有树木，包括老银杏树，使这片绿化与南面的旅馆绿化融合为一体。

23347 ㎡的主楼包括大使馆、领事馆和一些办公机构，佩里把东面 11 层的高层部和西面 2 层的低层部平行布置，中间利用 2 层的多功能大厅和平台、内院等加以连接。主楼的地下室入口是领事馆的入口，台阶上面是大使馆入口。虽然佩里一直喜欢使用钢结构，但因为防火和其他原因，在这个工程中使用了钢筋混凝土结构，在日本大林组施工时又改成了铁骨钢筋混凝土结构。外立面处理延续佩里一贯的风格——简洁明快。由于美国国务院规定玻璃面积不能超过 50%，他使用了浅茶色的预制混凝土挂板和半反射镜面玻璃的组合。整个正立面纵横用 65 cm × 135 cm 的网格为模数加以分割，而山墙部分将结构柱外露（图 15）。建筑内装修的隔断、天花板等也完全使用了模数化的材料。立面处理获得了许多日本建筑师的称赞。直到现在，这栋建筑还被认为是高明地运用反射镜面玻璃处理手法的一栋建筑物。

图 15. 美国驻日本大使馆　　图 16. 美国驻日本大使馆首层平面　　图 17. 美国驻日本大使馆东北立面

18

19

从 1975 年起佩里设计了纽约州尼亚加拉瀑布城的彩虹中心四季庭院和步行街（ Rainbow Centre Mall ）。这使他获得了 1977 年的美国“进步建筑奖”。

尼亚加拉瀑布城是著名的旅游观光地。当局为了把夏季的旅游旺季扩大到冬季，使该地全年都成为充满活力的旅游观光点，因此在市中心 33 hm^2 的用地上进行了改建规划，就是建设一条贯通东西的长 460 m，宽 30 m 的步行道，将东面的会议中心和西面眺望瀑布的公园连接起来，形成一个主轴，并以此来促进步行街两侧商业地区的开发，使市中心区有明确特征，以吸引每年访问该处的数百万名客人。

这个步行街规划的关键就是位于中心位置的四季庭园。这是一个 53.3 m × 47.2 m，高 30.5 m 的钢结构体系，全部都用玻璃幕墙包起来，这样步行街就被四季庭园分成两部分，东侧是两排行道树，沿途放置着座椅，在节日时还可放置出售物品的活动小屋；西侧是通向公园的散步道。东面步行街和四季庭院通过铺砌同样的地面材料而强调其整体连续感。

四季庭院采用了与维也纳联合国国际机构总部中央广场类似的剖面形式。整个建筑物是由 20 根混凝土柱支持的玻璃幕墙和钢桁架，这种结构形式也是为了控制造价并在反复比较之后决定的。其中最高的 5 根混凝土柱为 16.8 m 高，中间部分的桁架高达 11 m，两端悬臂挑出。整个建筑具有轻快、通透的特征。室内的外露钢结构，加上电梯、楼梯、桥和夹层等，形成了一个变化多端的立体空间。同时随着地面的起伏，又铺砌了砖和石块的路面、水池，高达 12 m 以上的常绿树和阔叶树，再加上小巧的剧场、问事处，使得空间的分割和变化更加丰富。

佩里通过 DMJM 和格伦事务所，利用这些大设计组织的业务关系，获得了一个又一个大型的工程

图 18. 尼亚加拉瀑布城彩虹中心　　图 19. 彩虹中心室内

项目，并且一再取得成功，但是对佩里来说，这远远还没有结束。进入格伦事务所十年之后，也就是在1977年，佩里的再一次变化又引起了建筑界的注意。

这一年佩里被招聘为耶鲁大学建筑学院的院长。位于美国东部纽黑文的耶鲁大学是和哈佛大学并驾齐驱的著名大学，是佩里的老师伊罗·沙里宁的母校，几位有名的建筑师，如路易斯·康、保尔·鲁道夫和查尔斯·穆尔都曾任这所大学建筑学院的院长，因此就任院长对佩里来说是一件十分光彩的事情。此前还在格伦事务所的时候，佩里就对建筑教育事业表现出极大的关心，那时他就是耶鲁大学和加利福尼亚大学洛杉矶分校的客座教授。到耶鲁大学以后不久，佩里很快就离开了格伦事务所，在纽黑文独立开设了自己的西萨·佩里建筑事务所（Cesar Pelli Associates），但还在许多工程中继续和格伦

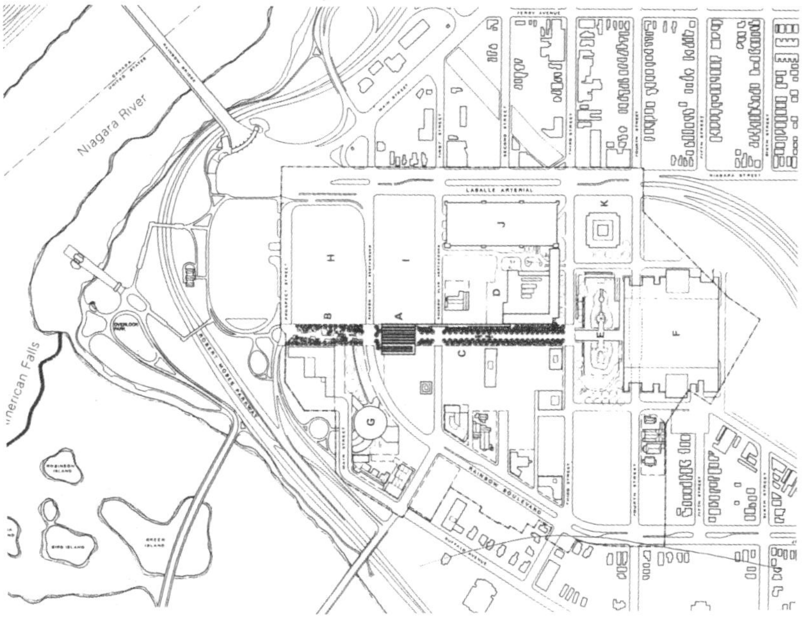

20

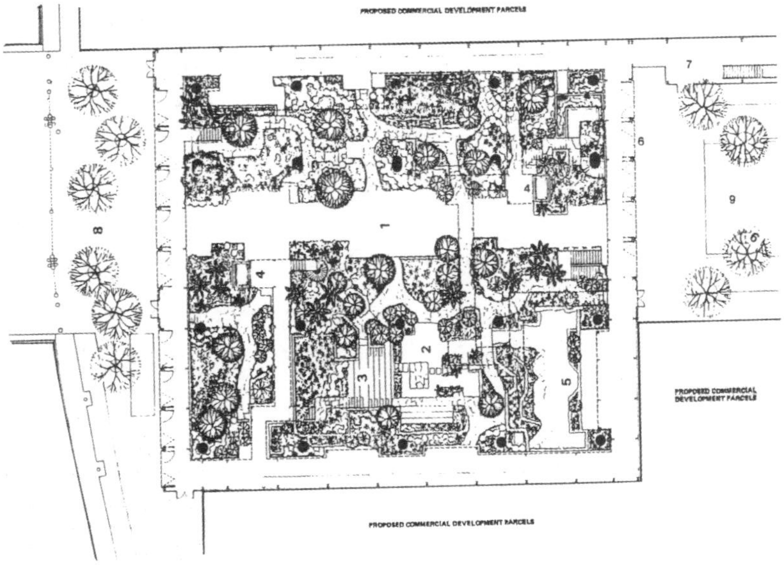

21

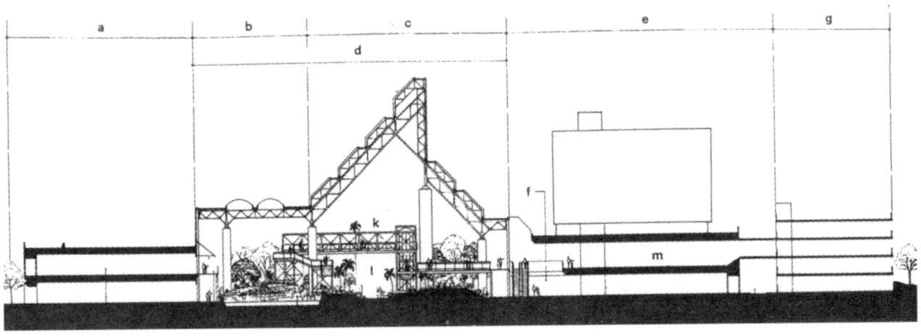

22

图20. 尼亚加拉瀑布城彩虹中心总平面　　图21. 彩虹中心平面　　图22. 彩虹中心剖面

事务所合作。他在经过大型事务所的锻炼之后，又回到了传统建筑家的立场上了。

佩里从洛杉矶向美国的东部移动以后，首先就遇到了一个既为人们所注目，而又相当棘手的工程，这就是纽约现代艺术美术馆的扩建工程。纽约现代艺术美术馆成立于1929年，以其丰富的藏品，包括油画、雕塑、版画、摄影和建筑方面的作品以及19世纪末以来的电影资料而著称。它被认为是美国现代艺术的权威发言人和说明人，在建筑方面也是如此。菲利鲁·约翰逊于1930—1936年在这儿任建筑部主任期间，率先在1932年向美国介绍了国际式的现代建筑，此后不断对此加以宣扬和拥护，使这里成为现代建筑运动的一个重要讲坛。然而也是这个美术馆，在1975年展览了古典学派学生的作品，对于后现代主义的立场以及从“抽象”向“象征”的重要转变给予了充分的重视。

美术馆最初只是供少数鉴赏收藏家们会面的地方，一天接待观众不超过200名，但现在年观众达13万人以上，仅周末一天就要超过5000人；同样展览空间也是极度不足，其藏品已达10万件，但有85%的展品存放在地下室和仓库，全部展品可能要25年的时间才能轮换展出一次。所以关于它的扩建，很早就已开始酝酿，但是牵涉空中权的转让等一系列复杂的谈判和诉讼，一直到佩里接手以后，工程才得以较快地进行。

23

这个美术馆的建筑也是十分有趣的。它的主体是在1939年由菲利普·古德温（Philip Goodwin）和爱德华·斯东（ Edward Stone）所设计的。1964年由菲利普·约翰逊设计了它的东翼和庭园。现在经菲利普·约翰逊推荐选定了佩里做第三个设计人，用佩里自己的话讲：“这是一个极富有挑战性的作品。”工程的设计内容也十分复杂，因为既有原有美术馆的扩建，又有一部分高级公寓住宅，而这两种建筑无论从功能上还是设计上都是大不相同的，必须在有限的用地当中尽可能地利用空中空间将它们重叠起来；而美术馆本身的扩建除去展览室的面积要成倍增加之外，还要增加讲演厅、两个餐厅、书店和办公室等内容，并且伴随着扩建，对整个参观路线要有一个全面的调整。最后的方案是在扩建的6层部分上面，建起了52层的公寓住宅。整个设计从1977年开始，1980年开工，1984年竣工对公众

图23. 纽约现代艺术美术馆扩建和公寓鸟瞰

24

25

26

图 24. 纽约现代艺术美术馆扩建部分剖面　图 25. 纽约现代艺术美术馆扩建部分内景

图 26. 纽约现代艺术美术馆扩建部分夜景

开放，耗资5500万美元。

在美术馆的立面处理上，佩里下了很大功夫。美术馆主体是白色大理石与玻璃的横线条方盒子，1964年建成的东翼是由深色玻璃和黑框组成的立面，在新的西翼扩建部分，佩里仍然使用了他拿手的玻璃幕墙，他既要和原有的立面互相呼应，又要使扩建的六层部分与高层公寓塔楼形成一个完整的整体。在这种情况下就要把这个庞大的体形加以分割。低层部分的横向分割与美术馆主体的横线条有严整的对位关系，在玻璃幕墙上，使用了浅蓝、浅灰和白等4种颜色的玻璃，对称而又有微妙变化的立面比仅有一种颜色的幕墙显得更为丰富而精巧（图23）。在高层公寓的顶部分两层收进，用变化的顶部轮廓线做结束，这并不是功能上的要求，而是佩里在参考了30年代曼哈顿摩天楼顶部处理后的一种尝试，这种处理手法在他以后的许多作品中不断得到发展和充实。

他对于菲利普·约翰逊设计的以阿尔德里奇·洛克菲勒命名的雕塑花园也做了精心的研究。雕塑花园被称为是美术馆"最伟大和最引以为骄傲的艺术和建筑的财富"，一直为广大观众所喜爱。新的扩建方案要让花园南侧占去6 m宽的一条空间，但这也带来了很大的好处。佩里在这里设计了一个他称之为"四季花园"的层层退进的玻璃盒子，它成为这次扩建工程的核心。通过在这里安装的自动扶梯，观众可以轻松到达从地下直到4层的各层展览室，形成了新的东西主交通线。而另一方面通过四季花园，过去狭长而黑暗的大厅变成了明亮的开敞空间，使雕塑花园和室内融为一体。观众走下自动扶梯，一批艺术品就出现在面前，这些作品在自然光下闪着光，好像放出了过去人们从未注意到的光彩。在室内设计上佩里着重指出："美术馆是展品十分突出的地方，因此建筑必是一种背景，而不是前景。"

此后佩里又设计了休斯顿的高层公寓住宅、韩国的保险公司、纽约和洛杉机的办公楼等许多工程。在纽约世界贸易中心的旁边，他的另一个建筑即将完工，这就是在填土造成的人工土地上建造的伯特利花园城（Buttery Park City）。这是一个包括1.4万住户、近56万㎡的商业及办公组群，以及绿化和

27

28

图27. 休斯顿四叶塔外景　　图28. 纽约伯特利花园城（由哈德逊河远望）

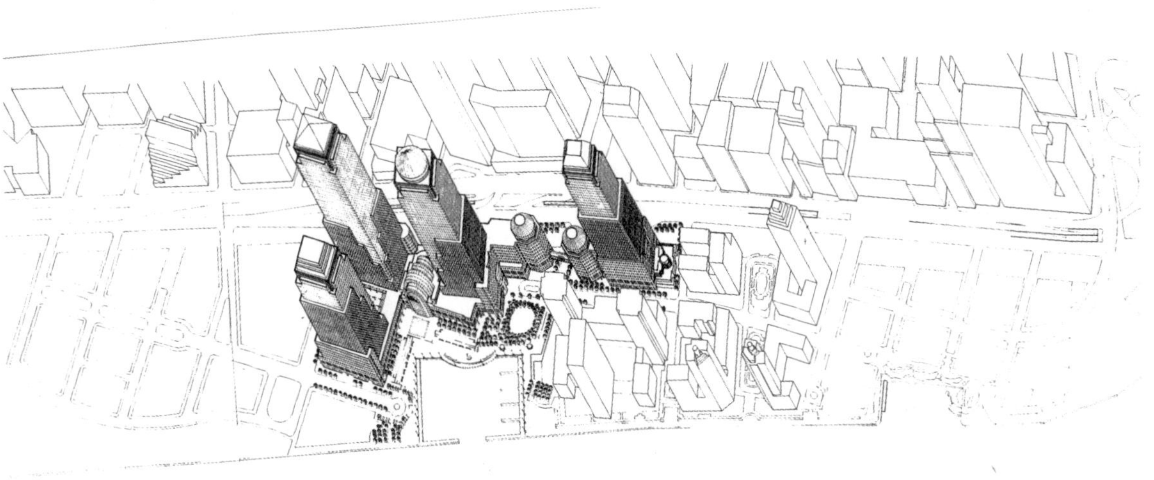

29

开敞的空间等，全部工程将分几阶段完成。但是人们现在就已经能看到哈德逊河畔的这一组正在施工的建筑已经把世界贸易中心的巨大方柱体挤到后排去了。

西萨·佩里这样的建筑家的出现，正是基于美国经济和技术的发展，在大型的设计组织中产生出来的，而这又和佩里自己的才能非常巧妙地结合在一起，因此评论认为佩里可以算是新型的美国建筑家。

佩里的作品有着独创的设计和空间构成，他的构思和设想常常是非常新颖、别致的，平面和空间能很好地融为一体。当然这和他在设计上的明确概念是密切相关的。如前所述，他在几个作品中都采用了“交通系统”的概念，根据这一系统而加以组织平面配置和空间扩展，构成建筑的整体。他的许多作品对未来、发展、成长、变化都给予极大的注意。他说：“在我的设计中，将来是十分重要的，我用今天的材料和方法进行设计，但我设计的建筑物将在明天使用和改造。”他在设计中的“开放端”的处理也就是为适应这一点而产生的。

在外部表现上，佩里使用金属、玻璃、反射玻璃和混凝土等创造出了简洁而明快的立面，尤其在玻璃的使用上最为得心应手。《纽约时报》的建筑评论员保罗·戈德博格认为：“在使用玻璃方面，（佩里）是当代第一流的建筑家。”他说：“佩里的高明就在于他把高度的洗练和自由奔放巧妙地结合在一起，并极为自然地具有他的风格。”许多评论家把佩里称为“银色派”，而佩里认为“给我们以‘银色派’的名字是为了做白色派和灰色派的陪衬，也有半开玩笑的成分”。就玻璃幕墙的历史而言，从SOM的利华大厦，密斯·凡·德·罗的芝加哥湖滨公寓的幕墙开始，到伊罗·沙里宁在新泽西州的贝尔电话公司研究中心首次使用镜面反射玻璃，都是在探索玻璃的新的应用。如同柯布西耶所说的“建筑的历史就是追求采光的历史”一样，有的评论家认为：“战后的美国建筑史，在某种意义上将其称为追求玻璃幕墙的可能性的历史也是不为过的。”进入到佩里这一代时，设计师更加注意缩小支承边挺，强调大片玻璃面的连续性和整体性。在佩里的设计中，外墙是和结构完全分开的“表面”或“轻皮膜”（Light Weight Skin Enclosure），立面是独立于结构和内部空间的。过去的立面处理是表现如何承受荷载并把它传递到地面，柯布西耶则把平面从结构中独立出来，让外墙脱离结构而迈出了第一步，但他的立面的

图29. 纽约伯特利花园城轴测图

方形开口都还是和15世纪的古典形式一脉相承的。然而这种“轻皮膜”却表现了一种可以向任何方向移动，可以把任何功能都包容在内的灵活性。这和汽车、飞机的外壳十分相似。为了表现这种特性，他常把立面中的这层皮膜翻转过去，横向卷曲或向下弯折。

从佩里的代表作品里还可以看出他的手法总是不断地在变化和探索中，他自己承认：“的确是在变化，主要有两方面的原因，一是现在设计的建筑物的种类和在洛杉矶的工作有着很大的不同……第二个原因是我自己，是我的建筑观有了变化，建筑师不能搞和10年前完全一样的东西。”他说：“我偏爱现代的材料和现代的技术，它们所产生的那种外表的特性在今天是那样新鲜和活跃。”

30

佩里认为对设计工作来说最重要的是“设计过程”（Design Process）。他说：“通常在问建筑家的建筑观时，他常常说到完成的对象，也就是结果。但在今天与其说完成的对象，不如说导入建筑的过程更为重要。”“所谓过程和方法论是不同的，方法论固然重要，但过程是仅仅由客观的部分所构成的。”所以他叙述自己做设计的过程，常常并没有什么先入为主的观点，是从白纸的状态开始的。他反对利用那种“装在信封里的草图”之类的方法，他坚信“所谓解决问题是在掌握了正确的方法后才会产生”。他解释，在构思方案时，并不是每一个孤立的设计项目单独进行的，而是许多项目同时进行，在彼此的互相启发中工作，相继产生了许多新的构思，但其中只有几个是适合于某一项目的，这样把余下的构思又输入到另外的新设计项目中去应用，使之能持续不断地更新。佩里强调，在

图30. 纽约伯特利花园城内景

设计过程中最关键的是“做出决定”（Decision Making）。“灵感和构思是重要的，但和‘做出决定’相比则是第二位的。”“所谓做出决定，与其说是意志，不如说是判断，即便是在某项工程中涉及美学意图方面的问题，也还是个判断的问题。”

佩里对建筑教育也表现出了极大的热情，尽管建筑事务所的工作和学校的教学在时间上有很大的矛盾。佩里说：“我认为一个建筑家同时又教学生这一点是非常重要的。因为在学校里所思考和议论的水平与在事务所中的水平，差异之大让人吃惊。甚至就是同一个人，由于其所处的地位不同，整体表现也会发生变化。因为在事务所里有我的几名学生在工作，所以我对此有所体会。从不同的立场出发对此给予刺激和启发是极为重要的。”

在英国建筑评论家查尔斯·詹克斯的著作《后现代建筑语言》中，曾以佩里的太平洋设计中心为例来解释一系列的隐喻。但更多的评论家，其中也包括詹克斯，还是把佩里列入晚期现代主义（Late Modernism）建筑师的行列之中。詹克斯所归纳的晚期现代主义的特点，诸如采用的不是理想主义而是基于实用主义的方法，具有极端的理论性，极端强调交通线和极端强调力学特性的夸张表现等，在佩里身上都有充分的表现。

佩里自称是“实用主义的建筑师”。他说：“我们正处在一个伟大的探索时期。”“近代建筑现在已经脱离国际式的理想主义和意识形态的成长期，而进入了成熟期。对这个问题的解决可能有各种各样的方法，但这并不是好或者坏，而是由更好一点或更坏一点来进行判断。在建筑方面，除了现代主义之外，没有别的办法，我们的社会结构、生产方法、社会目的和技术所培育出的唯一建筑就是现代建筑。但现代建筑对我来说并不仅仅指鲍豪斯的教义和 CIAM 的提倡所规定的现代主义，而是包括帕克斯顿、沙利文、卢德、霍尔德、麦金托什、奥尔布里希、贝雷、赖特、贝伦斯、阿斯布伦多以及福多在内的实用主义的现代主义。”

佩里说：“我们正处在巨大的变革之中，这个变革是如此之大，以至要指出将来会发生一些什么是非常困难的。”但他认为自己是个乐观主义者，在一次接受记者访问时他指出：“对于将来的事，谁也不知道。但我现在想起来不能不感到十分兴奋，因为我的事务所在今后 10 年里所做的工作，恐怕要对此后 50 年间的建筑给予巨大的影响。”

参考资料

[1]ARCHITECTURAL RECORD，1981（3）.

[2] NEWSWEEK，1984（5）（21）.

[3]SD（日），1980（9）.

[4] 建筑（日），1972（7）.

[5]GA，DOCUMENT（2）.

[6] 建筑师（10）.

阿鲁普和阿鲁普事务所

注：（1）阿鲁普事务所目前在中国正式定名为奥雅纳。

（2）本文原刊于《建筑师》38 期（1990 年），本次调整了大部分插图。

1

1988 年 2 月 5 日，92 岁高龄的奥夫·阿鲁普爵士（Sir Ore. Arup）在伦敦逝世，这位阿鲁普事务所的创始人、被称之为活跃的英国“结构哲学家”和“改革家”的历史，是和现代建筑产生、发展的历史紧密相关的。“在欧洲当说到一些先进的建筑师们在技术方面的活动时，决不能忽视阿鲁普及其事务所的存在”，“阿鲁普事务所的工作在英国的建筑设计现实中占有重要位置”。的确，当人们看到悉尼歌剧院的 10 片风帆，巴黎蓬皮杜国家艺术与文化中心暴露着结构和设备的五光十色的立面，香港汇丰银行的巨大悬吊结构等，都要想起它们在建成时给世界建筑界所带来的冲击。人们在为建筑师们天才而大胆的构思所折服的同时，也决不会忘记是阿鲁普和他的事务所与建筑师们创造性的合作，才使这些建筑得以成为现实。由于阿鲁普还创立了以他名字命名的建筑师事务所，所以他也被权威的出版物列入世界著名建筑家的行列之中。

对于英国建筑界的现状，评论认为存在两种不同的局面：一种以阿基格拉姆为中心，他们的理论和图面比较多，但建成的建筑很少；另一种就是以阿鲁普事务所为代表，接二连三地建成各种作品。阿基格拉姆和阿鲁普尽管表现很不相同，但对持“正统”观点的人们来说，他们又有着十分共同的地方——变革。对阿鲁普来说这里适合着两方面的内容。一方面是设计上的变革。他们解决了一个又一个的结构技术难题，把钢筋混凝土和钢结构在建筑上应用的可能性逐步扩大。但阿鲁普又不像意大利的结构大师奈维和墨西哥的康德拉——他们是把结构上的独特想法通过自己所设计的建筑来加以表现，阿鲁普在大多数的情况下，只是从结构工程师的立场出发，协助建筑师们工作。除去英国国内一流的建筑家之外，他先后还和阿尔托、雅各布逊、福莱·奥托、萨姆、皮阿诺、贝聿铭等名家合作，留下了许多名作。从表面上看阿鲁普的工作只是一个“配角”，似乎平淡无奇，但其实际影响却极为深远。阿鲁普另一方面的变革则表现在他对设计事务所进行的大胆革新，他一反英国建筑界的传统做法，进行了许多探索，因此也被称为“英国建筑界的异端”。

阿鲁普出生于 1895 年 4 月 16 日。他的父亲是丹麦的兽医，母亲是挪威人。在父母由英国返回故乡

图 1. 奥夫 · 阿鲁普爵士

时，他出生于英国东北部的一个小城纽卡斯特，并因此获得了英国国籍。他在德国上了小学，在丹麦念了初中和高中，之后进入哥本哈根大学攻读哲学和数学，获得了哲学学士学位。但是他觉得“哲学的学习并不能解答宇宙的神秘”，于是决心转向更加实际的职业。1916 年他进入丹麦皇家工科大学，当时他曾在学习建筑还是学习土木结构上犹豫不决，但最后他认为，“应首先打好技术上的基础，然后再等待在建筑方面的机会”，从而选择了土木工程。他借助于在数学方面的专长，专攻结构理论，并在 27 岁时取得了土木工程的硕士学位。哲学、数学和结构的学习，为阿鲁普一生的成就打下了坚实的基础。

2

3

从 1922 年大学毕业以后的二十多年里，阿鲁普一直是施工公司的结构工程师，他先进入丹麦一家从事港口建设的设计与施工的国际土木工程公司，此后移居英国，与基尔（Kier）公司合作，这使他在建筑与结构的现场管理、设计、预算、施工计划等方面都积累了许多实际的经验。20 世纪 30 年代初阿鲁普开始接触到现代建筑，当时正是现代建筑的上升时期，勒·柯布西耶的萨伏依别墅和巴黎瑞士学生宿舍，阿尔托的帕米欧疗养院和维堡市立图书馆等相继建成。与此同时德国的纳粹势力也正在抬头，在纳粹的迫害下许多激进的建筑师经由英国前往美国，使得现代建筑的浪潮也波及了英国。阿鲁普十分熟悉并与之合作过的台克顿小组（Tecton Group）成员就是这个浪潮中的一些先锋人物，他们向阿鲁普介绍现代建筑的精神，阿鲁普向他们介绍现代结构，特别是钢筋混凝土的理论和实践。阿鲁普利用他的技术为现代建筑运动做出了贡献，台克顿小组几乎所有的作品都是阿鲁普做的结构设计，如在英国现代建筑史上占有要地位的一号塔式住宅（1933 年）和伦敦动物园企鹅池（1939 年）等。此外阿鲁普还是 CIAM 英国支部现代建筑研究小组（MARS）的发起成员之一（1933 年）。

图 2. 伦敦一号塔式住宅　　图 3. 伦敦动物园企鹅池

4

在伦教北部哈盖特兴建的一号塔式住宅中建筑师的设想在平面和立面处理上都很新颖，但结构上采用了传统的梁柱结构。阿鲁普提出了全然不同的方案，他把支柱以外所有的墙板和楼板立体组合在一起，必要的部分可以设置自由的开口部。这种今天看起来十分普通的手法在当时却是很具独创性的。更令人惊奇的是墙体施工全部应用了滑模，几十年以后的现在更显示出了这种施工方式在经济上的优越性。这种结构形式在1938年芬斯贝利保健所的工程中得到进一步的发展：水平窗下墙除作为结构墙之外，还是水平的管道空间。在这里达到了建筑、结构和设备的高度一致。

伦敦动物园的企鹅池虽然很小，但却因其独特造型而使台克顿小组一举成名。在一个椭圆的平面中，两个“U”字形的坡道交错扭合在一起，这是一个由混凝土的曲线和曲面悬挑板所形成的自由而生动的造型。企鹅通过这两个坡道，迈着绅士的步伐，一摇一摆地走上来，这在20世纪30年代肯定是十分引人注目的。

第二次世界大战以前，阿鲁普集中精力研究混凝土板的防空壕。他为了用最少的材料取得最好的防护效果，并没有简单地采用可承受炸弹直接命中的最厚混凝上，而是利用较薄的多孔混凝土墙（Multi Celular Wall）来吸收爆炸压力。1938—1946年间阿鲁普和他的堂兄创建了阿鲁普有限公司，经营建材并进行建筑机械和施工的承包。由这家公司设计制造的浮舟型桥头堡在第二次世界大战的盟军诺曼底登陆时发挥了重要作用。战后阿鲁普成为独立的顾问工程师，在经过此前23年施工公司的体验之后，他觉得自己的兴趣更为偏重于从事设计工作方面，于是决定用更自由的形式来搞设计，使自己能对建筑设计有更大的贡献。

1947—1950年阿鲁普参与了南威尔士普灵莫尔橡胶工厂的设计。他把钢筋混凝土的曲面结构以及壳体结构进一步发展，扩大了混凝土在建筑上的可能性。这个工厂由于功能上的要求需要宽大的无柱空间，不积灰尘的天花，还需要做到耐火及造价低等，因此，混凝土壳体的确是适合的结构形式。阿鲁普和专门研究壳体的R.S.詹金斯一起把主要生产车间设计为9个双曲壳体，每个壳体的尺寸为25 m × 19 m，厚度9 cm，这是当时世界上规模最大的壳体结构。车间周围的附属用房利用重复出现的各种曲率的壳体形成了韵律，这些都给战后的建筑界以很大震动。它和墨西哥的结构大师康德拉的墨西哥大学城宇宙线研究所遥相呼应，向人们宣告了壳体结构时代的到来。

图4. 普灵莫尔橡胶工厂内景

5

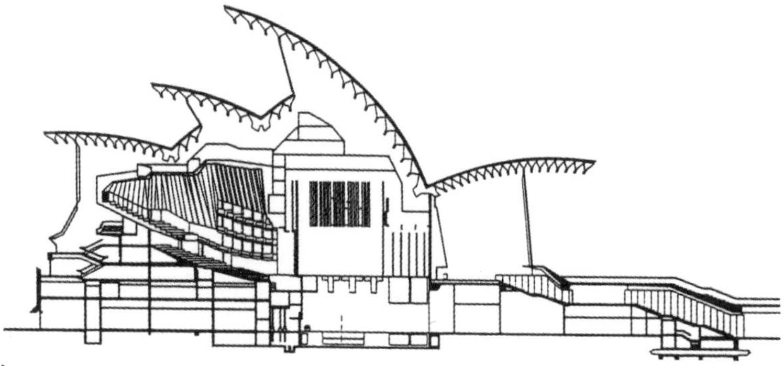

6

从战后直到60年代，英国建造了大量的住宅。阿鲁普把战前塔式住宅的结构体系进一步加以发展，形成了用楼板和隔墙组合起来的箱式框架（Box Frame），这种结构形式没有突出的梁和柱子，开口部可以自由处理，施工简单，造价低，并且横墙的布置完全可以按照建筑平面上的要求，并不一定按照结构上最有利的位置。后来这种形式作为住宅和单身宿舍的一种标准结构形式在欧洲得到广泛的应用。阿鲁普创造这种结构形式的目的不是为了结构力学上的简单和计算方便，而是为了保证立面和平面设计上的灵活性，这充分体现了他的设计思想：结构工程师的重要使命就是要在提高建筑的质量上发挥作用。而这里所说的质量显然包含有更为广泛的意义。

1949年起阿鲁普创建了以他名字命名的结构设计事务所，在20世纪50年代末阿鲁普遇到最棘手的问题恐怕就是悉尼歌剧院的建设了。历时17年的设计建造过程充满了戏剧性的跌宕起伏，使阿鲁普绞尽了脑汁，但也使各国的建筑界认识到了阿鲁普的创造性。1957年，在悉尼歌剧院设计国际竞赛时，以伊罗·沙利宁为首的评委在对223个方案审查的过程中，过分迷信了壳体结构的万能，认为它不仅在造型上，而且在造价的经济性上都是十分优越的，但由于对壳体对于曲面形状和边界条件要求极为严格这点估计不足，结果造成了歌剧院建造旷日持久的艰难历程。

歌剧院的设计工作就花费了8年时间。伍重在构思时的一个主要意图就是“让结构来表现其自身（Let Structure Speak For Itself）”。在伍重首先求教于壳体权威阿鲁普时，阿鲁普就认定：“这不单是一笔生意，而是一场战役。”他和另一位壳体专家詹金斯经过大量试验和分析，在壳体方案的基础上设想

图5. 悉尼歌剧院　　图6. 悉尼歌剧院纵剖面

7

8

了各种改进方案，诸如加肋、双层等，但在最后不能不得出这样的结论：这个建筑方案利用一般的混凝土壳体结构是不可能的，必须要采取与壳体截然不同的结构方式来解决。在这过程中詹金斯曾提出用铁骨做主体的方案，但阿鲁普并不满意，最后他创造了三角形和 T 形断面的预制混凝土管的肋拱结构，为了预制标准化，将壳面变为球面的一部分，经伍重同意后，最后确定了结构方案。当时耗费在结构设计上的总工时已达 3 万小时，仅用电子计算机进行结构计算已超过 1800 小时。歌剧院的施工仅预制结构构件就有 2350 件，总重量达 2.88 万 t，这大概是建筑史上极罕见的巨大而复杂的曲面结构的施工。

还有一个例子也可以说明阿鲁普的创造性。伍重为了人车分流设计了一个宽 100 m、跨度 50 m 的高架桥，原设计中央有两排柱，但在实施设计时伍重提出如果可能要把下面的柱子取消，并希望梁高要控制到最小，结构的上、下面都要水平，结构本身就要具有排水沟功能等要求，人们都觉得这对结构设计来说几乎是不可能的。但阿鲁普经过分析研究后采用了后张预应力的高强混凝土折板，板厚仅 18 cm，他把 100 m 宽按 6 英尺（约 1.83 m）为单位加以分割，50 m 的跨度梁高仅 1.36 m（梁跨比为 1 ∶ 36.5），梁本身就是排水沟，不但完全满足了伍重的要求，而且取得了比预期更好的效果。

悉尼歌剧院的实现并不单纯是伍重梦想的实现，而是他的构想因为阿鲁普丰富的经验所带来的结构和施工方面的创造性突破而发生了质的变化。通过预制预应力混凝土的施工方法使自由曲面结构实现标准化，从而成为带有普遍性的创造。评论认为：“悉尼歌剧院是伍重的天才直觉和阿鲁普及其事务所具有的坚韧科学挑战所首次实现的建筑物”，“在这里建筑师和工程师的合作决不是表面上的配合，而是互相启发的富有创造性的合作，因为在这个建筑物中结构就是建筑，建筑就是结构”。大众对阿鲁普的工作给予了极高的评价，“这是在充分理解了建筑师的意图之后，通过设计的过程把自己千变万化的设想投入其中，从而进一步提高建筑质量的能力”，“世界上具有这种能力的结构师最多也不超过十个人”。

图 7. 巴黎蓬皮杜中心鸟瞰　　图 8. 巴黎蓬皮杜中心管柱局部照片

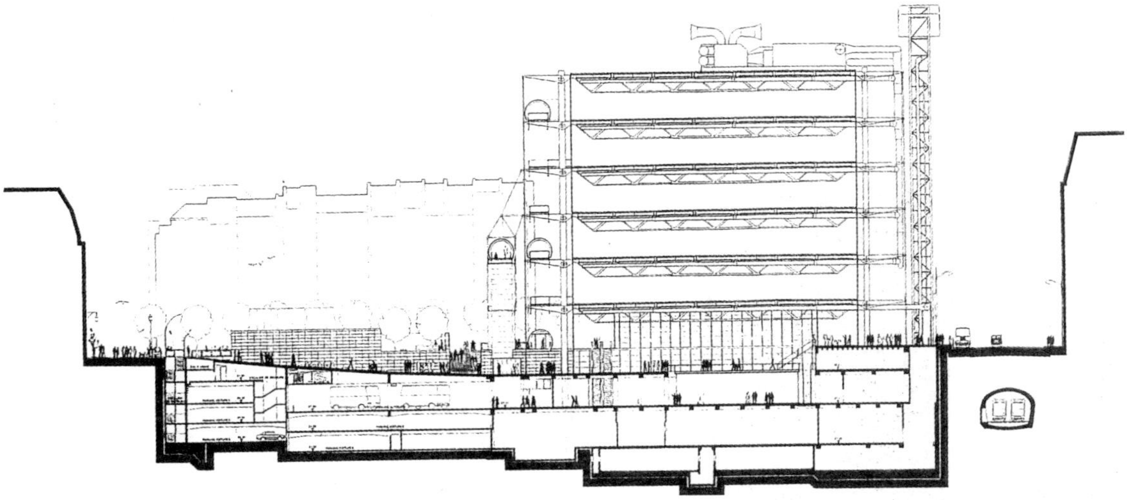

9

1971—1977 年巴黎蓬皮杜文化艺术中心的设计和建造是阿鲁普及其事务所取得的另一成就。在 49 个国家的 681 个方案中，意大利的皮阿诺和英国的罗杰斯的方案的确不同凡响。设计人的基本出发点是使建筑物不仅在平面上，而且在立面、剖面上都可以适应各种变化，创造一种可以保证人们自由行动的框架。在结构上要把建筑的各个构件及与生产、运输、建设结合的系统都予以优化，创造一种有明确定义的合理结构框架。它在满足技术上的需要和业主需要的同时，还要满足来访的人们对于建筑物内、外的自由访问，适应各种要求和变化，这种自由和变动的性能本身就成为建筑的重要艺术表现。所以 10 万㎡的艺术中心是一种可适应各种变化的开放型设计，每一层都是 170 m × 48 m × 7 m 的大空间，在这里结构、设备和人流动线的自由使用都不会受到影响。天花板和地面上都安装设备管线，检修十分方便。所有垂直联系的楼梯井都布置在建筑的东、西两侧，走廊、管道、电梯、疏散楼梯和自动扶梯都布置在外墙一个进深 8 m 的结构带中，并不进入中间的开放空间。设计者认为把这些构件放在外墙可以避免传统建筑那种封闭式的立面，便于安装检修，同时也能赋予建筑以尺度感、透明感和运动感。

与悉尼歌剧院相比，在这里所面临的完全是另外一种类型的问题，阿鲁普事务所负责这一工程的结构负责人彼得·赖斯（Peter Rice）在整个大厦采用了 28 根直径 850 mm 的圆形铸铁管柱，柱子开间为 12.8 m，共 13 开间，柱间为 48 m 跨度的钢管桁架支承楼板。在这里，设计师应用了一种铸铁的杠杆式短悬臂梁，套在管柱上，由销钉卡住，悬臂梁全长 8.15 m，总重 10 t，向里侧挑出 1.85 m 的支撑桁架，向外部挑出 6.3 m 支承外面走廊的管道，端头用水平垂直交叉的拉杆互相连接，在这里悬臂梁还可以起吸收荷载和温度所引起的变形的作用。由于铸铁生产技术和质量检查的进步，扩大了铸铁在建筑领域的应用。

1976 年完工的新加坡华侨银行中心是著名美籍建筑师贝聿铭与新加坡建筑师合作设计的。华侨银

图 9. 巴黎蓬皮杜中心剖面

10

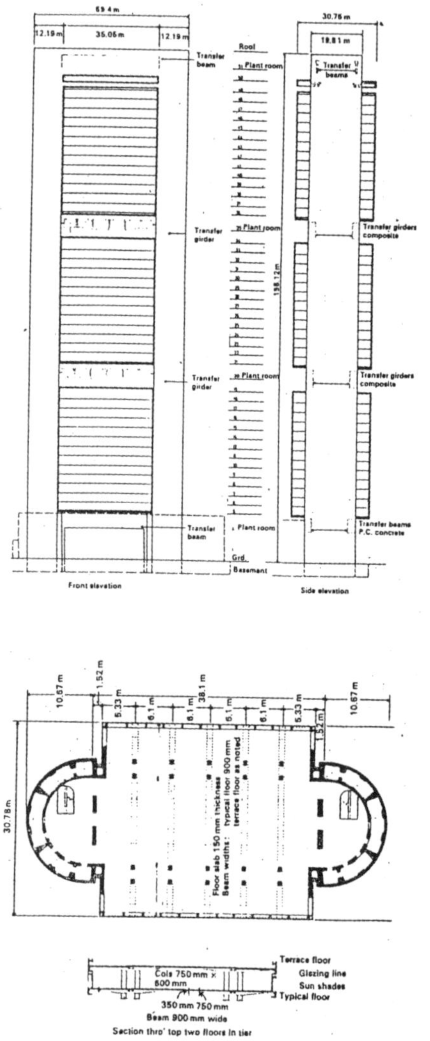

11

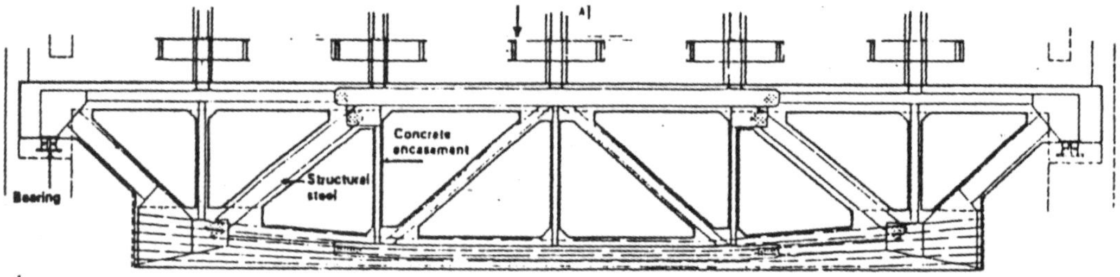

12

行是远东最大的银行之一，业主对于在新加坡中心商业区建造的这栋 51 层 198 m 高的银行大厦提出了主要希望：银行大厅利用无柱的空间给人以深刻印象，同时能在较短期间内尽快建成。这对负责结构设计的阿鲁普事务所也提出了新的要求。建筑总用地 6550 ㎡，临街为高层部分和广场，后面是 6 层的停

图 10. 新加坡华侨银行中心　　图 11. 新加坡华侨银行中心里面、平面和剖面

图 12. 新加坡华侨银行中心 20 及 35 层处梁式桁架

车部分，下面 4 层高的部分为 30 m×52 m 的银行营业厅，由此以上分为 3 组，每组由 14 层组成，标准层尺寸为 35 m×31 m，两端为直径 20 m 的半圆形筒体，内设 29 部电梯。在 4、20、35 层均设梁或梁式桁架以支承上面 13 层的重量，然后由筒体承受桁架的荷载。由于采取了这种结构体系，所以半圆形的混凝土筒体利用滑模法进行施工，在达到预定高度后，即可在上面架设梁式桁架，而完全不必等待下部各层的楼板完成以后再进行上部的工程，这样施工时间可以缩短很多。

阿鲁普在 1977 年 10 月退休，除了原有的 4 名合伙人之外，他又指定了 6 名合伙人，使他的事务所继续按照他所设想的道路发展下去。1980—1985 年他们担任结构顾问的香港上海汇丰银行也是轰动一时的作品。业主在众多的名家中选定了英国高技派建筑师福斯特来设计这栋“太平洋世纪的建筑”，他们希

13

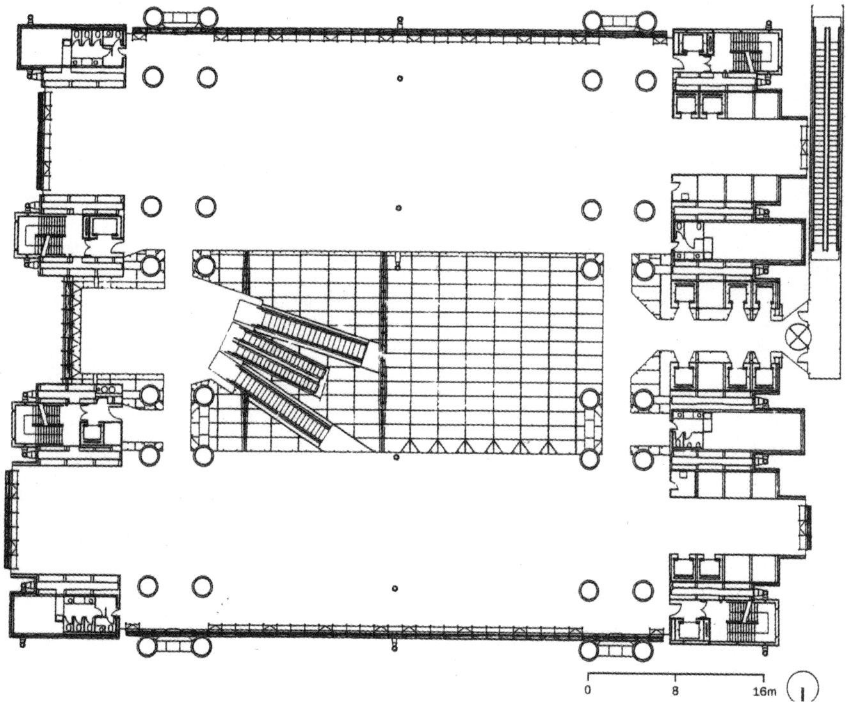

14

图 13. 香港上海汇丰银行　　图 14. 香港上海汇丰银行 3 层平面

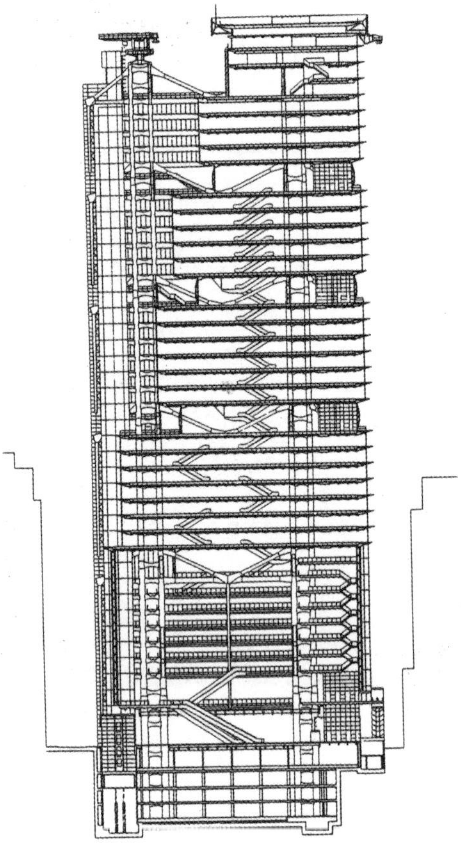

15

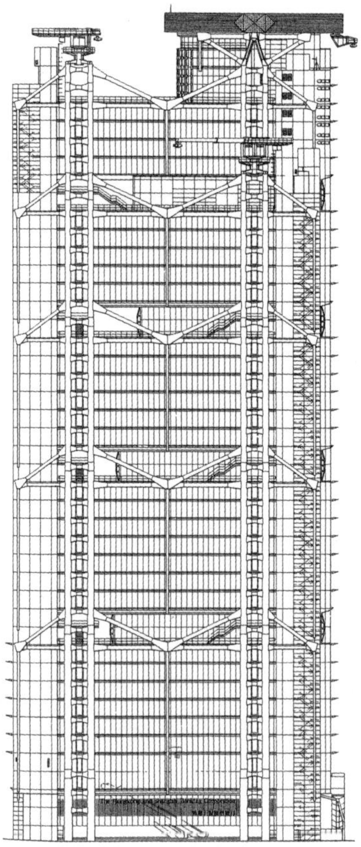

16

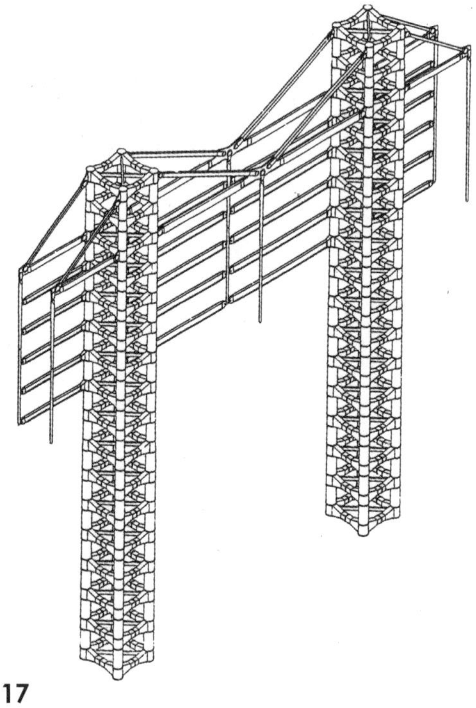

17

望在这个城市中最好然而也是有限的 5000 ㎡用地上创造出具有灵活性的大空间，并且能在尽量短的工期内建成。在总体构思中福斯特受到埃菲尔铁塔的启发，“要把在建筑物中人们的移动通过建筑的形而加以升华”。完成的建筑物不仅以 52 亿港币的昂贵造价令人瞪目，而且具有丰富的建筑表现，成为当地的重要标志。

在福斯特和阿鲁普事务所的配合中，他们认为：“重要的是作为达到目的的一种手段，要给予技术以应有的位置。”为了实现 30 m 净跨的巨大空间，在多方案比较的基础上设计师采取了与众不同的悬吊结构。尽管按建筑师的要求，力的传达很不直接，而使该结构被称为“力的旅行”，但在体系上却独具特色。

图 15. 香港上海汇丰银行剖面　　图 16. 香港上海汇丰银行立面　　图 17. 香港上海汇丰银行结构细部

它利用平面两端的8组钢管组合柱支撑着五组斜向悬吊桁架，楼梯、电梯都集中在两端，由于大量使用了自动扶梯而减少了楼梯的数量。组合柱由4根粗钢管组合在一起，中距为4.9 m×5.1 m，钢管直径1.4 m，壁厚10 cm，每节一层高，重12 t，在顶层处则为直径0.8 m、壁厚4 cm。两层高的悬吊桁架所形成的平台层不仅是日常休息和展望的空间，在火灾时也是消防队的入口及直升飞机的救援空间。为了在极短时间内完成这样复杂的178 m高的建筑物，就必须把设计和生产制造紧密结合起来，即“生产制造需要有设计的特征，而设计也要有生产制造的特征”。为此项目采用了高度预制化和模数化的手段，所有的构件在日本、美国和欧洲各国制造。设计师事先委派了专门小组到各地负责检查设计、技术、制造和质量等，然后运到现场把建筑工地变成了精密的组装工厂，因而被人称为“手工的高技”。

几乎与此同时，1978—1986年间在伦敦金融区中心建成了另一栋高技派的作品——劳埃德保险公司的办公楼。老的办公楼建于1928年，所在地段被认为是英国最保守的地区，加上20世纪60年代现代建筑运动在英国并不成功，使得在旧的传统街道上取得有关当局的批准是十分困难的。但建筑师理查德·罗杰斯与阿鲁普事务所的合作使这栋建筑无论在构思上还是结构上都是全新的，取得了皇家艺术委员会的支持，被认为是“吹散了停滞在英国建筑界的乌云”，“推动了伦敦新现代建筑的活动”。

18

建筑物内是围绕70 m高的中心多层大厅的16 m宽的连续跑马廊，其中一部分是保险业务交易室和办公空间。而厕所、楼梯、出入口和电梯等都集中设置在建筑周围的6座塔楼中，其中4个塔的上部是机房，设备的管道由此向下延伸。面对里顿霍尔市场和拉姆大街的主入口处共12台观光电梯分设在3处。这些都决定了建筑物各个角度的立面，形成了其独特的外形。

图18. 伦敦劳埃德保险公司

结构体系最早考虑钢结构，但英国消防法不允许建筑使用外露的钢骨结构，最后只好采用钢筋混凝土结构，但“这不是20世纪60年代厚重的钢筋混凝土建筑，而是漂亮的纤细的正确的新一代钢筋混凝土建筑”。梁、板、柱全部为预制，在18 m×10.8 m的柱网中，楼板并不单纯是一个结构体，还是设备空间，在柱间反U形的预制梁上，按1.8 m的柱网支着55 cm×30 cm的小梁，小梁的交点上立预制小柱支承预制地面板。板下空间即是楼上、下均可利用的设备空间（Free Axis Floor）。

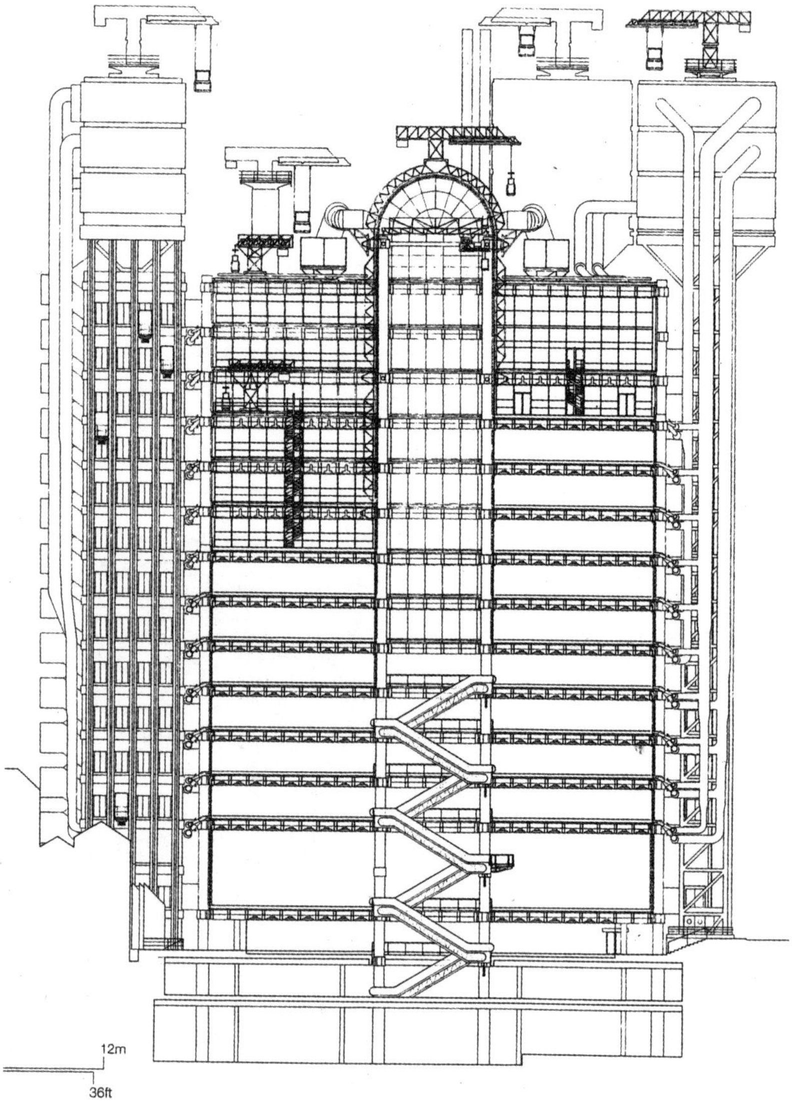

19

结构上的预制化以及建筑上可适应业主要求的灵活性是劳埃德大厦的主要特点。而人们认为之所以能够在这方面达到比较高的水平，一个重要原因就是请结构设计师参加设计小组：阿鲁普事务所的彼得·赖斯从开始就被包括在设计组中，他们认为“优秀的结构设计师从构思阶段起就应该是小组不可缺少的一员”。

类似在材料和结构方式上的创新还体现在意大利建筑师皮阿诺设计的美国休斯敦梅尼尔美术馆设计中，彼得·赖斯和阿鲁普事务所环境方面的负责人汤姆·巴克尔（Tom Barker）从一开始就参与了方案的研究。业主要求建筑要像“处于自然光中的艺术品”。他们通过CAD真正理解了自然现象，然后使用了电动格片来控制光的进入，另外在12 m跨度的框架中使用了锻铁（Ductile Iron），这是一种近于软钢强度的铸件，可以制成各种形状，因此被认为不论在设计上还是在结构上都是十分适宜的材料。另外在罗杰斯设计的PA技术中心，使用了A形的中心架构向两翼扩展出25 m的悬吊结构。按结构设

图19. 伦敦劳埃德保险公司中庭剖面

20

计人彼得·赖斯的意见："悬吊结构的魅力之一就在于可以明确地表现力的传递。"这个构架就清楚地表现了 A 型框架向水平梁的传递。为了突出这一过程，在力的转折处特意使用涂成绛红色的钢板环来强调力的分歧点。

阿鲁普在 1963 年成立了以他的名字为代表的建筑设计事务所，在许多领域开展了他们活跃的工作。大跨度建筑是他们的拿手好戏。1984 年在利物浦国际园林节中的节日大厅即是其中一例（我国曾以燕春园参加这盛会并获金质奖章）。在 105 hm^2 的园区中，节日大厅是其中最主要的建筑物。业主要求该项目近期可作为园林节的主馆，但将来则要成为一个体育和游憩中心，其中需配备有：有造浪设备的游泳池，多功能体育馆（可举行展览，有 3000 座），小型的俱乐部（包括体操厅、投掷厅、恢复体力厅和办公室）等三部分。其结构系统十分简洁，中间是 60 m 跨、78 m 长的双层三铰筒拱，上下层间由纵向杆件连接，下层的纵向杆向两端圆拱传递水平力，同时支撑屋顶上的声学处理板，上层的纵杆则作为聚能屋面板的檩条。这部分筒拱与中距 6 m 的支撑框架连接。两端的半圆拱跨度 62 m，由单层的弓形肋组成。这栋庞大的建筑物获得了 1984 年结构用钢设计奖。评委们认为，这是一栋精确地利用结构钢而制成的简单而又精致的建筑物，通过精心的模数化提供了光亮、凉爽的节日大厅，而以后又可以在短

图 20. 美国新泽西 PA 技术中心

21

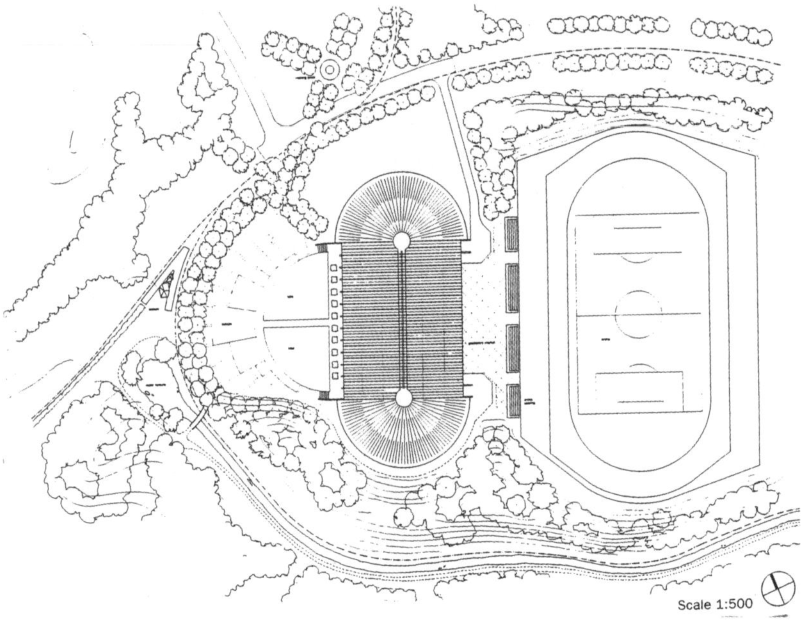

22

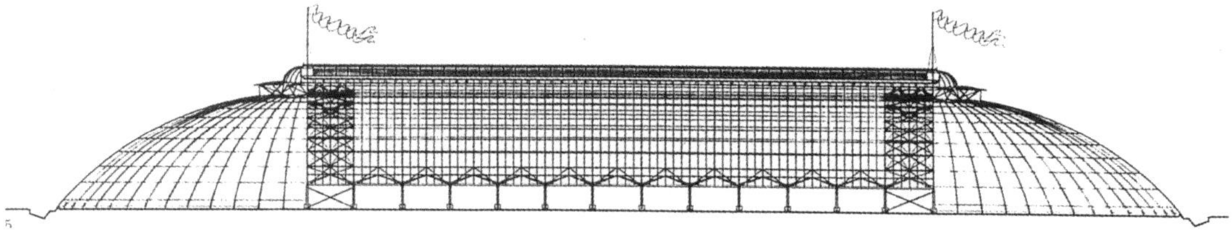

23

图 21. 利物浦园林节节日大厅外景　　图 22. 利物浦园林节节日大厅总平面　　图 23. 利物浦园林节节日大厅立面

时间内，通过便捷的组合，花费很少的钱而变成一个大型游憩中心。

办公楼和高等学校建筑，也是阿鲁普事务所十分擅长的设计项目。1976年在伦敦建成的特鲁曼公司办公楼就是在充分研究了现状和设计内容之后，把原有建筑和新建部分用种植着观赏植物的温室连接起来，各层之间也用通路连接，这里同时也是工作人员休息的场所。这栋建筑获得了1977年的商业与工业奖。另外英国几个最著名的大学，如牛津大学、剑桥大学、伯明翰大学、谢菲尔德大学等都有阿鲁普事务所的作品。

为了活跃思路、加强交流，阿鲁普还经常在事务所内举行构思竞赛（Idea Competition）。这里介绍的就是1985年进行的一次竞赛，它是将人工岛作为海上未来俱乐部，尤其作为奥运会比赛的场所，这样可以免去每次建造比赛场地并使其非政治化。结果阿鲁普事务所第6小组中的R.Stewart获奖。他在一个酷似“飞碟”的容器中布置了一个10万观众的主比赛场，还有游泳馆（50 m×25 m）、跳水馆

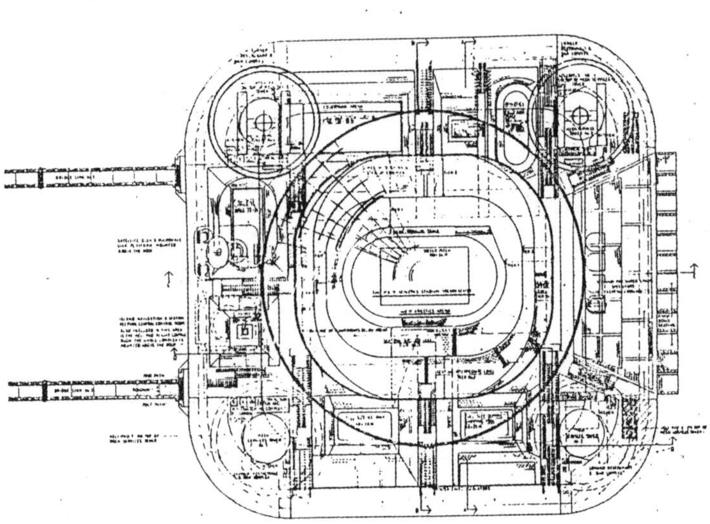

24

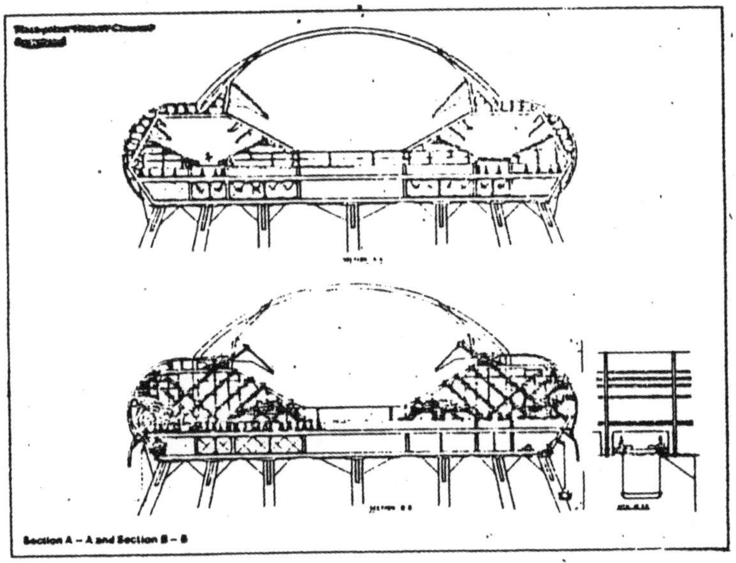

25

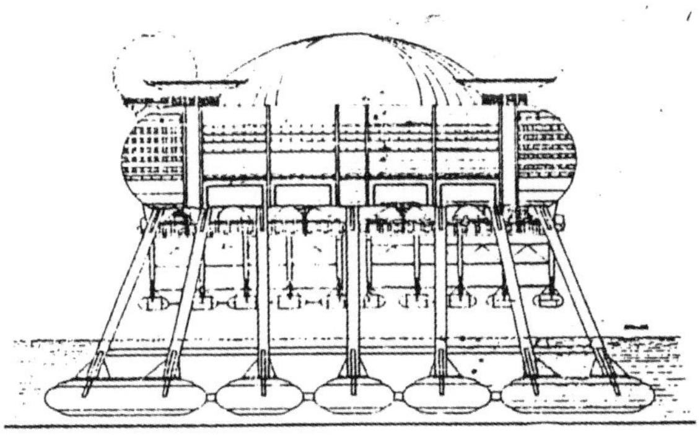

26

图24. 构思竞赛一等奖总平面　图25. 构思竞赛一等奖剖面　图26. 构思竞赛一等奖立面

(30 m×20 m)、田径馆、滑冰馆(60 m×30 m)、拳击馆体操馆(73 m×34 m)、马术馆(110 m×55 m)等。当观看海上帆船等比赛项目时可利用整体翻转的外壳形成观众座席，设计师还在四角布置了中央控制室、电站、机房、直升机场、餐厅、酒吧等设施。各层之间主要由自动扶梯连接。与外部的联系主要依靠有步行和车行道的浮栈桥与岸上连接，载有大量乘客的电气火车可以通过栈桥直接到达人工岛的下层，并且便利地通向各目的地。

由于阿鲁普所取得的一系列成就，他获得了大量的荣誉。他 1953 年获英国皇家勋位；1966 年获得伊丽莎白女王授予的爵士称号，这是英国王室授予工程界的最高荣誉；1973 年获结构工程学会金奖；1975 年获丹麦王室授予的一等勋位。现在阿鲁普的事务所以英国为中心，遍及世界 22 个国家，并设立了 40 多个办事处，拥有 3000 名工作人员。以他命名的事务所有：

阿鲁普结构事务所（Ore Arup&Partner），主要从事建筑工程、土木工程、工业工程；

阿鲁普建筑设计事务所（Arup Associats），主要从事建筑设计；

阿鲁普经济顾问（Arup Economic Consultants）；

阿鲁普声学事务所（Arup Acoustics）。

此外还有为这些组织服务的管理、电算、实验、制图、地质勘测、工程计划、细部大样等部门，并定期出版《阿鲁普学报》以协调内部的发展和开发。

当 1949 年阿鲁普成立结构事务所时，除阿鲁普外还有两名土木结构工程师和一名建筑师。当时在英国很多人认为工程师照样可以设计房子，这是司空见惯的事。但是阿鲁普坚持设计必须由建筑师来干。他认为建筑师和工程师具有密切的关系，但又是不同的专业，只有通过双方协力才能得到满意的结果。以后在业务扩展的过程中，这种关系又演变成为建筑师、工程师和经济师的协同工作，亦即称之为 Multi-Professional Design。

到 1963 年阿鲁普对原有的组织进行了改组，设立了阿鲁普建筑设计事务所。他 47 年前的理想在此时得到了实现，这实际是结构事务所的体制在工作中发生了变化，它也是一种建筑师和工程师的共同体，但二者间又有所分工——结构事务所注重整个项目的承包，建筑事务所注重工程部分的承包。这一举动当时引起英国建筑界的非难，因为在英国建筑师的概念当中，建筑师们是做设计的，而工程师的作用就是将它们如何具体化。并且许多建筑师认为阿鲁普结构事务所的成长是靠了建筑师的帮助，而现在这个新的事务所把建筑、结构、设备、电气工程师和经济师组织在一起，还用丹麦的结构工程师来命名，这不变成从建筑师那里抢饭碗吗？直到现在，每当人们看到他们事务所的又一新作，都常用尊敬而又无可奈何的微妙感情说一句：“又是阿鲁普（Arups Again）！”

在长期的实践中，阿鲁普的设计组织是志同道合的不同工种的专家结合在一起的集体工作所形成的一种总体设计（Total Design）的概念。传统的建筑师、工程师和经济师的关系有点对立，而阿鲁普的尝试就是想打破这堵厚墙。建筑家在建筑设计界具有一种独特的性格，他们是艺术家，而工程师是技术人员，建筑师常不习惯和技术人员在那样密切关系的基础上工作。而阿鲁普的做法就要求建筑家去掉这种嫌恶感，建筑家必须和工程师、经济师在制图板前激烈地争论，要经受建筑、经济和材料方面的专家们的严格检验。

阿鲁普事务所的组织系统是由阿鲁普和几个主要合伙人组成中央管理机构，下设若干个多专业设计小组(Multi-Professional Team),每一个小组都进行独立的设计活动。主要合伙人分管其中的几个小组，每一个小组中除几名年青的建筑师外，结构、设备、电气、概算等专业分别有 2~4 人不等，有时还有勘测工程师和室内设计师。因为这些人一直都在一个小组内共同工作，所以彼此之间十分默契。小组的规模按他们的经验控制在 15~25 人，过少或过多都不理想。因为如果少于 16 人，各个专业的意见就不能充分反映到设计当中；而超过 25 人，小组的经营管理比较困难，容易失掉小组的个性。工作任务按小组来选行分配，他们不是因任务而设组，而是十分重视小组的主体性。阿鲁普的目标是用较少的人员，在富有变化的家庭的气氛中实现其“总体设计”。而和一般的建筑事务所相比，建筑师的比例相对比较低。

由于小组成员的作风不同，因此各小组间自然就会存在差别，从某种意义上讲这也可以产生一种竞争意识。每个小组设 1~2 人为管理人员，一般是由结构工程师或经济概算师来担任，其任务是协调小组的工作，与有关公司联系，与业主、施工公司、现场人员联系等。为了保证各工种之间技术上的联系，每月定期召开讨论会，交换小组之间的信息和情报。合伙人并不专属于某一小组，有时也参加另一小组工作，各小组的设计方案要受到包括合伙人在内的首脑和专门人员的严格检验。此外还有一个后援小组负责对其他小组进行技术援助等业务。这样阿鲁普就综合了小组织和大组织各自的优点，使各工种之间能够融洽地互相交流，在保持各小组同一性的基础上进行正常的运行。

当然在英国和其他地方的建筑界，用阿鲁普这种方法的也不止一家，但阿鲁普显著的特点是：首先他们不设立按专业区分的部分，其次是上述设计小组的运营并不是上级领导的形式。阿鲁普认为：我们的组织不是一种上小下大的金字塔形的阶梯组织，而是一种自生的组织，因为设计活动具有个性特点，如果开始就设立阶梯形组织，那组织就会越来越大。“为了表现个性就必须把组织限定得比较小。”当然小组固定化，也可能会降低小组成员互相在技术上切磋琢磨的欲望，但他们认为还未曾发生这种状况。

除了与众不同的设计组织外，阿鲁普也有自己的设计哲学。他明确地说，“我不相信任何建筑理论”，“在设计上我讨厌强迫一种风格或流行的样式”。所以对于以他命名的设计组织，他并没有提出任何风格上、作风上、设计理论上的约束，而只是提出了“进一步提高建筑质量”的口号。

阿鲁普对于建筑艺术有着自己精湛而独到的见解，他承认，“对我来说，与工程技术相比，我对建筑更有兴趣，在我的头脑中充满了对建筑的构思”。他并不满足于建筑的纯功能的表现，“在功能主义时代，人们认为满意的功能可以产生出满意的建筑，殊不知产生出来的并不算建筑”。他更喜欢通过各专业的共同工作，来影响建筑师的思想和思考方式，从而使作品有质的飞跃。他认为，在工程领域常常有许多种解答，但其中必须包括对施工、造价在内的各种条件和变化的优劣进行判断。所以阿鲁普指出，“所谓设计，就是一种发明，一种选择，决定哪些是最重要的，哪些需要进行有效的妥协，把对立的目的统一或结合起来”。因此对于设计中所遇到的疑难问题，阿鲁普常常不是轻而易举地下结论，而是选择不同风格的几个解决办法同时进行研究，以求得出正确的答案。

对于建筑师在新的时代所会面对的各种问题，阿鲁普也着重指出，现在的问题是建筑师决不能离开现代化的施工方法。过去建筑师对于砖石结构、防潮、屋面和装修等知识了解得很多，并很容易得到经验丰富的工人的协助，但现在事情就截然不同了。建筑师面前是他们的目光所无法达到的在研究所和工厂中发展起来的新技术、新材料和新的施工方法，而他们（指建筑师）对此没有很深的理解，所以他们必须依靠各个领域的技术顾问和专家。

对于结构设计专业，阿鲁普认为结构工程师既不是建筑师，也不是环境工程师。事务所的主要结构负责人彼得・赖斯说："从结构专业的立场，把结构技术应用于建筑技术时我认为最重要的就是找到最合适的结构材料，以此作为适应建筑的一部分。可以这样讲，了解材料的特点，就是我的建筑方法的第一步。"此外，他们还注意了节能系统的开发，并希望在工作人员中增加研究环境控制的自然科学工作者，"今后，环境问题将对设计有很大的影响"。

阿鲁普在建筑领域取得了一系列的成就，获得了极大的声誉，而作为保证的是他有套与众不同的设计组织和设计哲学。虽然他也被人视为"非正统""设计界的异端"，但他取得的成就也是有目共睹的。我们希望阿鲁普的一些做法能对我国建筑界有所启发，对于建筑学或结构专业的发展能有所推动。

参考资料：

[1]THE ARUP JOURAL. 1976，（10），1984，（10），1985，春，1985，冬.

[2]RICHARD MACCORMAC：ARUP ASSOCIATES A+U，1977，（12）.

[3] 冈部宪明 . 阿鲁普及合伙人 .SD.1985，（1）.

[4] 三上祐一：OVE ARUP

[5] 蔡德道 . 结构中的建筑，建筑中的结构 . 世界建筑 .1986，（5）.

书评两则

注：此二文是1992年9月为出版社撰写的书评。

关于《晚期现代建筑及其他》

查尔斯·詹克斯是著名的建筑史学家和建筑评论家。在当前世界变化莫测、多彩纷呈的建筑运动和流派当中，他从自己独特的视角提出了许多重要的观点，他的一系列著作，诸如《后现代建筑语言》《什么是后现代主义》《现代古典主义》以及本书等都引起了国际建筑界的极大注意，甚至引起了建筑界的争论。对于改革开放后的我国建筑界来说，这本书的翻译出版，对进一步推动建筑事业，尤其是建筑理论和建筑评论的发展，使我国原本比较闭塞的建筑界能尽快地了解国外的最新动态，学习世界各国的先进经验，并由此探索我国建筑创作发展的道路，尽快把我国的建筑设计逐步推向国际市场都是十分必要的。所以本书的翻译出版，具有重要的理论和实用价值，同时填补了我国对国外建筑理论研究的一些空白点。

建筑是时代的镜子。每个国家和地区的城市和建筑都真实地反映着其所处时代的社会、哲学、文化乃至价值观。同样建筑艺术发展长河中每一个流派、风格都具有自己产生、发展、繁荣、衰亡的过程，当今我们所称之为现代建筑运动的潮流亦是如此。在本世纪初产生的这一运动，到了六七十年代时，正经历着现代建筑将向何处去的关键时刻。美国、日本和欧洲英国、意大利、法国等许多国家的建筑师们从各自的创作事件中进行了各种探索，尽管其表现各不相同，但因为具有着若干共同点，从而产生了詹克斯所归纳的晚期现代主义和后现代主义的争论。作者认为晚期现代主义是一种精巧、复杂甚至是做作的现代主义，将现代建筑的理论和风格推向了极端；而后现代主义修改了现代主义的风格，全盘否定了现代建筑的理论。当然，这样的分类并不完全严格，但在如此多彩的的创作中，首先综合出这种主要的倾向应该是作者的一个创造。同时作者还着重分析了他认为的晚期现代主义的几个主要国家，如日本、意大利和英国的创作实例，用大量生动而有特色的建筑现象来说明他所总结的规律性：极端逻辑性、重复模数制构件，强调构造细部、引人入胜的隐喻形象等。作者的综合和分类，为人们理解和研究这些问题提供了明确的观点和翔实的资料，同时也可以看到作者与众不同的文风。因此可以说，这本书是一本值得推荐的优秀建筑理论译著。

作为首先提出问题的重要理论著作，本书同时具有很高的可读性。当然由于作者的经历和行文特点，带来了由英文译为中文的困难，再加上建筑理论著作本身的难度，翻译本作品对译者说来是一次严重的挑战。所幸译者都是比较关心建筑理论的建筑设计师，所以在他们的艰苦努力下较好地完成了文字的翻译工作，全书读来文字流畅，引人入胜。在重要的人名或词汇后多附有原文，文后还附索引便于人们加深理解。同时本书在版式编排上也独具特色，注意与英文原版的编排方式和页码完全一致，也为读者中英文对照阅读时创造了方便。

当然在本书中的个别文字，尤其是英译日文再转译为汉字时，许多人名和地名的翻译是有较大难度的，所以其中个别误译或不准确之处可以在本书再版时加以改正。另外本书的纸张也还有改进的余地。尽管如此，仍是瑕不掩瑜，本书还是一本高水平、高层次的优秀建筑理论书籍。

1992 年 9 月 8 日

关于《建筑模式语言》

克里斯托弗·亚历山大不仅是建筑师、设计师、数学家和建筑承包商，还是知名的建筑理论家和教育家，还被称为哲学家。亚历山大之所以为国际建筑界所注意，缘于他的全面而辩证的建筑新观念、先进的科学设计理论和设计方法。这些观念、理论和方法可以帮助从事建筑规划和建筑设计的人们在一个复杂而无头绪的工作面前，很快找到一个既适合自己，也适合所从事的建筑规划与设计构思的建筑模式语言体系，而这个体系正在深刻地影响着一代乃至几代人。中国建筑工业出版社所翻译出版的《建筑模式语言——城镇·建筑·构造》一书，正是亚历山大的具有代表性的主要著作之一，也是国际建筑界公认的用心理学、社会学的方法，对人和环境作了一系列分析后，提出建筑各种模式语言的开创性的权威巨著。它的出版，使我们对于这个过去未知的领域有所了解，借鉴其基本理论及切实可行的模式实体，将对我国建筑规划设计和建筑理论研究的发展起到重要的推动作用。这将是一本高层次的优秀建筑理论著作。

亚历山大的著作是他几十年研究心血的总汇。《建筑模式语言》是他关于模式语言的理论和实践的系列书中的第二册，另外两册分别是《建筑的永恒之道》和《俄勒冈实验》。《建筑模式语言》全书包括 253 种语言模式，他把这些模式分为三大部分，即城镇、建筑、构造，这也是从宏观、中观到微观对传统建筑创造过程的总结。亚历山大不但注意形式，而且着重过程，他观察了从英国大学校园、希腊村庄、意大利山城到东方寺院等传统乡土建筑，从人类行为和关系的表现中发现相似的模式重复出现在历经各个时代的社会的建筑之中，这就证明了有些模式是能够满足人类最基本的要求的，它是特殊文脉环境中特殊问题的分解，是人们进行建筑规划和设计的基本原则。亚历山大对此加以集中、分析、总结和提炼，从而形成了模式语言。这种在规划设计构思过程中所运用的思维语言，有时看起来并不很准确，甚至有些模糊，但实际上这些语言都是历史和现实的概括，因此如果主动并清醒地掌握这种语言，就能够从理论的高度来进行思维，有助于创新和突破。当然如何具体运用这些语言应用于创作活动，也将因人而异，那就是读这本书的人如何去融会贯通、具体活用的问题了。

作为一种理论，常常不可避免地带有某种程度的理想化色彩，亚历山大的模式语言理论也是如此。在实施过程中由于和现行的建筑规范发生矛盾，它的进一步推广和使用具有一定的局限性。另外由于社会、民族、生活、习俗方面的不同，有些模式也不一定完全适合我国的情况，但这并不能否定《建筑模式语言》本身所具有的创造性和科学价值，而是启发我们去总结更多适合于我们的新的语言模式。

在我国建筑理论研究方面十分薄弱的情况下，理论性比较强的著作出版还是很困难的，即以《建筑模式语言》一书而言，能够认识这种语言模式对我们工作指导作用的实属少数，因此也为本书的出版带来一定的不利因素（第一版仅印 1500 册即是一个说明）。但建筑工业出版社作为我国建筑专业出版社还是具有充分胆识的，为了把我国建筑水平推向一个新的高度，还是决定推出本书，这种胆识本身就是十分可贵的，这也是本书出版值得称道之处。

纵观全书，译文流畅，装帧也别具特色，大部分图示也都表现得比较清楚，但书中照片和局部图示印刷还不够清楚，如果译者再适当加一些注解和索引，可能更便于加深读者对本书的理解。

1992 年 9 月 25 日

文学和建筑（之一、之二）

之一

注：本文曾刊于《建筑师》54 期（1993 年）及《光明日报》1993 年 8 月 14 日，系为 1993 年 5 月 28 日—30 日在南昌召开的第一届“建筑与文学”学术研讨会纪念集而作。

在建筑中产生文学，文学中描写建筑，建筑和文学从来就有着密切不可分的关系。不管是《红楼梦》还是《巴黎圣母院》，都是在建筑的背景中展开了人生的画卷，体现了建筑的重要作用。曹雪芹不仅是伟大的文学家，也可称为伟大的建筑家和造园艺术家或理论家。

文学和建筑都要受经济基础的决定和制约，都要表达人们的审美体验，都要通过各自的理论对其创作、批评、鉴赏和发展起指导作用。

文学和建筑都是使用专用语言的艺术。文学使用文学语言为表现手段，其表现方式十分自由，手法和深度几乎是无限的；建筑使用建筑语言为表现手段，其表现方式受到技术的局限。文学需要修辞，建筑需要装饰。

文学表现人类用人性战胜自我，包含着人生智慧，长于思索；建筑表现人类用人力战胜自然，包含着物理智慧，长于体现。智力加形式反映了文学的实质；实用加形式反映了建筑的实质。

文学是间接形象，文学的文字是信号的信号，转换成感性信息要依靠人脑的第二信号系统，但利于读者创造性的联想；建筑是直观艺术，其欣赏要依靠人脑的第一信号系统，明晰，感染力强。

文学是一次完成的艺术，不需表演中介的再创造；建筑是二次完成的艺术，建筑设计完成之后，还需要通过施工的再创造。

文学不受场合的限制；建筑的地区性和场所性更为重要。

……

之二

注：本文是在 1993 年 5 月第一届“建筑与文学”学术研讨会上的发言，曾刊于《建筑师》54 期（1993 年）

在滕王阁这样的名胜福地讨论建筑与文学的问题，是决不能回避继承与创新问题的，对建筑师和文学家来说都是如此。

传统是文化现象、文化样式和文化类型的凝聚，是一个动态的积淀过程。在建筑师的建筑创作过程中，建筑所具备的心理、思维、审美价值等观念通过主动的创作构思过程，最后在形象化、现实化的成果中得以表现。在创作中，文化要以自己的民族性、地区性、时代性和历史性等来影响传统，使传统具有这些性格，而另一方面传统一旦形成，便反过来又要支配各种文化现象、文化类型和文化形式的运动导向和价值取向。建筑师在创作时要顺应传统，因为传统变成了一种先在模式和支配力量，而同时，这又会限制建筑师创作时的创造性、选择性，但人类的创造性和超越性又要求文化随人类实践活动的变化而不断发展前进，传统的保守性和固定性，又排斥突破原有框架的创造。

各位专家对滕王阁提了很多意见，尤其是在法式和型制方面的问题。我的看法是这样的：滕王阁本身不是恢复，而是重建，所以我觉得完全可以在前人的基础上，创造出符合我们时代特色的新滕王阁。从资料中可以看出，滕王阁在唐代、宋代、元代、明清，每一时期重建时型制均不完全相同，都要结合当时的时代加以创造。所以我们更应该有这个气魄，创造出一个前所未有的样式来（其实这比仿造更要困难多少倍）。专家们提的各种形式上的意见有的确实存在，但一种新的表现形式的出现绝不可能是一下子就完美无缺的。例如早期哥特、早期文艺复兴都可以让人看出其中的不完备，看出寻求创造新的表现的努力，但关键之处是要立足于创造的立场，给予我们创作的对象以新的生命。

另外建筑和使用人之间还有通过时间来加以“磨合”的有趣现象。例如巴黎埃菲尔铁塔在刚刚出现时引起那样大的争论，现在已经成了巴黎城市的骄傲和象征。巴西利亚城在刚建成时也被人们称之为“冷冰冰”“缺乏人性”，但三十多年过去，人们对这个城市的反映越来越不同，联合国教科文组织甚至宣布巴西利亚城为人类历史上最年轻的历史文化遗产。

除去本身的固定性和保守性这种相对稳定的一面外，传统在继承与创新的对立统一中，不断更新、变异自已的内涵和形式：它既影响和限制人们的创造和变革，但其自我调节的机制也使传统在不同时代都是有所选择和扬弃，使之形成新的传统。所以我的看法是对待自身的传统文化，有一个继承—反思—综合创造的过程，对外来的文化，有一个吸收—消化—创造的多次重复过程。如果我们能够自觉地认识这一过程，并将重点置于注意创造、注意思考、注意学习，就能保持它的活力和创造力。

玻璃幕墙点式连接法

注：本文原刊于 1995 年 1 期《建筑创作》，是当时国内最早介绍这一幕墙构造做法的文章，后经补充修改后发表于 1998 年 2 期《世界建筑》。本次对插图有所补充。

随着玻璃性能的提高，产品的增多，加上二次深加工技术的进展，人们更加关注创造一个由玻璃做为表层皮膜而形成的透明、晶莹的建筑，因此围绕着玻璃面支承结构的不同做法，出现过三次划时代的发展：首先是常见的框式玻璃幕墙的做法，其次是利用结构胶黏结的隐框式玻璃幕墙做法（Structural Sealant Glazing）以及本文要介绍的 DPG（Dot Point Glazing）点式连接安装法。除物理性能外，从形式上看，前面两种做法着重于用玻璃来表现窗户、表现建筑、表现质感、表现体形，但最后一种已超出了上述目的，而更多地利用玻璃透明的特性，追求建筑物内外空间的流通和融合，人们可以透过玻璃清楚地看到支承玻璃的整个结构系统。这种系统已从单纯的支承作用转向表现其可见性，短短的 10 年，在世界各国都有了很大进展。

同任何一种成熟的构造做法一样，DPG 连接法有着自身的发展完善过程，早在 30 多年前在建筑上已经有所开发和应用。英国的玻璃厂家皮尔金顿首先开发了第一代的 DPG 连接安装法，但那时人们称之为补钉式装配体系（Patch Fitting System）。其基本构造做法就是在经过强化处理后的玻璃四角打好孔，然后用方形的连接板前后夹住玻璃，并用螺栓加以固定，位于玻璃后面的连接板则与金属肋连接，从而把玻璃板吊住。采用这种方式安装的玻璃幕墙的高度曾达到 20 m 以上。

进入 20 世纪 70 年代，皮尔金顿公司进一步开发了第二代安装方式，当时被称为平式装配体系（Plane Fitting System）。它在原有连接方式的基础上，取消了立面上看得十分清楚的连接板，而代之以立面上几乎看不清楚的面积极小的四个平头螺钉，也就是在强化玻璃的四角按照螺栓的断面形状打孔，然后用螺栓加以固定的方法。由于玻璃和螺栓本身都是硬的材料，打孔处很容易因重力、风力、地震力等因素引起应力集中，所以应用了厂家拥有专利的

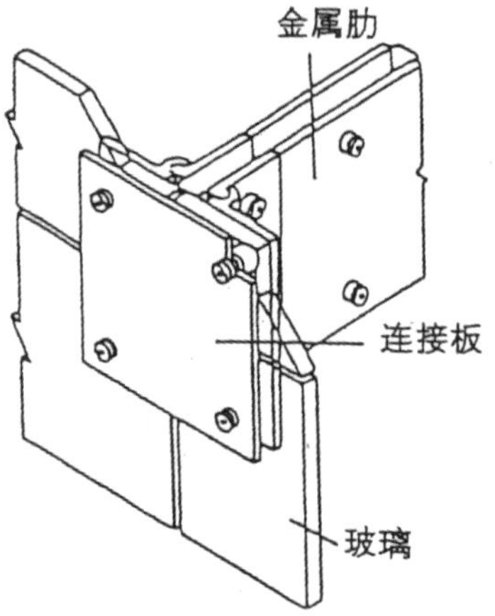

1

2

图 1. 补丁式装配系统示意　　图 2. 补丁式装配系统实例

软连接技术，即在螺栓和玻璃孔之间及玻璃后面都加上起缓冲作用的垫圈，让每块玻璃所受的外力都通过垫圈、弹簧板等支持构件传走。

到了20世纪80年代，随着纪念法国大革命200周年的十大建筑之一拉·维莱特科学城在1986年的建成，又诞生了新的点式连接第三代工艺，被人们称之为拉·维莱特体系（La Villette System）。该体系的主要特点就是在玻璃四角开的孔洞中安装了个半球状的铰接螺栓。它可以自由转动，而且这个特制的螺栓的转动中心和玻璃的重心（即厚度的中心）是一致的。这就与以往的平式体系有了根本的不同。在平式体系中，由于玻璃的支撑，构件都突出于玻璃之外，很容易在连接处产生扭转弯矩，但拉·维莱特体系则使转动中心与玻璃重心一致而避免了这个问题。同时每四块玻璃的四个孔洞用一个H形的构件加以连接，在四个点上分设每块玻璃各自的回转铰，以此来控制因风力和地震力引起的每块玻璃的位移。这样也使这种体系可以应用于变形较大的结构骨架上。

首次应用这种体系的建筑师阿德里安·劳施贝尔在科学城的南立面上设计了立面尺寸

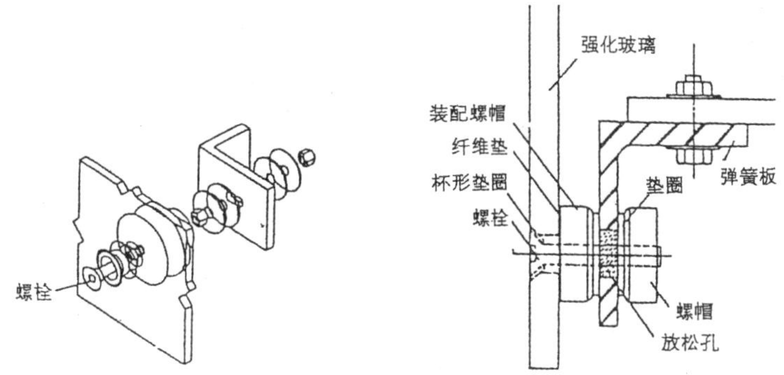

3

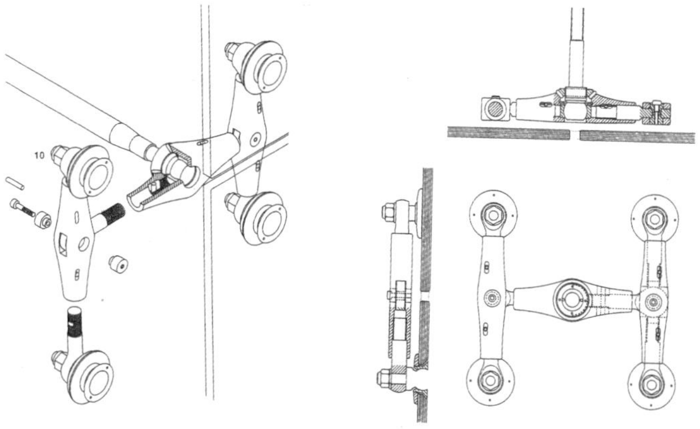

4

5

6

图3. 平式装配系统示意及细部　图4. 拉·维莱特体系示意　图5. 巴黎科学城立面细部
图6. 巴黎第七艺术中心立面

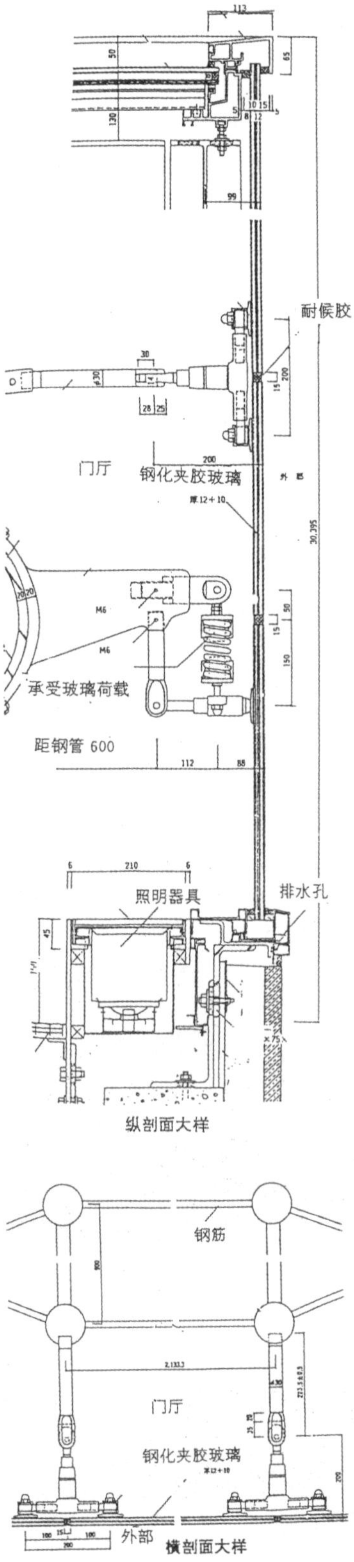

7

为 32 m × 32 m 的三组玻璃盒子，他用 16 块 2 m × 2 m 的玻璃组成一组 8 m × 8 m 的组合单元，与后部的钢管框架相一致，其间用钢缆系统把每块玻璃的 H 形构件的框架连系起来，此后为许多建筑师所仿效。丹下健三设计的巴黎第七艺术中心（1992 年）在入口的 12.15 m 高的玻璃幕墙上就使用这种体系，分块为 2780 mm ×（2250~2400）mm，玻璃厚 15 mm。贝聿铭在 1993 年完成的卢浮宫改建的第二期工程地下广场的中心部位用 DPG 体系设置了一个反金字塔形的玻璃结构，由于没有地上的防水、抗风等问题，上部结构上拉出的细钢缆吊住玻璃，看上去十分精致精巧，好像一个巨大的玻璃吊灯。

日本开始应用 DPG 连接法也是 20 世纪 90 年代以后的事，日本东京长期信用银行就是较早的一个实例。这栋坐落在日比谷公园对面的高层建筑底座处有 2 个 30m 高的玻璃盒子，前面的一个透明入口大厅采用 DPG 连接法，其 DPG 连接法几乎完全参照法国拉・维莱特体系，基本单元为 6060 mm（高）× 6099 mm（宽），支撑框架为 ϕ318.5 mm 的钢管（壁厚 2 mm），采用 2020 mm × 2033 mm 钢化夹胶玻璃（12 mm+10 mm），在水平框处缝隙宽 15 mm，除 H 形元件支撑着玻璃以外，在竖向每组玻璃的中间有一组弹簧承受下面三块玻璃的荷载，下面两组玻璃由 ϕ12 mm 钢索形成张拉式桁架支撑，并施予应力，这样使结构更有效地工作，减小其断面，还可防止桁架面的扭转，在桁架间不需另外增加联系用材。这里承受风力的构件未用钢索，而用 ϕ30 mm 的钢棒。

这种 DPG 连接法的构造中铰接螺栓是其中的关键部件，通过它来提高玻璃的抗风压、抗震性能。由于它可以自由转动，因此当外力附加于玻璃面时，玻璃不会产生过分的拘束，打孔处的弯曲应力和扭转应力都比较小。日本的旭硝子曾经做过有关试验，把风压状况下的玻璃应力和玻璃边缘的翘斜用有限元素法加以解析，当玻璃尺寸为 2 m × 2 m，风压为 200 kgf / ㎡时，应用铰接螺栓的玻璃内面中央部拉应力的最大值为 450 kgf / ㎡，玻璃打孔处外面的拉应力最大值为 450 kgf / ㎡，均小于其最大允许应力值 500 kgf / ㎡；但如果没有应用铰接螺栓，玻璃穿孔处的应力即达 1410 kgf / ㎡，远远大于允许的应力值。

DPG 连接法很多在许多建筑类型中得到应用，并产生了

图 7. 日本东京长期信用银行 DPG 连接法细部

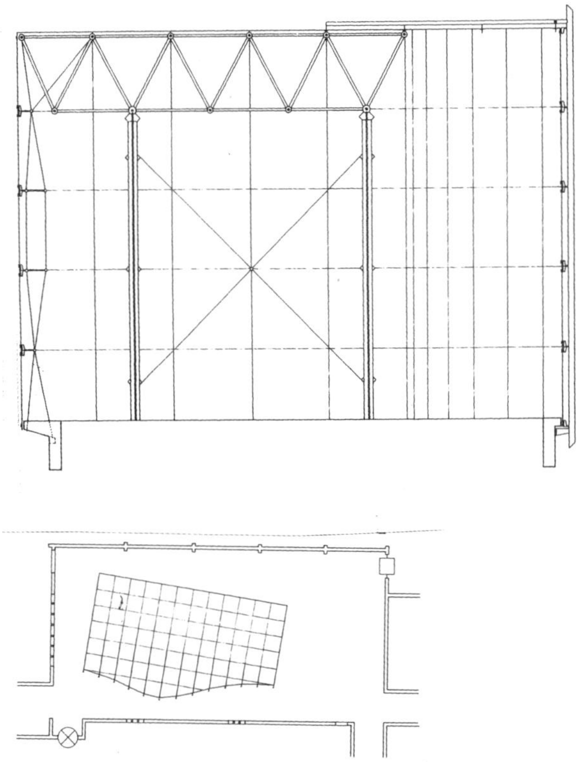

8

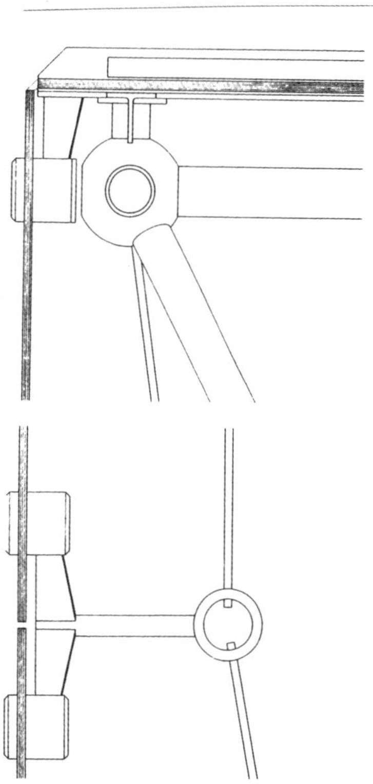

9

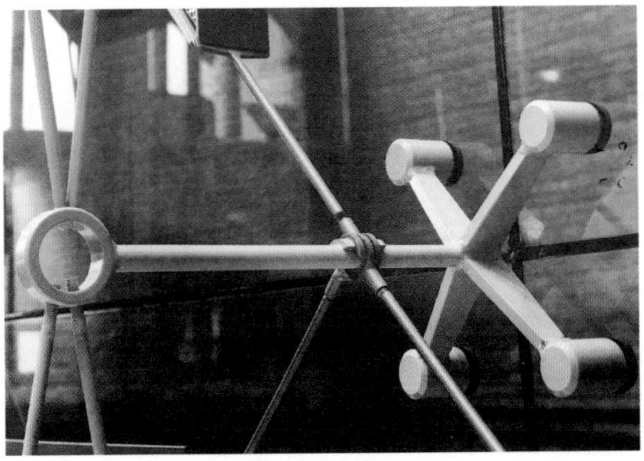

10

新鲜别致的感觉。1990 年在荷兰的阿姆斯特丹曾建成了一个音乐厅。它利用原市中心的股票交易所，在里面设置一处室内演出和练习场所。为了不破坏交易所砖砌的室内，设计师专门利用 QVATTRO 体系营造了一个玻璃盒子，其总体积为 20 m×10 m×10 m=2000 m^3。为了防止颤动回声，他把一侧长边设计为弧线形，其玻璃尺寸（包括屋顶和墙面）均为 1.8 m×1.8 m，墙面厚 8 mm，屋顶为 10.2 mm 厚夹胶玻璃，其 X 形的连接元件是一根受压的短棒，竖向用 ϕ 10 mm 钢棒形或双向的弓弦形桁架。玻璃的自重支承在由 6 根支柱支起的桁架上部，通过三角形的吸声板和悬吊的聚酯反射板，最后混响时间达到 2 秒。评论认为这个音乐厅是本世纪建筑中玻璃应用最有创造性的实例之一。1997 年在日本建成的白石市文化体育活动中心几乎完全是用玻璃建成的一栋建筑，其外墙应用被称为“蜘蛛”的连接元件。这是一种两个三角形拼合在一起的精密铸造件，它满足了外墙高 1200 mm、宽 2700 mm 横长形玻璃的特点，玻璃为 15 mm 厚钢化玻璃，这种横长蜘蛛形连接件使玻璃在水平方向穿孔的间距达到 450 mm。垂直方向

图 8. 荷兰阿姆斯特丹玻璃音乐厅平、剖面　图 9. 荷兰阿姆斯特丹玻璃音乐厅细部
图 10. 荷兰阿姆斯特丹玻璃音乐厅节点

孔距仍为 200 mm，这样使玻璃的受力状况好。

此前还有日本的一个椭圆形演出厅的侧墙声音反射板，设计人员决定利用钢管支撑的点式连接法，在两侧墙上设计了折线形的全透明玻璃反射板，玻璃为 12 mm 厚的钢化玻璃。这设计在解决了厅内声学处理的同时，又在观众厅内形成了新颖的室内设计风格。

1997 年在日本北海道札幌市的一栋办公入口处有一片高 16 m、宽 12.8 m 的三层高入口大厅玻璃墙面，由于地处寒冷地带，所以节能和风压都是十分突出的问题。这里没有采用常用的单层钢化玻璃或夹胶玻璃，而是利用了两层分别厚 12 mm 和 10 mm 的钢化玻璃，在中间有 12 mm 宽的空气层，玻璃分

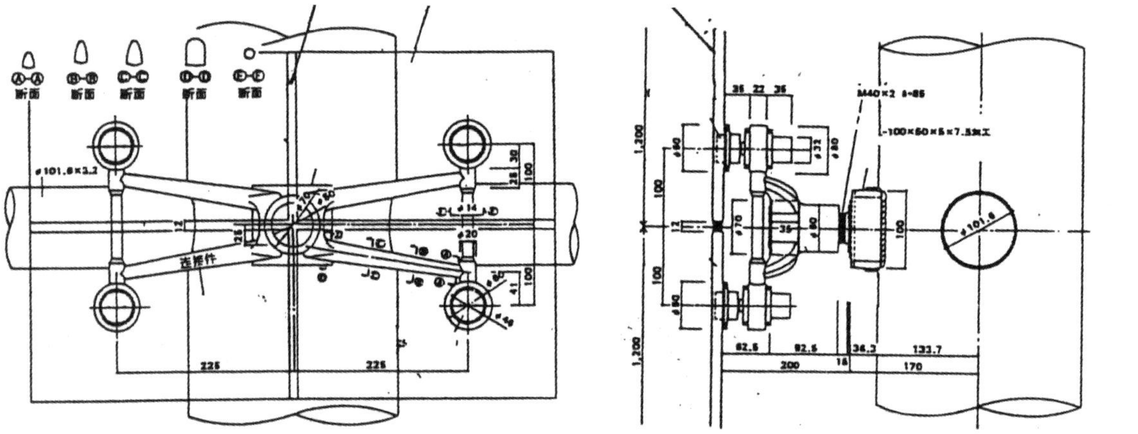

11

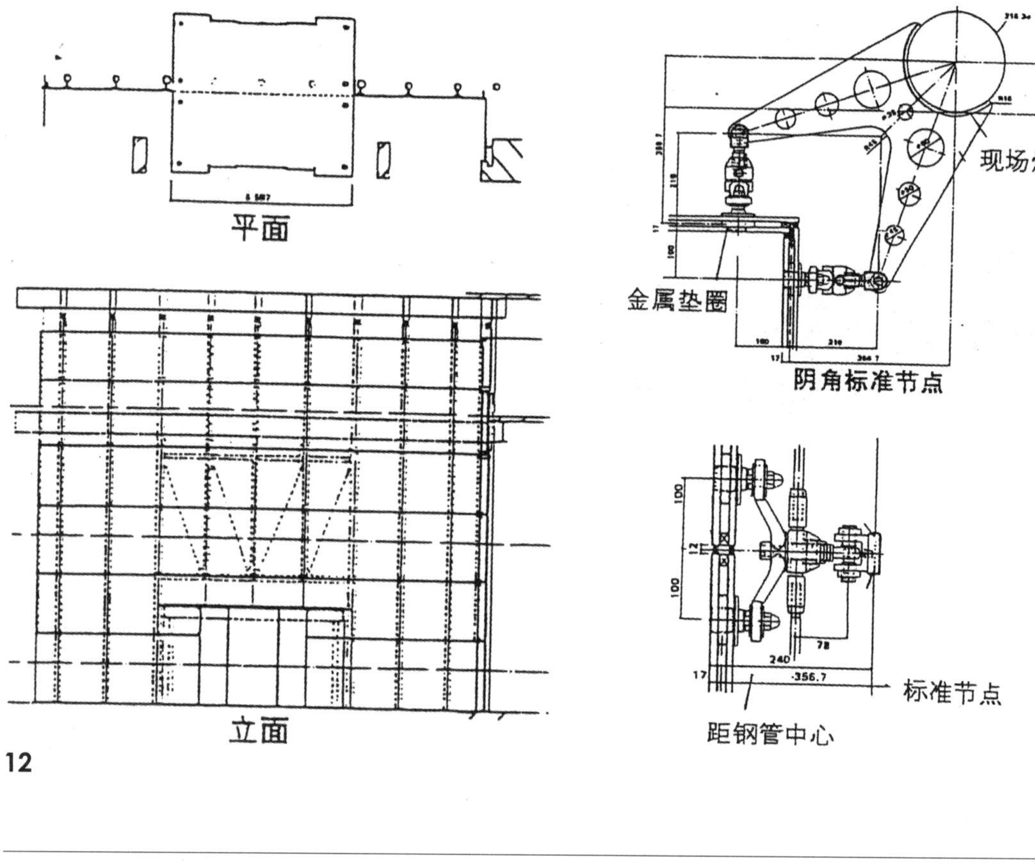

12

图 11. 日本白石市文化体育中心幕墙细部　　图 12. 日本札幌办公楼入口大厅平立面及幕墙细部

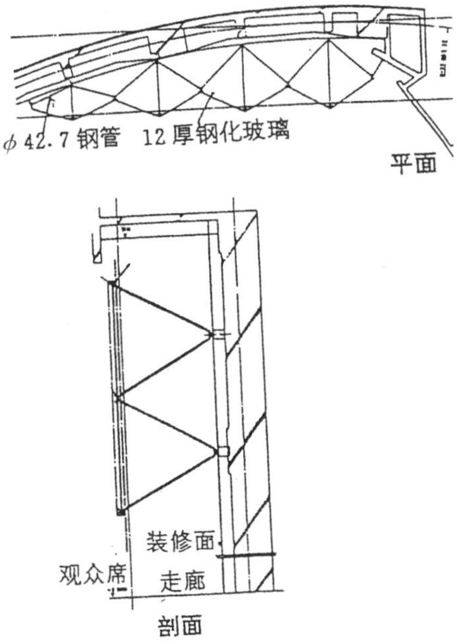

13

14

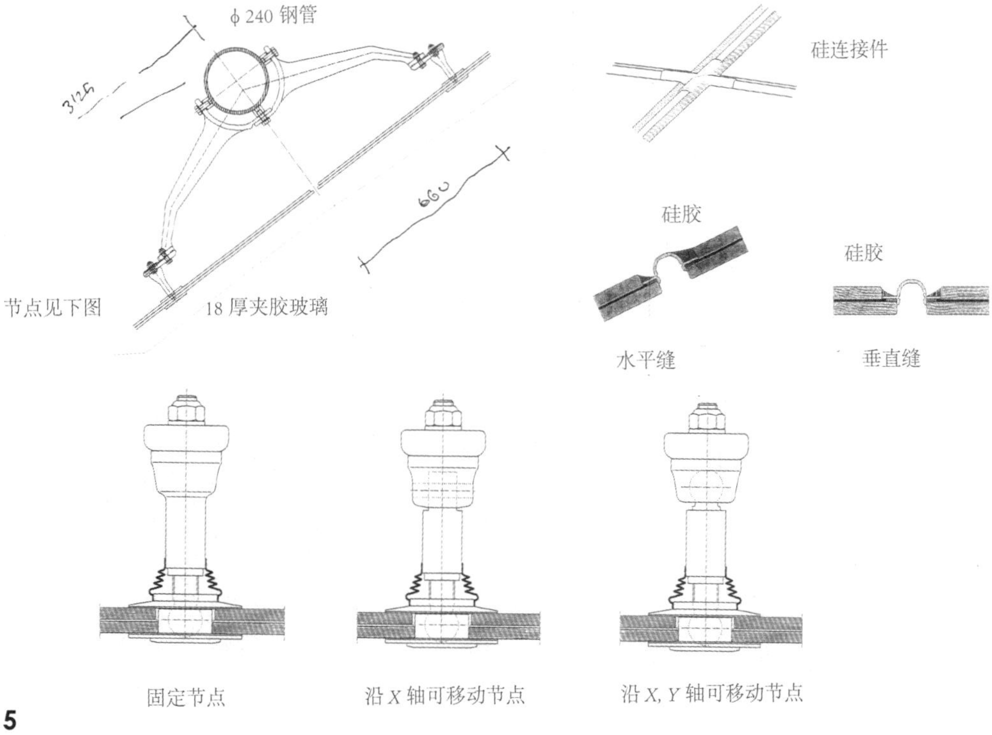

15

块尺寸为 1700 mm × 2000 mm。整个玻璃的支撑体系完全依靠 ϕ216 mm 的钢管，柱距与玻璃块同宽，螺栓固定在钢管上，玻璃本身自重则依靠螺栓节点上的钢索吊到上部结构上。其技术难点主要在双层中空玻璃细部处理上。为了防止双层玻璃打孔以后漏气的问题，在铰接螺栓处插入了一个环状的金属垫圈，并在与玻璃交接处加上异丁烯橡胶片保证密封。另外，一般中空玻璃的边缘多用框料加以保护，但采用

图 13. 日本某演出厅侧墙做法细部　　图 14. 德国莱比锡展览中心幕墙

图 15. 德国莱比锡展览中心幕墙细部（包括节点和接缝处理）

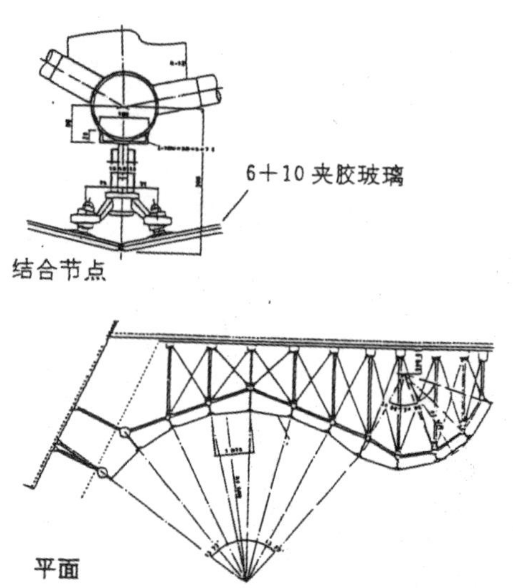

16

点式连接法后取消了框料，所以在玻璃的边沿先用防水性能高的异丁烯橡胶片覆盖，然后外面再用铝制的垫片加以保护，最后用耐温性强的硅胶填缝。同时为了应付风压下的弯曲变形，钢化玻璃在热处理阶段即考虑让它能有少许的凹凸变形。

为了加强建筑的高技表现，进一步显示结构本身美，欧洲的许多点式连接实例把支承结构暴露在玻璃的外表面，形成了别具风格的特色，如 1996 年完工的德国莱比锡展览中心，是个长 244 m、总高 35 m、跨度 80 m 的圆拱形结构，设计师让其弧形的屋顶上应用了无框悬挂点式连接的透明玻璃屋面，并将其主要支承结构直径 472 mm 的支架完全暴露在建筑外部。据设计施工的 SEELE 公司介绍，他们的设想比最初的 DPG 体系又有了发展，其屋顶玻璃分块尺寸为 3105 mm × 1524 mm，共 5526 块，采用两层 8 mm 厚，中间 2 层共 0.76 mm 胶片的夹胶玻璃。由于玻璃分块较大，达 4.7 ㎡，重量为 190 kg，所以采取了长脚的 X 形连接元件，或称为“蛙掌”，这样玻璃上穿孔的位置距离边缘的尺寸分别为 320 mm 和 660 mm，使玻璃的受力状况更趋于合理，同时利用特制的硅胶连接件来解决作为屋顶构件时水平缝和垂直缝的防水处理，显示了点式连接法广阔的应用前景。

点式连接法也丌始应用丁室内装修，以取得特定的装饰效果。1997 年 4 月在日本东京新宿车站商业街的入口处用点式连接法装成了总面积为 84 ㎡的波浪曲面形的玻璃墙面。它安装在一个百货公司原有的外墙外面，上部利用 6 mm+10 mm 的夹乳白色胶片的玻璃，在胶片上刻出文字，在夜间没有可见光时可以起到醒目的广告牌的作用，下部则用显示屏来吸引路人的注意。为了加强夜间效果，还在玻璃

17

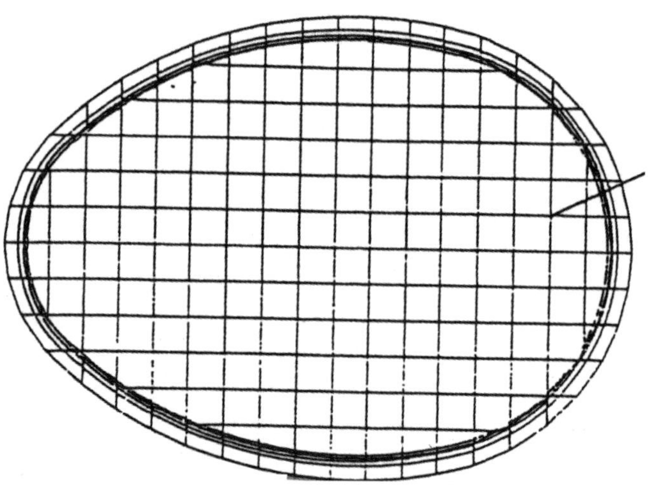

18

图 16. 日本东京新宿车站商业街入口幕墙细部
图 17. 德国索网与 DPG 的结合屋面实景
图 18. 德国索网与 DPG 的结合屋面平面

的水平缝中加入光导纤维，造成独特的效果。由于整个墙面高近10 m，同时又是曲面，因此玻璃相交处有一定角度，使连接玻璃的铰接螺栓件须有精确的角度，同时也给结构计算带来一定困难。

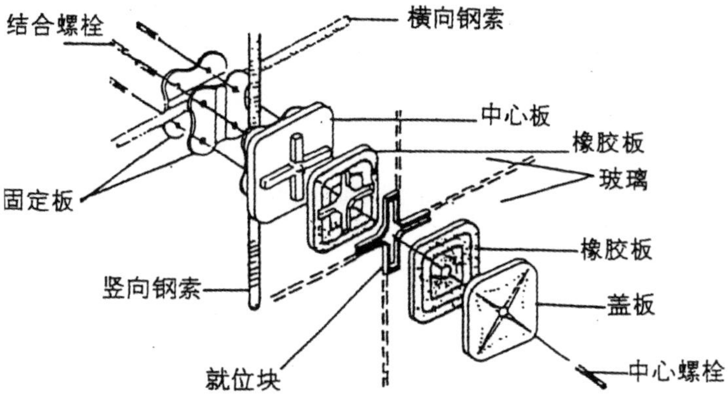

19

从使用情况看，应特别注意防止玻璃破碎的问题，尤其使用钢化玻璃时，应有措施（如贴膜）来防止因内应力失衡的破碎飞散。另外，其支承体系在防火性能上比较薄弱，在应用部位上应加以注意或进行特殊处理。此外，玻璃的打孔，螺栓的支承构造和施工都涉及一些关键的专利技术，所以在应用时必须十分重视，并希望得到结构工程师的紧密配合。

在DPG体系的基础上也陆续出现一些改进体系和新做法，如德国SEELE公司在玻璃屋顶的开发上采用了索网结构（ Cable-Network Structure）与DPG连接法相结合的方式，在一个23.2 m × 16.6 m的椭圆形多层大厅的顶部，利用正方形的钢索网和周围的箱形梁构成了玻璃的支承体系，然后在钢索的交点处用环形的点式连接元件把钢索夹紧，每块玻璃用四点固定，而钢索正好位于玻璃分块的缝隙之中。同时为了排除雨露，整个玻璃面有7° 的倾斜。还有的公司开发了最小连接点法，简称MJG（Minimum Joint Glazing）方法。它与上述方法的相同之处也是用与玻璃分缝相应的钢缆索网做成墙面的支承结构，但又避免了点式连接法在玻璃上打孔以及连接铰的复杂技术，而使用特制的金属连接板，上面有与玻璃分缝相应的十字形凸起，紧贴玻璃两面的是橡胶垫板，最后在十字缝的中心有一根螺栓穿过，将连接板、橡胶垫板、玻璃固定在一起，而钢缆索网运用另外的固定板与金属连接板固定在一起，形成完整的MJG体系。在我国深圳的地王大厦、上海大剧院等工程已引进了DPG连接法，国内也已经有了可以安装幕墙的加工厂家。新的方法将给建筑师提供更多的建筑表现词汇，将有更广阔的使用前景。

参考资料：

[1]GLASS IN ARCHITECTURE.
[2]《新建筑》《日经建筑》.
[3]SEELE 及旭硝子的有关介绍 .

图 19.MJG 体系细部

纽约解构派建筑展

注：本文曾刊于《今日先锋》4期（1996年2月）及《建筑创作》1996年1期。本次调整补充了部分插图。

和文学、戏剧、美术、雕刻等艺术形式相比，建筑艺术一直被人们看做是比较滞后的艺术形式，因为它要受到功能使用、经济技术、建造周期等诸多因素的制约。但近几十年来，随着西方后现代哲学思潮的发展，各种后现代甚至后后现代的文化现象都在建筑领域大出风头，以至把许多人们的目光都吸引到了建筑艺术方面。1988年6月23日到8月30日，在美国纽约现代美术馆展出的“解构派建筑展”就是这样一个展览。

这个展览会的主办者之一、美国著名建筑师菲力浦·约翰逊（1906—）是当今美国建筑界的元老，经常以一些令人吃惊的举动震动建筑界。1932年只有26岁的约翰逊还不是建筑师，但他怀着对于现代建筑的热情在纽约现代美术馆举办了现代建筑展览会，大力宣传了欧洲正在兴起的现代建筑运动，使得当时还是由古典折中主义统治的美国建筑界受到了第一次冲击，从而开辟了新的时代。33岁时，约翰逊决心到哈佛大学学习建筑学，并于1945年开设了自己的设计事务所。在后现代主义思潮急剧发展时，他在1978年拿出了被人称之为“洛可可式的抽屉柜”立面的美国电报电话公司总部的方案，使他一下子成为《时代》周刊的封面人物。当时称赞和责难纷纷而来。评论认为，这个设计“把建筑师们搞得迷惑不解”，“是后现代主义第一个重要的纪念碑”。在距上个展览半个世纪之后，约翰逊又在1988年推出“解构派展览”并为之写了前言，但在6月22日开幕之前的记者招待会上，82岁的约翰逊只说了一句“我的助手马克·维克利完全了解我的想法”之后就离开了会场，搞得十分神秘。

一般认为解构主义（Deconstruction）是后结构主义哲学家雅克·德里达的代表性理论。后结构主义者否认有任何内在的中心或结构，否定把语言当成一个封闭、稳定的结构体系，而是一种开放的、变异的、无中心含义的解构状态。德里达还主张由此推及其他学科，“……各个领域之中本来就有解构，如哲学、文学、绘画、建筑……”解构主义的建筑，也就在这样的背景下出现了。但举办“解构派建筑展”的意义，无论是主办者还是参展者都使用了十分慎重的语言。他们认为，在后现代并未能完全超过现代主义的今天，人们深感对迄今为止包括后现代建筑在内的思考方法必须来一次大的转换。但同时他们并没有将此归纳成某种概念，因为把它归纳成一种概念、归结为一种风格是不可能的。主办者认为在这个展览会里展出的7位不同国家的建筑师的10件作品，都是从80年代后在全球陆续发表的、可开创一个新局面的实验性作品中严格筛选的。他们并不是想要表现这些作品中的共同点，而是强调在这些作品中所看到的对建筑的传统表现出的批判精神。菲利浦·约翰逊就表示：“解构派建筑展从结果上看好像是用同样的手法，是具有类似形式的 80 年代以来几位重要建筑家作品的合流，但解构建筑并不意味着新风格方面的运动。在最近的世界中，不管是建筑还是艺术，都存在着各种各样互相矛盾的流行事物。就建筑而言，在严格的古典主义和现代主义之间，有着多样的思考，也可以说这些都是有效的，也就是在这个世界中，不管在哪里，都没有唯一有效的什么主义。我们必须从这里开始我们的讨论。”

下面先按年龄顺序介绍一下参展的各位建筑师及其作品。

弗兰克·盖里是美国建筑师，1929 年生于加拿大多伦多，1949 年迁往美国加利福尼亚并于 1950 年取得美国国籍。他在洛杉矶一面开卡车，一面在南加利福尼亚大学学习建筑直到 1954 年，服兵役后于 1956—1957 年在哈佛大学深造，在洛杉矶和巴黎的设计事务所工作一段后，于 1962 年成立了自己的事务所。他在 1989 年获得了称为建筑界诺贝尔奖的普利兹克奖。盖里参展的作品是自己的住宅（1978—1988 年设计）和家庭的住宅（1978 年设计）。它们都位于圣·莫尼卡，尤其是自宅在 10 年中扩建了 3 次，是在原有住宅基础上的扩建，而扩建的形态是不断地叠加上去的。他利用了许多日常的物件，如铅丝网、木板、玻璃、瓦垅铁等。他通过自身的创造，在加利福尼亚这种文化自由度很大的基础上，创造出具有盖里自己独特风格的作品，那种破碎的形式看上去和解构建筑十分相近。

美国建筑师彼得·埃森曼 1932 年出生于纽约，1955 年毕业于康奈尔大学，1960 年在哥伦比亚大学取得硕士学位，1963 年取得剑桥大学哲学博士学位。他从 1965 年起在普林斯顿大学教书，1967 年设立了建筑城市研究所，1980 年起和别人一起

1

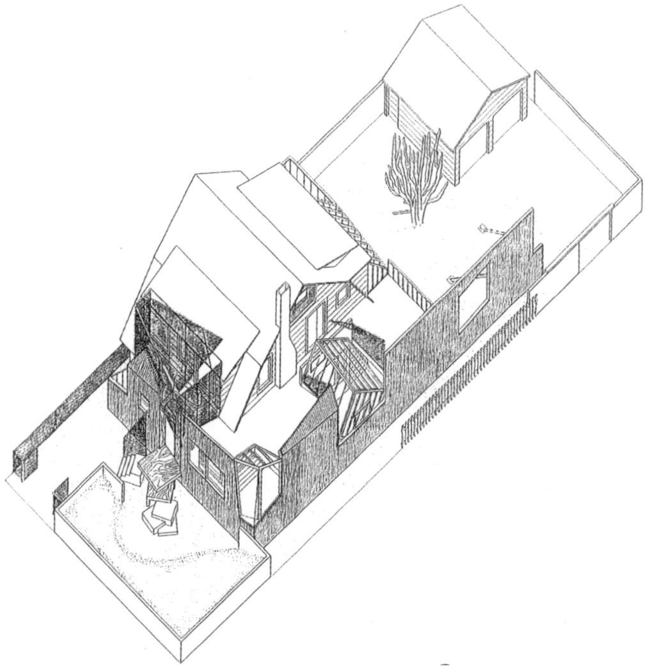

2

图 1. 弗兰克 · 盖里的圣莫妮卡自宅　　图 2. 弗兰克 · 盖里的圣莫妮卡自宅轴侧图

3

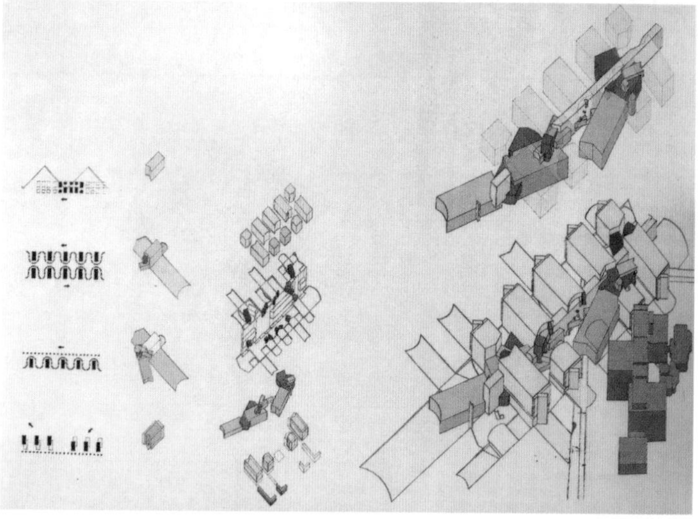

4

5

开设了设计事务所。早期以其难以理解的理论研究著称，后来逐渐趋向实际。埃森曼参展的作品是 1987 年他在国际设计竞赛中获得特别奖的德国法兰克福大学生物学中心的扩建方案。在这个方案中，他结合生物学的研究必须不断地破除传统的思考方式才能发展的特点，在建筑上也要表现对这种传统的超越，他利用脱氧核糖核酸（DNA）和断裂的几何学作为一种模式，而力图追求在信息时代的新的建筑形象。埃森曼本人认为他的这个作品并没有采用“解构”的操作手法，倒是 1985 年设计的俄亥俄的布克斯纳视觉艺术中心工程采用了一些解构的手法，但那时还没有出现“解构”这个标签。

库柏·欣麦布劳（蓝天组）是奥地利的一个设计创作集体，是由 1942 年出生于维也纳的沃尔夫·普利克斯和 1944 年出生于波兰的赫尔穆特·斯文茨斯基为主在1968年建立的合作集体。在这个展览会上他们展出了在维也纳设计的“屋顶”（1985年设计）和“公寓”（1986 年设计），在汉堡设计的“天际线”（1985年）。对大多数人们来说，此前这个小组是十分陌生的，但他们的作品却让人们大吃一惊。“屋顶”这个设计是在维也纳传统的居住区中。位于两条道路交叉点处一栋

图 3. 彼得·埃森曼的法兰克福大学生物学中心　图 4. 生物学中心的构成过程
图 5. 埃森曼设计的俄亥俄布克斯纳视觉艺术中心

6

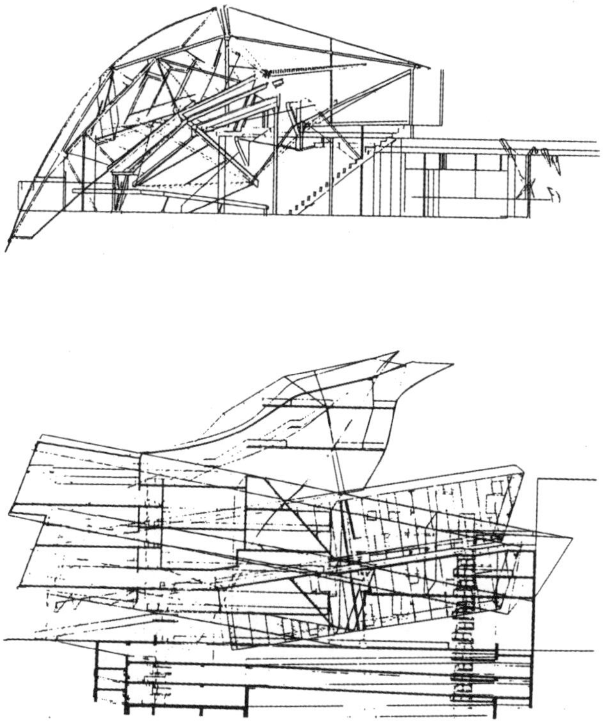

7

老房子的屋顶部要改造成为一个法律事务所的会议室和办公室。建筑师利用钢材、玻璃和钢筋混凝土等多种结构系统组合成了十分复杂而富于变化的外形。也有人说他们是从飞机和桥梁的结构系统中获得了灵感，作者本人则认为屋顶上像弓一样的突出造型是要表现一种屋顶和街道间的关系。也有人认为这个改建的建筑就好像是给一头年老的巨兽动了手术，屋顶看上去好像被切开的胸部，这同时也暗示给年老的机体中注入了新的生命。它绝不仅是通过高技术的表现主义来起一个抽象的广告牌的作用，而是在把他们自己选定的形象加以明确表现这点上取得了成功。

伯纳德·屈米是美国建筑师，他 1944 年出生于瑞士的洛桑，1969 年毕业于苏黎世联邦工业技术学院建筑系。1967—1980 年在英国和美国任教，自 1988 年开始在耶鲁、哈佛、加州大学洛杉矶分校和南加州大学任教，1988 年任哥伦比亚大学建筑研究院院长。屈米展出的项目是 1983 年巴黎拉·维莱持公园国际竞赛的中选方案。这个公园是在法国大革命 200 周年前完成的重要工程之一，位于巴黎东北，总用地 55 hm^2，最早是建于 1867 年的屠宰场，一条拿破仑时代的运河把用地分为南北两块，其中公园用地 35 hm^2，在德斯坦当总统时就主张将这里改为公园，为此举办了国际设计竞赛。屈米的总体布置方案是由三个互不关联的独立的系统合成：由沿着运河和垂直运河的高架平台或空廊贯穿东西南北形成了“线”；公园中在 120 m × 120 m 的方格网交点上配置了实验性的小亭子形成了“点”，这些小亭子是 17—18 世纪公园中小亭子的再现，都是边长为 10.4 m 的正方形，钢构架漆成了鲜明的红色，里面是各种用途的设施；在“点”和“线”之间就是主题公园的“面”。这个总体构思被评委们一致认为是与下一个世纪相适应的新型公园。屈米自己认为要改变传统的公园观念，他所追求的是新事物的开始，而非

图 6. 欣麦布劳的“屋顶”实景　　图 7. 欣麦布劳的“屋顶”设计和“公寓”

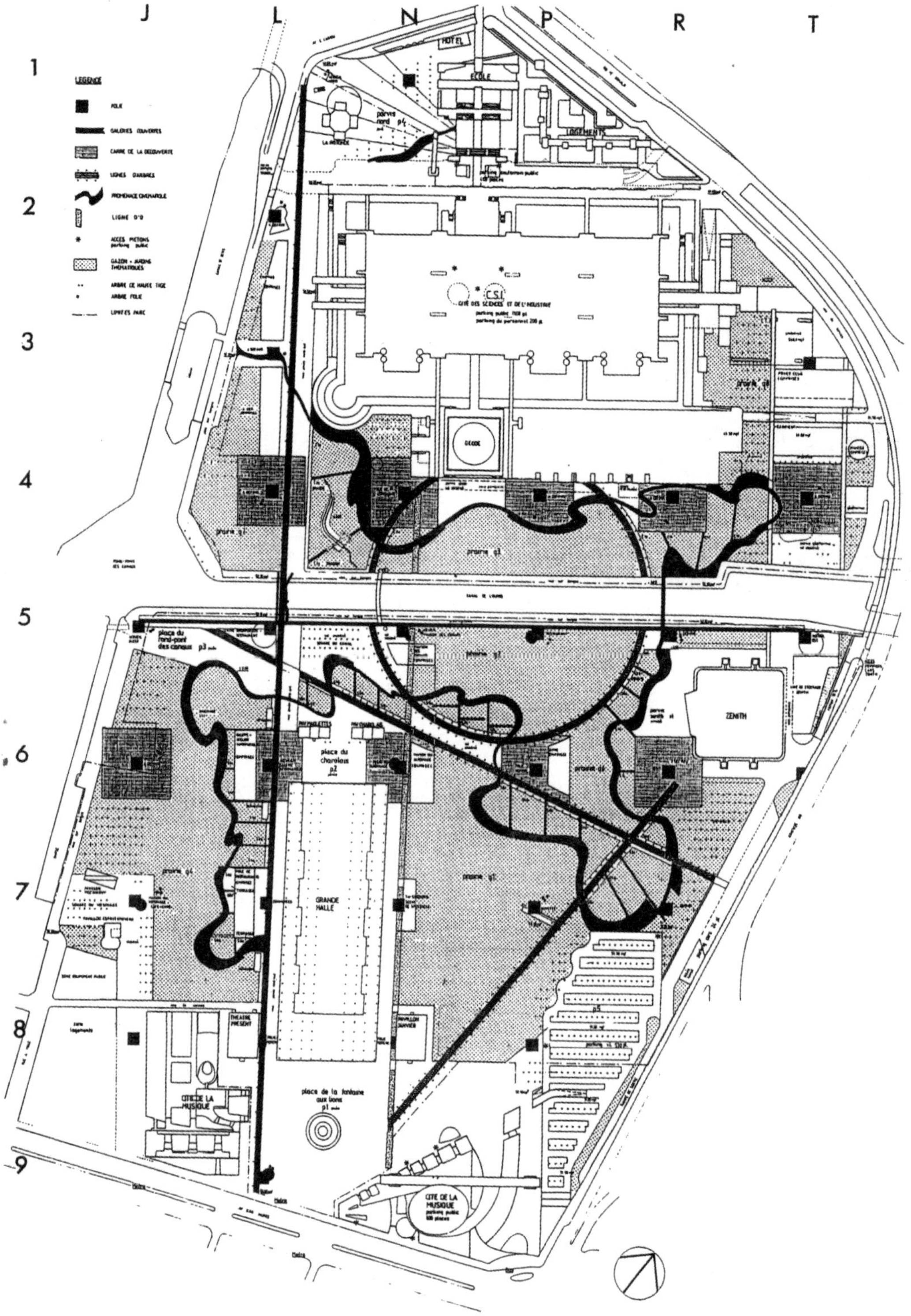

8

图 8. 伯纳德 · 屈米的巴黎拉 · 维莱特公园总平面图

旧事物的终结，完全是属于未来的。

莱姆·库哈斯是荷兰建筑师。他1944年出生于荷兰的鹿特丹，8~12岁时去印尼居住。他曾当过新闻记者、剧本作家。后来在英国的AA学院学习建筑，并于1975年在伦敦和另外一位建筑师及两位画家创立了OMA事务所，参加了德国科隆一个博物馆的设计竞赛。他参展的作品是1982年为鹿特丹设计的“建筑物和塔”。这是一个以公寓为主的一个综合性建筑，通过巨大的板楼和塔楼形成了它里出外进的复杂外形，评论认为好像是拷边机的花纹一样，利用人们眼睛的错觉来组织空间。库哈斯认为，他经常创作那种在某种程度上难于消化的、难懂的、看上去缺少魅力的东西，而避免成为像快餐的消耗品。

达尼埃尔·利贝思金德目前在德国设立了自己的事务所。他1946年出生于波兰的罗兹，后来在以色列学习音乐，接着又到英国和美国学习建筑。他参展的作品是1987年参加西柏林建筑展竞赛获得一等奖的作品——“城市边缘”。这是一个以单元住宅为内容的建筑物，像一个巨大的长方盒子由地面向上缓缓升起，其最高点大约有10层楼高。建筑师在这个设计中考虑了当时还存在的柏林墙，在充分考虑城市的同时还计划怎样和城市隔绝开来。利贝思金德说：“柏林发展采取了和东方、西方都不相同的形式，是什么地方都没有的，充满了挫折的城市……这个方案是在

9

10

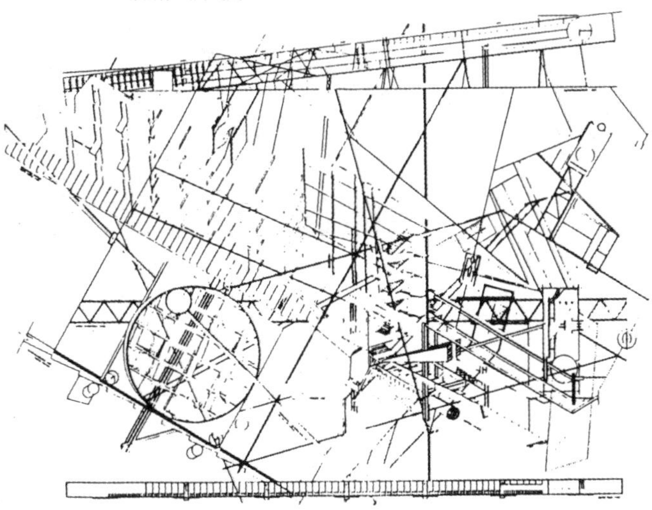

11

图9. 拉·维莱特公园中的红色小亭子　图10. 库哈斯的“建筑和塔”表现图

图11. 利贝斯金德的“城市边缘”示意

研究了柏林的历史，它现在的政治作用，以及将来柏林的面貌而创作出来的。”

扎哈·哈迪德是英国建筑师，也是参展建筑师中唯一的女性。她 1950 年出生于伊拉克巴格达，在贝鲁特美国大学学习数学，后去英国在 AA 学院学习建筑。从 1977 年起曾在库哈斯的 OMA 事务所工作，并在 AA 学院教书，从 1980 年起开始了个人的设计活动。她参展的作品是香港顶峰方案，是她 1983 年

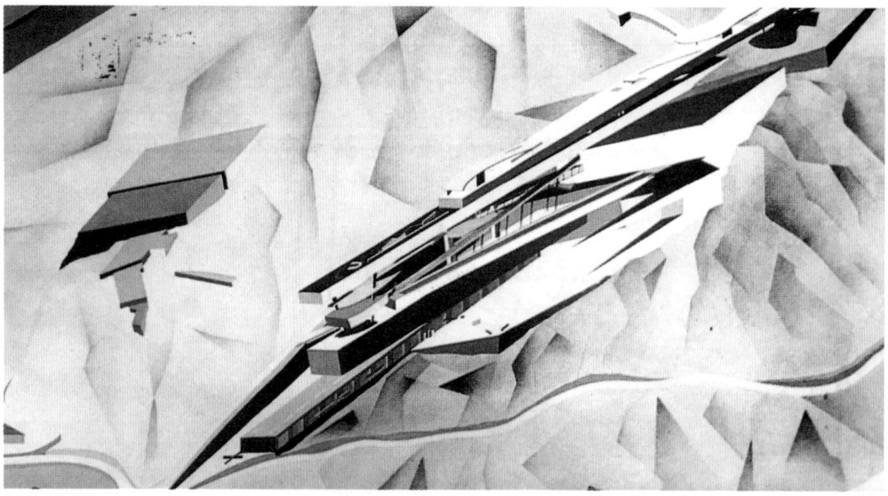

12

13

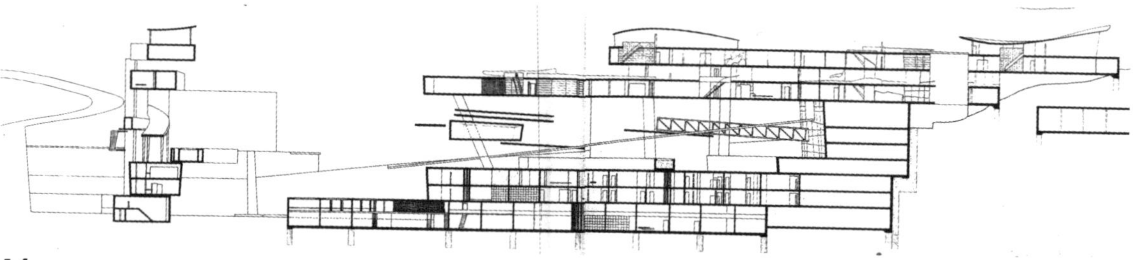

14

图 12. 哈迪德的香港山顶俱乐部透视 1　　图 13. 哈迪德的香港山顶俱乐部透视 2

图 14. 哈迪德的香港山顶俱乐部剖面立面

在国际设计竞赛中击败了众多对手而取得优胜的作品，她也因此而一举成名，为国际建筑界所注目。“顶峰”是供香港上流社会使用的俱乐部性质的建筑，由客房、大厅、游泳池、餐饮设施等部分组成。哈迪德的方案在山丘顶上向不同的方向分别挑出了层层叠叠的平台，而且许多角度都是尖锐的锐角，直线和曲线、水平和斜坡、断裂和扭转形成了当时最具特色的外轮廓。有的评论认为，她的作品与其说是建筑，不如将其视为武器更为合适。

可以想象对于这个展览会，参展的建筑家，展出的作品，对于解构派都存在着各种不同甚至是对立的看法。

展览会的另一位主办者评论家马克·维克利认为：“对解构派展来说，无论它的标题还是它的定义都不重要，解构建筑就其风格而言也没有意义，这些建筑除了对建筑传统的批判精神一致以外，在其表现的形态、空间上也有若干共同点。它无论是与重视秩序、重视伦理性的现代建筑，还是与历史样式再利用的后现代建筑都有明显的区别。……和表现主义、高技派也有所不同……如果要说有某些类似的地方，莫如说与构成主义的相似：扭转的形体、片断的集合、歪曲的平面、尖锐的角度、碰撞的直线……这些都是在本世纪 20 年代俄罗斯构成主义者们爱用的形态。”但是从整体构成上来看，至少构成主义还表明了一种构筑的意图，而解构建筑看上去完全是无秩序、不安定的，似乎马上就要分裂一样。也可以说构成主义作为现代主义的一个根，在这里被解体了，而从中描绘出了不安定的母题。把现代主义所包含的建筑的传统即秩序和伦理性加以分裂，全面地表现出一种混乱的无秩序，然后用建筑家的感性和逻辑加以“再构筑”。解构建筑就是通过扭转、歪曲、断裂创造出从未体验过的空间，从而开创一种新的建筑可能性。

约翰逊补充说：“解构建筑就是通过利用现代主义隐藏着的潜力，把适合过去形式的建筑实践的各种局面加以突破。”

维克利还进一步说明：“迄今为止的建筑一直提供一种秩序和安定性，起着文化的中心作用，而所有这些性格都存在于体现建筑形态比例的几何学的整合或美感之中，但解构建筑则与此全不相同。他们从代表现代主义的单纯形式中，发现其中隐藏着的东西，通过利用现代主义中隐藏着的潜在的可能性，探求超过俄罗斯构成主义和现代主义已达到的建筑的界限。”

维克利认为：“制作后现代建筑十分简单，因为它和现代建筑没有什么不同，而仅仅是形式上的模仿。而解构建筑则不是如此，它不是形式的模仿，也不能简单的建成。实际上这是十分重要的。它是和技术进步，近时代发明的产生相联系着的。让我们看看现代主义建筑诞生的背景就可以明了，这些开创了新建筑的地平线。”

参展的建筑家对此也发表了许多不同的意见，盖里认为：“解构主义是个非常复杂、非常困难的问题，德里达所说的解构主义和我的作品的思考方式是不相同的，我是从不同的观点出发的。”他认为：“约翰逊只是从美学上相似这一点把这些建筑家和他们的作品集中在一起。”按照盖里的观点，他认为：“真正意义上的解构主义者只有埃森曼一个人。”

盖里说：“我对在建筑设计中只是单纯地利用过去的样式和视觉语言甚感不快……当然所谓的建筑常常要引用些什么，但我认为在这里怎样加以变形，如何赋予其意义才是更重要的。”

15

16

另一位建筑家屈米认为在当今世界上的结构和价值观中充满了混乱，为此要达到完全的和谐、理想的境界是不可能的。迄今为止的现代主义建筑家是把复杂的城市如何简单化，如何使之美观；后现代主义认为现代的城市不好，必须加以改正，而将18世纪欧洲的城市形态加以再现。而解构派的建筑家是把城市的复杂性和矛盾性完全接受下来，利用这些来创造城市。

埃森曼则认为，解构派建筑即便一看和传统的建筑有所不同，但本质上和迄今为止的建筑没有什么变化。建筑是人们为了战胜自然而创造出来的，这是克服了重力、风和雨，基于保护人的构想而制作出来的，解构建筑也仍然起着人们存在于自然界的掩蔽所的作用。但埃森曼认为，不是自然和人的对立，而是由人们创造出来的信息系统和人的对立的状况更引人注目。现时人们的大敌是信息的爆炸，是人们对这种人们眼睛看不到的信息的滥用。“我追求的不是征服自然的建筑，而是克服知识和信息的建筑……解构的目标是处于安定和不安定的对立之间的某些不确定的空间……”

哈迪德则直截了当地说：“我不是解构派，所谓的解构也是无意义的词汇。”

利贝思金德表示，城市所要求的建筑，是在城市中把建筑的作用

图15. 盖里设计的瑞士 VITRA 中心　　图16. 盖里设计的巴黎美国中心

加以系统发展的建筑。即以对于文脉的考虑为例：现代主义的建筑是使建筑与文脉割断开来，后现代建筑是参照文脉的过去，而解构建筑是看着文脉的过去、现在和未来而创造出建筑来的。

当然也有相当数量被称之为“现实派”的建筑师们持怀疑或否定的态度，他们认为，“展出的作品还没有达到对建筑传统的批判，只不过是对传统建筑的反叛而已”。“现代主义建筑诞生时，首先表现在社会和技术上的必然性，然后才出现风格。可是如果反过来，首先是构造和视觉系统这样变化，还要将其称之为新发明的话，只能说是一种游戏”。美国建筑师斯坦利·泰戈曼认为，把这些作品集中到一起是个错误，展览会的作品所传达的信息都是很普通一般的。瑞士建筑师马里奥·波塔认为，“我不佩服解构主义，因为我认为建筑就是“构筑”，解构派的建筑家们以不是构筑的解构为目标……他们至少是有点语言上的游戏”。曾任哥伦比亚大学建筑系主任的美国建筑师詹姆斯·波尔歇克认为，解构建筑所说的要在已有建筑观念外侧的环境中试图创造一个世界，这迄今为止已尝试过多次。如 18 世纪的建筑潮流与此是完全相同的方法，可他们的作品几乎都没有建成一样，解构建筑也只不过停留在建筑家幻想的水平上。

日本建筑师隈研吾认为从文丘里提出复杂和对立时就提出了两个问题：一是回归，即向过去建筑的回归，这和后现代的动向是联系着的；另一问题就是否定调和的建筑观，亦即否定在建筑中体现一切调和的保守建筑观，而认为建筑之中有着对立的各种要素，莫如说是表现这些矛盾更为自然……这次解构派展览的主题就是“完整性和秩序的破坏”。

确实有相当的人们认为解构派建筑只适合装饰展览会的墙面，还不能成为城市中的建筑。美国著名的 KPF 事务所的主要负责人威廉·彼得森认为，解构建筑很费钱，维修也很困难，居住也很困难，即使能够造出来，大概只能具有模型阶段的魅力。他还认为，人们是通过比例的把握来理解建筑的，解构建筑通过常见比例的破坏，把建筑变成不是城市艺术的板房和纪念碑。如果解构建筑家考虑的是混乱的世界的话，把这种混乱加以安定才是建筑家的责任。美国建筑师彼得·格鲁克认为，建筑设计的重要就是能在某种水准上加以解读，后现代建筑更重视的不仅是专业人员，而且普通的人也可以解读，而解构建筑则十分难解。其解读只有“混乱”这一水准。

但就展览本身而言，对于西方社会和建筑界来说，通过报纸杂志等媒体的大量介绍，召开各种讨论会，通过汇集一批批判建筑传统的建筑，引起了建筑界、艺术界的瞩目和争论，就主办者的目标来说，展览还是取得了一定的成果。

展览会至今已经 8 年，在这不长的时间内展出的作品中有相当一部分相继建成，实物将比模型、照片更有说服力地表现着这些建筑师们的主张和哲学。此后他们又陆续设计和建成了一些作品，如弗兰克·盖里的明尼苏达大学美术馆、迪斯尼音乐厅、巴黎美国中心、圣莫尼卡的埃基玛改建工程、瑞士比斯费尔登的 Vitra 中心等，使得盖里成为美国时下最走红的重要建筑师。还有一些建筑师，由于他们作品中所表现出的种种“解构”手法，而被归入解构派的行列之中，如德国贝尼施设计的斯图加特大学的太阳能研究所，西班牙米拉莱斯和皮诺斯设计的西班牙巴塞罗那奥运会射箭场等。这种杂乱无序、错综复杂的手法和语汇也为一些建筑师所仿效。

当前的世界已经走向了多元多价多样，建筑世界也是如此。建筑家们力图按照自己的价值观和美学

17

观来认识建筑、表现建筑、解构建筑。面对着当代社会中政治、文化等领域的种种分裂，他们认为他们所使用的扭转、歪曲、断裂更加能够表现当今错综复杂的世界。再加上一些业主们求新、求奇、求个性、求特色的心理，又使这种潮流保持了自己还较有限的市场。而建筑评论家们的推波助澜自然也功不可没。有的评论认为，评论家和理论家们最喜欢通过简单的分类或贴标签来归纳或创造出某某主义，因为这样一来营垒分明，便于发挥。但实际生活的大千世界却要表现得比文字和理论更为多种多样，更为眼花缭乱。

18

图 17. 德国贝尼施设计的斯图加特太阳能研究所

图 18. 米拉莱斯设计的巴黎赛罗娜奥运会射箭场

灿烂图景　尽收其中

注：本文是 2001 年 3 月为《20 世纪世界建筑精品集锦》一书所撰推荐文字。

1999年6月在北京召开了国际建筑师协会(UIA)第20次大会，这是国际建协在本世纪末举行的最后一次大会，也是中国作为该组织的成员第一次承办其大会。为了配合这届盛会，总结过去，展望未来，由中国建筑学会组织筹划，中国建筑工业出版社出版了十卷本的大型丛书《20世纪世界建筑精品集锦》，这不仅是我国建筑界和出版界的一个重要事件，对国际建筑界也将产生巨大的影响。

1

本套丛书的编辑出版具有重要的社会价值、学术价值和文化价值。众所周知，建筑是人类历史的伟大记录，是集哲学、科学、美学和工程技术于一体的伟大人工建造物，同时又是复杂的社会现象的如实反映，是时代的镜子。20世纪的百年与人类历史长河相比，十分短暂，但对生活在这个世纪的人们来说，这个地球上却发生过巨大的甚至是天翻地覆的变化：百年中曾发生过两次惨烈的世界大战和无数次地区和局部战争，造成了人力物力的巨大损失，城市和建筑的被毁；在科学技术上人们经历了从前工业时代到工业社会和后工业社会，现在又进入了以高新技术为代表的知识经济时代，人们所熟知的前现代主义、现代主义、后现代主义、新古典主义、构成主义、传统主义以至解构主义，"高技风格"等就是不同社会思潮在城市和建筑中的反映；同时社会需求、文化教育、休闲娱乐、生活水准方面的变化，新的建筑功能、建筑类型、建筑需求也进一步拓宽了建筑师的表现舞台；而文化交流、文化融合，本土文化和外来文化的碰撞、对立，直到经济的全球化又使建筑语言和建筑表现更加丰富多彩和多样化。所有这一切都促使人们在本世纪结束时对于一个世纪以来的建筑历程进行必要的梳理、回顾、分析、反思和批判，总结过去展望未来，这和第20次大会的主题《21世纪的建筑学》是完全契合的，并形成彼此的呼应。

迄今为止，我们还没有看到过世界上其他国家和出版社所出版的有类似权威性的大部头丛书，这主要是因为编选工作和出版工作的艰巨性。正如本丛书的总主编，美国哥伦比亚大学的K.弗莱姆普敦教授所说："当我们接近新的千年时，难以想象有比试图对20世纪整个时期内横贯全球的建筑创作做一批判性的剖析更为不明智的事了。"由于价值观、美学观、历史观上的差异，要在百年浩如烟海的众多建筑作品中筛选出1000例称之为建筑精品的工作，的确是一件让人望而生畏事情，但经过

图 1.《20 世纪世界建筑精品集锦》书影

本书编辑委员会锲而不舍的努力并通过全世界各地80多位评论员反复讨论和提名，按照总主编所提出的以类型、时间和代表性作为基本原则，然后将百年历程以20年为一期分做五段，这样使评选的基本框架逐渐形成。当然在协调各地区和各国家的入选项目数目和最后确定入选项目时的取舍增减更是件令人绞尽脑汁甚至是引发激烈争论的过程。笔者曾忝为评论员参与过其中一卷的评选和讨论，对其中的艰巨性有着亲身的体验。但我个人也有这样的观点：对这样的鸿篇巨制和相对于每一国家和地区有限的篇幅来说，要使人们百分之百的满意是绝对不可能的，在入选和未入选的一些项目上肯定会有不同甚至相反的观点，这里只能依靠各卷主编及评论员的鉴别力和真知灼见（尽管他们也有着不同的政治、经济、文化背景），力求收入可以反映该地区建筑发展的基本历程和主要特点的代表性建筑。从出版的这套丛书看，这个目标应该说是基本达到了。正如国际建协秘书长司戈泰斯所指出的："在组织编纂这套丛书中，中国建筑学会虽然面临各种困难，但它依靠忠诚、毅力、知识和鉴赏能力，终于使其成为现实，这确实是个给人印象深刻的成就。"这是我国对世界建筑界所做的重要贡献。

本套丛书的另一个突出特点是把世界分为10个洲际地域并按此地域独立成卷，它们是：①北美（加拿大和美国）；②南美（拉丁美洲）；③北、中、东欧洲（除地中海和俄罗斯以外的欧洲）；④环地中海地区；⑤中、近东；⑥中、南非洲；⑦俄罗斯—苏联—独联体；⑧南亚（印度、巴基斯坦，孟加拉等）；⑨东亚（中国、日本、朝鲜、韩国）；⑩东南亚和大洋洲（包括澳大利亚，新西兰及太平洋岛屿）。其优点是可以由此看出地缘环境对于相邻各国建筑的渊源及发展的影响（但也无法包括所有国家）。另外，也能使世界各地区和国家并不因其发展先后或现代化水准的不同而使内容和篇幅上不均衡，从而使表现各地域的各卷在表达其设计思想、时代技术和社会特征方面能各具特色。需要指出的是，由于长期以来"欧美中心论"的影响，说起本世纪的建筑成就，人们就常把目光集中于主流的欧美建筑或发达国家的建筑上，从而忽视一些后发国家或忽视游离于主流之外的潮流和支流，人们很少立足于某一地区的历史和特点来审视其建筑发展的脉络。本丛书的编辑体例则保证了从总体框架上取得各地域的平衡，从而使我们能够在了解主流建筑的同时，看到它们对其他地区的辐射和影响，同时也展示各地区立足于本身的背景、传统和历史所做的努力，从而使丛书的内容更加全面丰富，展现给人们更为绚丽多彩的图景。在当前这种做法就显得尤为可贵。在每一卷的前面由专业评论家所做的综合评论更对每一地域的百年进行了深入的剖析，成为该卷出色的导读。通读各卷我们可以更好地理解一位评论员所指出的："多元文化日益成为被接受的规范，卓越的准则不断发展和扩大，已经不再存在单一的可到处适用的标准答案。"

本丛书的图片精美，文字说明简练扼要，装帧设计有特色，印刷装订质量好，许多建筑师、建筑团体和建筑业主等提供了珍贵的实例图纸和照片，表现了各国建筑界对于总结世纪建筑发展的这项工作给予的大力支持。尽管由于本世纪初摄影术还不是十分普及和发达，还有一些建筑被毁使资料的收集有一定困难，但本书仍可称得上是世纪的辉煌画卷，对每一卷的浏览和阅读都可以称为极好的精神和视觉享受。除去上面提到的重要学术价值和文化价值之外，它的社会价值更不容忽视，它为世人公众了解建筑、了解建筑的发展、了解各地域的建筑文化提供了绝好的索引。正如国际建协秘书长司戈泰斯所说："本丛书可以作为学者、学生和建筑师的参考文献，这是它的一个目标。另外一个目标就是面向公众舆论，我们希望本套丛书将超越我们的专业圈子，丛书的表达方式可以延伸到外行并与他们对话。如果它做到这一点，那么它肯定还可以推动公众舆论，促使公众更能接受高品位的建筑。只有当公众具有建筑鉴赏能力，才能使我们的环境建设达到规划设计的标准。”总结过去是为了展望未来，有了理性而恰如其分的分析，有了大众的参与和热情，加上科学技术的进步和建筑师想象力的进一步发挥，21世纪终将展现出比上个世纪更加诱人、更灿烂夺目的景象。

正是基于本丛书的上述特点及所具有的价值，我愿意推荐本书参加第五届国家图书奖的评选。

2001年3月15日

城市如何完美——俄罗斯考察随感

注：本文原刊《城市管理》（2002年1期）。

北京的长安街笔直、宽阔、气派、宏伟，但并不完美，因为它最大的缺憾就是不够亲切，与人缺少情感上的亲和。这说明城市的物质环境即硬环境做得再好，如果缺少人文特色，缺少与人的交流，将不可能完美。

城市，乃至国家的发展需要三种精神。一是科学精神。因为科学技术是人类文明进步最根本的推动力和手段。二是理性精神。只有理性地建立起民主机制和法律体系，才能保障一个民族的文明与先进。三是人道精神。即在城市的各个层面充分体现人的自由、智慧和良知，也就是通常说的人文精神。

人文精神不是空洞抽象的，而是通过非常具体的人来体现的。比如历史上的思想家、文学家、艺术家、设计大师，等等，他们站在其所处时代的文明平台上，从各自不同的角度，尽管不完善，但却敏锐地对现实进行批判和反思，推进社会向更适合人类生存的方向发展。

置身于俄罗斯的各大城市，你虽看不到众多新建的、时髦的建筑物，但却能时刻感受到那浓郁的人文品位和深厚的文化底蕴。

例如，俄罗斯的道路和广场常以人物命名，而他们都是历史上对民族、对整个人类进步有过贡献的人。俄罗斯的博物馆很多，同样其中约有一半是以人物命名，而其中又有近半数以名人故居为馆址。在列宁格勒一家小剧院的墙上挂着块牌子，上面描述了“二战”期间，某著名的指挥家在城市遭法西斯强盗围困的危急时刻，依然镇定自若地演奏了肖斯塔科维奇的第七交响乐。通过这一小段文字，游客不仅了解了该城的历史，更读出了俄罗斯人的气节和品格。地处莫斯科郊外的新圣母公墓，几乎像是一座社会历史和艺术的博览会。那里安葬着各种社会阶层的人，有诗人、有将军、有革命者、有政治家，也有普通市民。从他们

1

2

图1. 北京西长安街西单路口　　图2. 北京东长安街东单路口

的墓碑和雕刻上，可以看到俄罗斯民族的深邃思考和他们丰富的精神财富，并用优美的艺术形式予以表现。这对每一位来访者，产生了强大的心灵冲击和震撼。

反观我们的城市，拿什么展示几千年悠久延绵的文明？拿什么炫耀中华民族对人类历史的贡献？

我认为，在进行城市现代化建设时必须树立三种观点。

（1）城市是最大的人工建造物，应充分考虑并协调人—自然—建筑的关系。对城市现代化的评价是有层次的：第一层次是物质上的，具体指市民的衣食住行各方面；第二层次是视觉上的，指城市的公共艺术形态，如城市建筑、雕塑、街道等景观；第三层次是生态环境上的；第四层次是社会形态上的，如城市的经济、教育、就业等；第五层次是人文精神上的，反映市民的追求和抱负，是城市现代化和文明程度的最高层次。

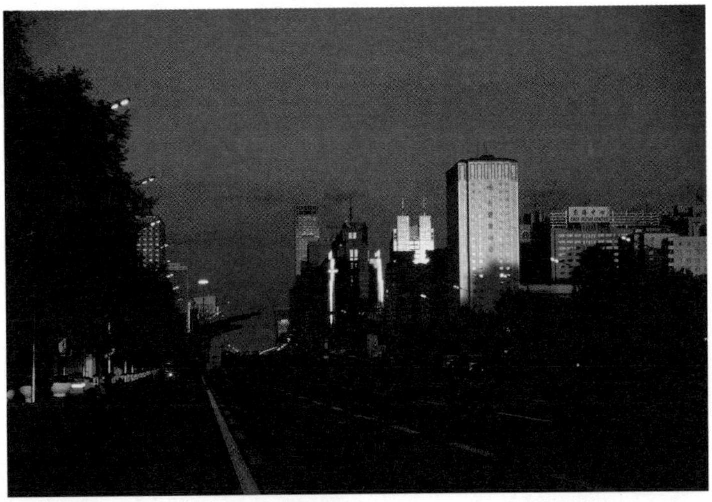
3

4

5

（2）建设一座城市中的街区和建筑可以在较短时间内完成，但其中人文含量的提炼却不是一朝一夕的事，需要岁月的积淀。中国每一座城市都有很长的历史，但我们没能进一步地发掘、欣赏并精心保存，这其中一个很重要的因素可能是对于历史人物品格完美性的苛求。在这方面俄罗斯可作为我们的榜样。

（3）当今全球化的浪潮促使人们更多地关注物质和技术，而对文化的发展却有所削弱。然而仅有物质的丰富和技术的发达不等于文明，只有先进的思想和富有创造性的精神才是真正的文明，才是城市现代化的根本动力。

没有人文内涵的城市是不完美的。

中国的城市更期待人文精神的提升。

图 3. 北京东长安街建国门路口　　图 4. 莫斯科阿尔巴特大街普希金和夫人像　　图 5. 莫斯科加加林广场

闲话古建筑——从民居说起

注：本文是2002年3月9日在闲情偶寄茶座举办的一次谈话节目，该谈话记录发表于《科学时报》2002年4月27日。

话题：　传统文化与现代文明的冲撞
地点：　闲情偶寄茶座
参加者：刘心武（作家）
　　　　马国馨（建筑学家）
　　　　杜非（三联书店编辑部、“乡土中国”责任编辑）
　　　　黄大纲（三联书店宣传部）
　　　　洪蔚、温新红（本报记者）

1

一个在北京住过半年的意大利朋友，经常会来信提出同样的问题：“你们还在推倒你们美丽的古建筑吗？”这话带有责怪的意思，但他无法理解一个正全力走向现代化的国家，在传统与现代的夹角中挣扎得有多么艰难。

我们喜欢北京的四合院，但在堵车的时候，我们又痛恨它们为交通留下的空间是那么狭窄，但推倒了它们，又感觉到仿佛失去了孕育我们的子宫或者说失去了我们的“耶路撒冷”。

从1999年起，三联书店就在陆续推出“乡土中国”系列，它不断地引发着我们对古建筑特别是其中的民居建筑的关注、怀旧与思考。我们应该怎样在传统与现代的交锋中，保持一种平衡，物质上的和内心的。我们应该以怎样的心态面对那些被推倒的、被改建的和那些幸存着的？在不久前的一个阳光明媚的下午，在大运村附近的一家名为“闲情偶寄”的茶座，我们有幸请到了文学家、建筑美学家刘心武，建筑学家、中国工程院院士马国馨。

民居：建筑史上的另一条线

马国馨：从建筑上来讲，过去关注的都是帝王将相的建筑，一说起中国建筑史，就是宫殿、庙宇、祭坛陵墓这一类的，苏州园林实际上也是属于官僚士大夫阶层的建筑。到20世纪60年代初国内才开始对民居进行深入的专门研究，出版了一些著作，研究民居怎么利用空间，怎么因小见大，如何因地制宜、

图1. 刘心武（左）与作者（1999年6月）

就地取材，如在河边怎么与水亲近，而其中更深刻的民族繁衍问题、氏族聚落问题，从风俗、人文角度反映得比较少。而民居其实应该是中国建筑史上的另一条主线，但一直被埋没、被隐藏了。我认为就建筑史来讲，这两条线应该是并行的。

为什么这些年大家的注意力开始转到这里？其一，帝王将相研究得差不多了，用考古学上的词来说，民居还有许多未经发现的案例。其二，现在的交通条件好，能够深入到以前去不了、也不敢去的穷乡僻壤，像湘西以前一般人不敢去，一说沈从文老家、黄永玉老家都充满神秘色彩。现在香格里拉等都被发掘出来，恐怕是我们这个时代的进步。

2

刘心武：北京城的建筑也无非就是这么几个方面，在保护和改建方面有不同的遭遇。皇家的建筑，政府在保护时愿意花钱；一些园林、塔、寺庙保护得也还可以；老的商业街道就比较麻烦，王府井早已港台化了，也有恢复旧观的，比如琉璃厂，但它是最糟模式，因为它延续了晚清的建筑，而晚清的建筑已没落了，一点灵气都没有。然而，这几个问题其实都不尖锐，因为和老百姓关系不大，最尖锐的就是民居，有胡同、四合院。“乡土中国”这套书提供这么一个话题，就是民居怎么办？这套书中选择的大多是农村建筑。

《楠溪江中游》书中第13页的一个景，我是亲历现场了，就在文房四宝村砚池的这一端盖了座房子，是钢筋水泥的，这是非常让人伤心的事情。我到了这家人家，还和主人攀谈了，问他为什么把房子盖成这个样子，整个儿把风景破了相。后来我被他们说服了，道理很简单，保存一个旧东西很容易，但用旧的东西来维持新的生活是很奢侈的。比如说家里买了布艺或真皮沙发，虽然很贵，也比家里放一件明清的家具容易保养。还有一个建筑材料问题，别看民居古色古香挺旧的，但它需要木头、古砖。与西方民居不同，中国的民居是需要大量木头的，山林木材本身就匮乏，为了仿旧而投入超过了近几百倍的投资，是否值得？

现状：四合院还能住人吗？

马国馨：对于传统建筑，现在的观点很多。（对刘心武）你们作家当中很多都有社会责任感，有冯骥才、舒乙那样大声疾呼的，有李国文那样阐述自己观点的，我看到的不全，但作家们发表的观点很不一样，有替这部分老百姓“请命”的，有替那部分老百呼吁的。

我认为建筑不是单放在那的，人要住在里面，要使用方便，如果你让我住在这样的房子里让大家来参观，那我不如找个单元楼就搬了。所以有为民请命的，说房子里没有暖气、没有自来水，就这样的条件让他们在里面，供大家参观，很不合情理。从建筑学本身来说，里面的好东西的确很多。可我们国家还没有那么富裕，政府没有力量，把这一块地买下来，进行保护，也没有如洛克菲勒那样建立基金会，

图2.《乡土中国》系列书影

出钱从事一些文化保护。

于是就产生了矛盾，往往把特别有价值的，货真价实的东西拆了，然后又花钱去造假的，就像把旧的北京城拆了，又到外面去建一个北京城，得不偿失。

刘心武：我的意见就是要实事求是，划出保护区，这里不动，给特殊政策，给居民多一些优惠，这个留守的居民也是文物保护者。辟出一片保护区，其他地方没有办法只有忍痛把它给拆了。

马国馨：前几天看电视，别人问台湾李敖为什么不回北京来看看？他回答得十分委婉，说在我的脑子里保留一个原来美好的北京印象不是更好吗？

刘心武：依我看，保护工作怎么和社会生活的发展相协调，是问题的核心。要不要保护不是问题，肯定要，不可能疯了一样非要把北京的胡同、四合院给拆了。我为什么主张拆掉一部分，人口已经增长，居住条件已经恶化了，大量的胡同里都不是四合院，而是大杂院，临建房的面积超过了明清时的古建筑的面积。邻居之间为此还争斗，正如电视剧《贫嘴张大民的故事》里演的用板砖对打，出人命的时候都有。

如果我们自己住在别墅里，或者从国外回来偶尔住住，从审美的角度和文物的角度，不考虑生存、居住，那么我会喜欢每一块旧砖、残存的花纹。但生活在那儿的人没有办法生活在审美当中。

除非政府拿出钱来，所有胡同都保留，所有居民都免费住上新房子，每一个院里留下一户，自愿的，再把胡同、四合院修复一下，搞上独立的卫生间——这是非常重要的一个问题。大冬天老太太系着裤子从公共厕所里面走出来，我天天看到这种情况，就有人无视这个问题！它是一个很重要的人的生活环节。这些解决了，留下来的这户人就可以养鱼、种花、养肥猫，窗户上的玻璃也不要，用纸糊的那种，很优雅，屋里家具的摆放请王世襄先生当顾问，这样的四合院谁不愿意住？问题是现在你能做到吗？几个院子做到就不错了，不用说整条胡同，更不用说整片、整个北京！

未来：局部保存是可能的

刘心武：把古建筑当作文物，把它加以保护，不遭到破坏，这也是一个全球性的问题，不光是中国，西方也有这个问题，因为现在社会发展特别快。在这种情况下，一些文物特别是古建筑怎么把它保护好？（马国馨插话：像美国的印第安人，澳大利亚的毛利人。）都说巴黎好，其实它也面临着很多问题，规定建筑高度不超过卢浮宫，像曾建的蒙巴那斯大厦就是一个值得讨论的问题，它是一个美国式的摩天楼。在巴黎市区，还有密特朗图书馆刚刚改到郊区，也是有争议的，它的建筑风格比较反传统、反古典。（马国馨插话：这和领导人的个人爱好有关，法国的德斯坦总统喜欢古典，蓬皮杜和密特朗就喜欢现代。）但它的现代建筑高度有限制，都是在规划之内，所以人在远处看不出来，不突兀，近了才发现有那么一块。他们也有探讨，也有被人不接受，这就是一个新与旧的冲突问题。

马国馨：我也有一个想法，我们现在保存的矛盾就在老城圈里，而且都在内城，外城原来有不少会馆，还有比较下层的。建成市区 1000 多 km^2，老城区只有 62 km^2，不是还有 900 多 km^2 吗？为什么非得在这 62 km^2 的地方里较劲呢？

刘心武：这也是一个复杂的问题，人们除了居住以外，还有很多需求，谁都不愿意被边缘化，我是甘愿被边缘化的人。一般都是要从边缘向中心游动，成为政治中心，成为学术中心。这没有办法，人类有一种向心的趋动。要么美国模式，大家都到城里办公、社交，晚上又到自己单独的房子里居住，可这样又有交通的问题。

马国馨：也不完全这样，你看罗马，它有古罗马，边上还有新罗马，古罗马比咱们还旧，人家就搁那儿。意大利也有这样的地方，国家拿出钱来在外面盖新城。咱们可以等一等，下一代或者再下一代，有点钱了，办法也多了，那时就会比现在做得好。还有一个老百姓怎么改善，现在好像只有拆迁一个办法。拆迁的关键在于拆迁完了弄出点什么，现在大家都愿意大变样。大变样挺容易，把房子一拆就变了，可变完了是变好还是变坏了？现在有的地方拆空以后盖出的房子也死板得很，没有什么特色。

刘心武：“乡土中国”这样的书，也会为局部保存起到作用，财富积累多了，就会有人做善事，他就可以包下楠溪江。我若发了特别大的财，就会做些这类的事。

马国馨：所以美国才会有洛克菲勒基金会之类的。20 世纪 80 年代丰田基金会也在资助中国做一个近代建筑的调查，统计全国十几个城市里到底有多少是在清末民初，直到 1949 年前那个时代盖的房子，就相当于造一个花名册，再看哪些必须保留。

刘心武：政府没有这个财力，民间的有钱人，不一定达到这种修养，因为这种投资是非常可怕的，是没有回报的。各国有不同模式，美国主要是民间为主，法国经常是政府出钱。现在中国的情况只能等。经常有人骂开发商、设计者，其实与他们关系不大，开发商也必须有赢利才行，楼不盖高利润少。

马国馨：但我觉得目前的开发工作还是存在一些问题的，其实可以通过各种手段，哪怕留下一些痕迹，让人有一些历史的记忆，比如福州三坊七巷，引起很大争议，原来的完全都没有了，完全是新的。我认为在规划当中，招儿还是挺多的，不一定非推平，像国外就有很多手段可借鉴，把一些房子留下来，里面全新改造，实在不行把一些局部，比如说把一片墙留下来，形成新旧并存的局面。

刘心武：日本就有民俗村，把这些都搬到一块儿。

马国馨：国内也有挪挪地方的，南京就有，永乐宫的壁画就曾被整个搬走，也有旧瓶装新酒的。

前两天我看《科学时报·读书周刊》上的一篇文章，说按院胡同没了。其实如果开发商有一点文化头脑，可以把它原来的痕迹有意识地让人能感觉出来，比如说老树就可能留下来。就等于说有一个图底，再新加一些，同时还保留一些历史感。北京的新区中树砍得太多，其实可以有一些办法避免的。

慰藉：给那些怀旧者们

刘心武：从更深的角度，从人类行为学或者人类学来说，人是很怪的动物。他会在一个时段特别喜欢、追逐新东西，咱们 80 年代就是这样的，那时认为最美的是某某村子富了后，一排排整整齐齐的房子，一种颜色。现在再看觉得多么恐怖！一点儿个性都没有。过去看到这种场景我的眼睛都会潮湿，我们的农民兄弟终于过上好日子，我当时也觉得村子很漂亮。后来我还写过一篇文章《高楼也算风景吗》，讲到背着大行李的回城的知青站在马路上就数楼的层数，他觉得这是一种审美，一种现代化。不能离开当时的人文环境来讨论这个问题，记得我们俩（指马国馨）上中学的时候，到北京展览馆，展览前苏联的成就，有一间屋子，全用塑料，桌子、椅子、碗全是塑料。我当时激动得不得了，塑料这个词还记了半天，觉得那就代表了高度的人类文明，不是铜的、银的、玻璃的、木头的，而是塑料的！现在要是塑料的，我立刻就扔了，觉得这是很丑陋的东西。那时候人们欣赏的是工业文明的产物。过了一段时间，人们富裕了，小康了，开始怀念旧东西了，到处找旧东西，像北京的潘家园，人多得不行。人们怀旧，进入以旧为美的高峰期，那种亢奋的劲头到了没法说的地步，连那些打碎的瓷器片都是宝贝。像今年的唐装盛行，不仅是一个会议带动的，主要还是唐装唤起人们的怀旧情绪。

马国馨：之所以亢奋，也是因为旧的东西在中国被破坏被淘汰得太快，也就出现逆反的心理。

刘心武：人需要一种寄托，这种书就给人们一种慰藉。我虽然做不到保护，但借助文字、影像中所表达的，也得到心理上的满足。像现在很多人联名写信抗议拆旧屋，他也知道成功的几率很小，但就从这里面得到满足了，理念、情感得到了表达。另外，这种行为也起到制衡作用。所以这个社会就在牵制中向前走。要达到百分之百的满意，一点儿可能性都没有。我觉得这套书能引出这么多的想法，真是很好。

功过：从“乡土中国”出发到楠溪江

杜非：《楠溪江中游古村落》已印到 29 万册了，应该是畅销书之列。

刘心武：是什么人在买这些书？

黄大纲：市场调研不多。可能有几方面的人，旅游者是其中之一，《楠溪江中游》出版后，楠溪江成了一条旅游线了，用摄影家李玉祥的话说：“我作孽了。”

刘心武：有人说这是个读图时代，有人说是社会浮躁。文字对照图，流行对角线阅读，（笑）也就是扫描吧。这套书也进入到这个潮流，既有专业学术价值，又能吸引一般的读者，同时又可当作高级的导游书。这套书又是民俗的著作，有社会学的价值。这些作者都是很可靠的，都是做学问的态度，文字很讲究。它在商业上的成功，是很可喜的。

楠溪江我去过，是在出版这本书之前，那时还没有多少人，也没有人认识到它的价值。温州四面都是山，一面是大海，楠溪江原来很封闭，没有人去开拓旅游。这本书出来以后真的是作了孽，整个楠溪江都糟蹋了，江上到处是电动船、打靶，还开了水上乐园、水滑梯，易拉罐、餐盒到处都是。当地旅游部门也不是不知道管理，但人一多就没有办法控制了，人要吃喝拉撒睡。他们还请北大的专家去做调研，研究管理办法，还是控制不了，客流量比估计的多好几倍。后来他们再邀请我，我没有再去，想保留原来美好的印象。

关于合作办学

注：本文是 2002 年 10 月 15 日北京市建筑设计研究院与中央美术学院合作办学签字仪式上的书面发言稿。

各位领导，各位专家，各位来宾：

在金秋送爽的日子里，中央美术学院与北京市建筑设计研究院合作办学的签字仪式在这里举行，因外出无法与会，故通过书面发言来表示自己衷心的祝贺！

随着我国建设事业的发展和加入世界贸易组织，作为服务贸易的建筑设计行业的竞争和需求日益突显。大量的建设任务，众多国外建筑公司的挑战，同时还要创造具有中国特色的先进建筑文化，要求中国建筑师要有全方位的应对，这里除了已有设计院体制的改革，设计单位组成的多样化，设计单位内部体制和机制的变化之外，建筑教学的改革，建筑师的培养和继续教育，教育和设计实践、工程实践的结合，也是其中的关键环节。所以这次中央美术学院和北京市建筑设计研究院的合作办学即是这种改革和探索的一次尝试，这充分表现了两单位领导改革的决心和远见卓识。

传统的中国建筑知识和技术的教习，一直是师徒相授，父子相传，严重地阻碍了建筑学的发展，而西方的建筑术自文艺复兴以后由匠人逐渐转到专业的建筑师手中，建筑教育也由文艺复兴时期的艺术私塾发展到巴黎艺术学院的模式。1648 年创立于巴黎的皇家绘画和雕刻学院，在 1819 年更名为巴黎美术学院，建筑专业为师徒工作室制度，它总结了文艺复兴以来建筑艺术的成就，对世界各国的教育产生了巨大的影响，直到 20 世纪 30 年代，其影响才逐渐减弱。代之的是 1919 年成立的包豪斯学校，他们把建筑、雕刻、绘画等艺术素养的陶冶与科学技术知识的教学融为一体，成为现代主义建筑思潮的发祥地。包豪斯的思想、方法以及所培养的人才影响了 20 世纪直到现在。

我国自 20 世纪 50 年代院系调整以后，建筑系多设立于工科大学，虽然在课程设置上对人文艺术学科有一定侧重，但学科设置上更重建筑技术、建筑科学的学习，创作自由的氛围和独立的学术思考也都不尽理想。如何在当前大好的建设形势下通过多样化的教育模式来适应经济和社会多元发展的需要，人们要对比作更深入的思考。我想这里并不是照搬或模仿已有的教育模式，而是要努力探索一条新路。据我所知，英国 AA 学院就是利用其独特的学制和教学方式，聘请了理查德·罗杰斯、詹姆斯·斯特令等名师任教，培养出了一批批诸如格雷姆肖、哈迪德、阿尔索普、科茨、蓝天小组中的普里克斯等活跃在世界各地建筑设计第一线的有特色的建筑师。中央美术学院和北京市建筑设计研究院的合作办学正是新形势下优势互补、相互融合交流的探索，希望通过院校合作和学术互动，通过国际交流，从艺术和技术层面进一步提高建筑师的创造力和想象力，扩大视野，增强竞争力，为培养出新一代的建筑师以及提高我国建筑设计的水准做出应有的贡献！

预祝合作办学取得成功！

"中国建筑100"丛书序

注：本文是为"中国建筑 100"丛书所作的序言（2004 年 7 月）。

这套由《建筑创作》杂志社策划承编的"中国建筑 100"丛书计划对在中国建成的现代建筑作品作系统介绍，使国内外能够更全面、深入地了解正在逐步走向世界的现代中国的建筑创作，并进而了解从事创作的中国建筑师的群体。

回顾中国建筑的发展历程，可以发现其中的一个重要特点：我们既有着源远流长、风格独特的古代木构建筑体系，同时又有百余年前才引进的新材料和新结构的技术体系中标。既有先秦以来"工官""算房""料房"等专门机构，有集设计、结构和施工为一体的"圬匠""梓人""都料匠"，又有近代由国外传入的自由职业者——建筑师，以及随之产生的打样间、事务所、设计院。无论是建筑技术体系还是职业体系，新的体系已经取代了过去的旧体系，成为建筑领域的主流，并对我们的创作、社会和生活有着越来越大的影响。

城市和建筑是人类文明发展到一定阶段的产物和标志。根据考古学的成果，距今 6000~4800 年间，我国就已形成了初现的城和聚落的形态，在距今 4700~4000 年间，是城的繁盛时代。公元前 5 世纪，春秋末齐国的《考工记・匠人》中专门记载了城邑和礼制的建设制度，包含了许多城市规划的内容。中国古代的建筑，除结构、材料、布局、空间、色彩等特点外，还反映了当时的政治经济、宗法等级和美学追求。这一持续了漫长岁月的建筑体系和技术体系在我国一直延续至明末清初，鸦片战争以后，新的建筑结构和建筑类型才陆续传入我国，如砖木混合结构、钢筋混凝土结构、钢和钢筋混凝土框架结构等。与表现出经验性的旧体系的"法式""做法"相比，新体系更具逻辑性和理论实验性，突破了传统法式的束缚，为建筑创作提供了更广泛的可能性。

从职业体系上看，古代的工官是城市建设和建筑营造的具体掌管者和实施者，他们集法令法规、规划设计、征集工匠、采办材料、组织施工于一身，只有到清代以后才出现专业分工的"样房"。当时的士子文人多关心功名利禄，而把建筑技术视为"形而下之器"，重道轻器，建筑技术主要掌握在口传心授、师徒父子相袭的工匠身上，一方面受到法式和条例的约束，另一方面许多技术常常人亡艺绝。而西方在文艺复兴以后，建筑术从匠人手中分离出来，转入有文化教养的人手中。尤其是产业革命后，建筑师成为一种专门职业：一方面要求职业建筑师必须受过专门教育和专业训练、掌握执业的技巧；另一方面建筑师要通过执业资格认证，确立法定地位，与业主签订契约，职业建筑师成为重要的协调和组织者。1894 年后外国建筑师开始进入中国，20 世纪初受过专门教育的中国职业建筑师陆续留学回国，1914 年前后出现中国人开设的建筑事务所，1949年以后又组织了设计院，形成了较完备的职业系列。随着城市建设的发展，建筑师逐渐成为人们熟悉的热门职业，相关的法律法规也逐步完善。

从科学和技术的观点看，新的建筑体系和职业体系都是首先由国外传入，在近百年的引进过程中，不断地标准化和规范化，一方面与国际接轨，同时使其适应中国实际，在建筑现代化的进程中很自然地为人们所接受，并在这一进程中发挥着越来越大的作用。

但建筑学本身除技术和建造的内容外，还有社会、文化和艺术的内容。建筑文化是民族文化的重要组成部分，中国古代建筑是中华文明的重要代表，除了其艺术特点和风格外，还蕴含了当时的政治经济、宗法等级、审美意识和内在精神。因此在现代化的过程中，现代化和传统的思想模式之间，即如何保证中国文化和文明的延续和统一之间不可避免要产生冲突。因此，百年来在形式风格上的探索、剪不断理还乱的学术争论持续不断。在早年被动和防御性的现代化过程中，关于中外文化的互动关系就有“中体中用”说，“中体西用”说，“西体西用”说，“西体中用”说，当然中西和体用也是无法截然二分，只是简约地概括当时的思想和思潮。回顾百年来的建筑思潮，在不同时期也出现过各种提法——“中道西器”“中国固有形式”“新的民族形式”“社会主义内容民族形式”以至“中国的社会主义建筑新风格”和“中而古，中而新，西而古，西而新”的分类。这里除了中国传统文化和西方近代工业文化如何结合的建筑现代化走什么道路的问题外，还包含了在当时的政治经济条件下，国门还不开放时许多超出建筑艺术本身的内容。有的学者指出：“民族形式就是一项与政治有关的建筑政策，它和政治思想、意识形态问题直接关联，涉及民族解放、阶级立场等大是大非问题，以至把建筑形式同国家存亡、民族荣辱联系在一起。”（邹德侬：《中国现代建筑史》）所以尽管几代中国建筑师做了极大努力，但建筑创作仍表现为“不堪重负”，更多地表现为折中的现实。随着中国的改革开放，全球化趋势的迅猛发展，人们对近现代思潮的总结和反思，对这些问题的看法也有了新的视角。

在过去历史上中外文化交流和冲突常被局限在文化层面和文化方向上的讨论，而现代化过程中的矛盾和冲突是一个全新的问题。尤其是经济发展对现代化的作用，适应经济全球化和科技进步加快的国际环境，把中国的发展和世界的发展紧密相连，需要更宽广的世界眼光。要触及世界科技和文化发展的最前沿，不仅需要有先进的价值观念，还要有科学的思维方法，能够吸收融合思想观念和知识成果的精华。民族文化样式的前途和生命力要看其不断发展和创造的程度，看如何去应对不断变化的需求和国际上的各种影响，更重要的是如何去跨越社会各群体、各阶层以及种种文化障碍来推动民族文化的独创性和创造力。建筑艺术也是如此。

全球化的过程既是世界各国经济互相作用、互相影响的过程，也是各国科技文化互相作用、互相影响的过程，没有科技文化的交流就没有发展。能够交流世界、吸纳世界、碰撞世界才能真正地域化、民族化、个性化和多样化。尤其是信息革命变革了通信工具和手段，开辟了传播和交流新时代。在这一过程中自然存在着支配和被支配的关系，一些国家把自己的价值观和生活方式作为普适的准则，充斥于物质空间、精神空间和交流空间，并以此作为衡量一切文化的尺度和标准，这样发展中国家将长期处于弱势地位。这是一个挑战与机遇并存，发展与风险并存的重要关头，因此通过经济结构的调整和发展经济，加快追赶的步伐，从而适应全球化的浪潮应该是主要的应对措施。而自主地有分析、有选择的现代化，则是双向交流中的关键所在。以我国的城镇化和建筑事业来说，面对市场开放和形形色色的思潮和主义，需要树立民族的自信心，进行科学的分析和选择。科学发展观的提出标志着结合中国国情的理性思考的日益成熟，这同时也是我们分析和选择的重要标尺。

本丛书收集的作品希望能集中、全面地反映中国的老中青各代建筑师，在改革开放和城市化大潮中，面对全球化的激烈竞争，如何克服在建筑技术和理念技巧上暂时的弱势，发挥文化上的博大精深和兼容并蓄的包容力，不断地保持清醒的头脑和旺盛的创造力，努力创作出具有原创性的建筑作品，在外来建筑文化的本土化和中国建筑文化的国际化的进程中所迈出的步伐。当然原创是种从无到有的创造过程，尤其表现在理念和思想上的原创性，在建筑创作中是最高的境界，是推动建筑事业发展的永恒的动力。原创性常常是和思维的跳跃性、逻辑过程的非连续性和极高的新颖度联系在一起。当然在一时还无法直接达到“原创”的层次时，我们也可退而求其次追求“改创”的层次。改创本身具有继承和发展双重因素，可以在前人基础上，通过更新和改造达到“推陈出新”，通过补充和完善使创作趋于完美，为今后的原创打下坚实基础。此前国际上对我国一些“前卫”“实验性”建筑师的介绍和报道，反映了我国建筑界的一个方面，但距全面表现我国建筑创作的成就还有较大距离，希望这套丛书能够起到重要的补充和推介作用，使我们自己和世界都能更好地了解现代中国建筑和中国建筑师。

在本丛书中相信还会收录一定数量的中外建筑师合作的建筑作品。应该说这也是外来建筑文化本土化和中国建筑文化国际化的必然过程。只要有了正确的分析和选择我们就可以在学习和竞争的过程中，不断充实、提高自己，才能有所前进和超越。

通过建筑谈西安的地域特色

注：本文是作者 2002 年在中国西安城市特色建筑风格研讨会上的发言，后刊于西安市规划局编《西安城市设计研究》（2004 年 7 月）。

西安、北京这两个历史文化名城本身有很多相似之处，也有很多不同之处，结合这个谈一点体会。

总的来说，我觉得西安市在历史文化名城保护和城市发展方面，做了大量的工作，而且随着新时代的发展，也有很多新的思路和发展。在动荡的年月里，西安能把历史与古迹保护好很不容易。当看到西安城墙仍保留在这神州大地上，再想想北京就有一点酸楚之感，因为北京的保护方面做得比较支离破碎。

一、现在面对的情况是我国的城市化冲击

从世界发展角度看，城市化是一个能够促进工业化，发展经济、发展现代化的一个主要道路。目前，我们国家城市化只有30%左右，整个世界的城市化水平是47%，中国随着经济发展，城市化冲击非常厉害。据中国科学院预测，到 2050 年，我们国家要有 6 亿的人口进入城市，到那时土地等资源够不够是个问题，这种城市化进程中，一方面人民生活有了改善，另一方面就是从理论上、实践上等各方面的准备都不足，在城市化冲击下，很多历史文化名城遗产都消失了，包括北京这种大跃进式的城市开发，对我们的城市是否合适，也是当今专家争论的话题，需要探讨。城市化当中比较突出的问题是很多城市没有结合自身情况作出具体政策，而是表现出一种“跟风”，“CBD 风”“广场风”等。要让每个城市各具特色，就要各有各的定位。

随着国民经济持续发展，城市对物质、财富等方面的追求胜于对精神、文化、历史方面的重视，城市有很多东西是不可再生的，城市不是一下形成的。我们现在比较喜欢搞 3~5 年就建起来的大开发，但搞出来的城市不是完整的东西。从这个角度看，西安要根据自己是西部开发中的桥头堡、欧亚大陆桥的重要城市、历史文化名城、十三朝古都及 3100 年的建城史来选择自己的定位。

二、关于城市特色和地域特色问题

这是一个比较综合性的问题，过去人们认为应该由建筑来表现，这给建筑师带来很大的压力。就西安市来讲，从天时地利看，最大的特点是十三朝古都，有众多文物遗存以及民俗文化等。所以，城市特色由地形地貌、城市结构和布局、标志性建筑、绿化等硬环境和城市的管理、城市的亲和力等软环境综

合在一起形成的。现在，城市很多方面没有“以人为本”，缺少亲和力。所以，这些综合性的因素构成了一个城市特色。

我们曾从建筑上讨论地域特色，例如高新园区内，建筑都是同样的外墙、同样的材料、同样的手法，在这种情况下看，我们陕西省同河北省、山西省等其他地方建筑能有多大距离的变化是比较难的。所以，我认为特色的问题要从另一方面考虑，例如在新区等内要盖一批新的、为我们现代的生活、未来发展所用的建筑，是不是还一定要考虑唐风、明清风等，我觉得倒不必了。其实新的民族风格就是在新时代形成的，只要老百姓觉得挺漂亮的，各方面都满意的，我觉得就建成我们自己的东西了。一个民族的建筑风格要成为世界的，必须具备先进的建筑文化，包含三个条件：科学性、进步性和独创性。所以，如何保持古城特点，有以下几个建议。

1

2

（1）唐长安范围，轮廓线通过绿化带标识。

（2）旧城里面高度控制。估计西安的高度控制可能是受北京城市高度控制的影响，我对北京的高度控制是有些看法的。在城市内 9m、12m 的使用，高度差几乎看不出来，加上分区范围的互相交错，不能显示其规则。如果可能的话，在旧城区内控制 1~2 个高度，旧城以外 100m 以内是绿化带。当然这是一种理想状态，所以关键是高度控制的力度。高度控制与树的高度相宜，要宏观地看待旧城区与新城区的关系。

（3）旧城改造使很多东西保留不下去，现在我们看到的景点，不论是北京还是西安多是些有名的皇家景点。实际上，很多城市的人文资源还没开发。我们可以像欧洲那样给景点赋予人文内容，使其点石成金。

（4）唐风、明清风的设计，不一定要很纯，允许多样化，只要被大家认可。

（5）城市建设要留有“余地”，为后人留下可发挥的空间。

（6）城市发展有它的规律，不必过分强调“九宫格局”，可以把它作为规划上大的理念考虑。

图 1. 西安市古建筑 1　　图 2. 西安市古建筑 2

面向未来营造中国住宅

注：本文是《中国城市》记者王超的采访稿，刊于《中国城市》（2004 年 9 月 23 日）。

中国风也是一种时尚

欧陆风、北美风或者中国风，实际就是一种时尚。现在已经进入多样化的社会，人们也逐渐接受了多元化，可以选择自己需要的东西。判断人居空间优劣要从不同角度出发。

从居住者、从市民的角度，他们真正追求的是什么？是良好的性价比，良好的使用价值，良好的物业管理。前段时间，开发商也好，主管部门也好，常常在精力投入和营造卖点上不得要领。在住宅中搞许多华而不实、中看不中用或不中看也不中用的东西，这都不是最主要的。

无论开发建设还是买房，看起来可能是集团行为或者个人行为，但是总的来说要服从国情。我国人口众多而资源稀缺，按照科学发展观，不能透支和过度占用社会资源，包括土地、材料能源乃至空间资源。比较科学的评价方式，应该从面积、体积耗能、成本等各个方面，衡量住宅开发是否符合国情。现在是我们城市化对住宅建筑影响很大，发展很快的时候，这个问题尤其要引起重视。等局面不可控制时再反过头来解决就很困难了。

建筑师应该考虑得更多。目前房地产市场上，正是从过去的单一产品供应发展到多样化供应。现在有选择余地了，但这种选择余地还不能满足我们社会的需求，因为现在还是商品房比较多，廉租房比较少，经济适用房比较少，大多数要改善居住条件的人还是可望不可及，对很多年轻人还是负担。目前大量的还是买房，这本身不正常，因为居民进行居住消费的主要方式应该是租房而不是买房。

多样化才可能满足居住需求

探讨如何营造适宜中国人居住的空间，应该先研究如何营造适宜人居住的环境。

首先要看城市是否适宜居住，现在有些超大城市就很不适于居住。另外，一个城市的营造是一个长期的经营过程，需要几十年、上百年。而现在的情况是，在城市管理和房地产开发中常常有一种大跃进的情绪，地方领导常常希望在任期内，3~5 年就发生一个大的发展，出现大变样。当然只要有财力，靠行政手段这种大变样也能实现，但后患无穷。城市发展有其自身的规律，是逐渐完善的，不能不尊重。我看到有些地方为了绿化从外地移植大树甚至古树，成活率极低，损人不利己，这是典型的急功近利的做法，表现了一种极不正常的畸形心态。

当然，更主要的还是人，人的素质和精神境界的问题。其实，中国传统中理想的君子国，大家都是礼尚往来，相敬如宾的。但是现实中又如何呢？人们常常很注重私利，自私短视。

在房地产市场上的住宅产品，不是要回到传统，也不是要西化，而要根据市场需求多样化。

居住方式与时俱进

居住方式是随着时代变化而变化的。

近日，有记者问我，如果买房，会选择集合住宅还是独立住宅。我选集合住宅。第一，有安全感；第二，具备与邻居交往、建立良好邻里关系的可能；第三，有利于节能、节地，比较适合中国国情；当然也便宜。过去说传统建筑，就理解为大屋顶、木结构、四合院，等等，这也只是过去传统的一个表象。

首先，传统是发展的。人的生活在发展，人的思想在发展，传统也在发展，会不断形成新的传统。时代不同，传统也有新的内涵。

其次，就建筑而言，更多的还是要面向未来。因为它要为现在和未来服务，即便要吸取传统的精华，也是以此为出发点。中国文化和文明传统更主要的是在精神层面的内容，它在生活中无所不在。汽车够新，但这么新的东西也要分出三六九各种区别，这是过去等级制度传统在汽车上的体现。

实际上，建筑师是一个协调者，是一个组织者，是一个生活的组织和创造者。

过去我们走的是一条表面化的道路，譬如屋顶用琉璃瓦，或者用些特别的构件或比较形象的东西。这是不是继承？我觉得不完全是。很多外国建筑师到国来，为投中国所好，也用这样的方式。大家可能注意到很多外国建筑师的作品，借用二龙戏珠、大鹏展翅、步步高等意象，还有什么周易的六十四卦等。我觉得这只是一种表面的东西。对自己的传统，世界的传统，需要很好地了解、消化、吃透，然后变成自己的东西再拿出来，而不是生吞活剥，拿出来就使上了。对现代中国建筑师来说，恐怕责任更重，虽然处于比较浮躁的环境，这样做存在一定困难。

《创作者自画像》序

注：本文是《创作者自画像》一书的序言，机械工业出版社 2005 年 7 月出版。

国际建协第 22 届世界建筑师大会在土耳其的伊斯坦布尔召开之际，中国建筑学会建筑师分会和《建筑创作》编辑部共同编印了这本《创作者自画像——中国青年建筑师·当代中国新作品》，这既是对中国青年建筑师的现状做一个简要的概括，同时也是了解中国青年建筑师的重要索引。

1

随看中国经济的发展和城市化的进程，有越来越多的人口从农村进入城市。中国的城市化程度从 1952 年的 13% 发展到 1980 年的 20%，用 28 年的时间增长 7%；但从改革开放的 20 世纪 80 年代的不足 20% 发展到 2000 年的 36%，只用 20 年时间就增长了 20%，城市人口已接近 4.6 亿。如果中国的城市化进程按每年增长一个百分点计，那每年就要有 1300 万 ~1500 万人进入城市，因此中国的城市和村镇正以前所未有的速度进行着建设。据统计，2004 年中国城市的年建设总量为 8 亿㎡，农村的年建设总量也是 8 亿㎡。这是多么惊人的规模。蓬勃发展的建筑事业为中国建筑师表现自己的才智提供了绝好的舞台，而经济的全球化和加入世界贸易组织后中国建筑市场的开放，同样为国外建筑师进入中国市场提供了机会。20 多年来，我们已经形成了中外建筑师彼此了解，互相交流，彼此既竞争又合作的局面。

与中国建筑师对一些发达国家建筑师和事务所的了解相比，外界对于中国建筑师的了解相对来说就少得多。即便在一些国外期刊或展览会上偶尔有一些中国建筑师及作品的介绍，也常常难以比较全面而准确地反映中国建筑界的情况。这里的原因是多方面的：有语言文字上的隔阂；有国内业界对此重视和投入不够；有西方用西方中心论的眼光来看待发展中国家的偏见；有因中国幅原辽阔，而人们常把目光集中于沿海地区，忽略了其他地区；也有我们的建筑评论还不够繁荣、多样……但人们已经开始重视这一问题。本书就推出了中国 25 个省市和地区的 92 位建筑师及其作品的介绍，不能不说是一次十分有益的尝试和努力。

在本书中收入的建筑师都是出生于 1956 年以后的中青年建筑师。按照中国建筑界常用的分代的方法，第一代建筑师是毕业于 1910—1931 年间的留学生；第二代是 1931—1955 年间的大学毕业生；第三代是 1955—1966 年的毕业生。第二、三代建筑师中有国外留学经历的比较少。由于众所周知的原因，第三代和第四代建筑师间有着将近十年的断层，本书所介绍的建筑师。就应该属于第四代，甚至是第五代建筑师了。

图 1.《创作者自画像》书影

他们在中国改革开放以后遇上了良好的建筑创作大环境，有较多的实践机会，有较好的去国外交流和学习的条件，同时随着设有建筑系的大学由原来的“老八校”增加到全国的一百多所，其队伍也越来越壮大。随着设计体制的多样化，除各地原有的大、中型设计院继续发挥着重要的引领作用之外，集体或个人的设计事务所也在不断的成长过程之中。而本书中所介绍的建筑师经过十几到二十多年的实践，许多人已经取得了十分可观的业绩，在国内外都具有了一定的知名度，同时也成为设计院或设计公司、设计事务所的技术骨干或管理骨干，成为主要的业务或行政负责人。他们已经成为我国建筑创作的主力军，而且他们现在正处于年富力强时期，随着设计实践经验的丰富和技巧的熟练，必将在今后一段时间内继续发挥他们的作用。

由于中国的建设需求，当前建筑师已经成为热门的职业，社会各界对于城市和建筑的关注程度也越来越高，甚至许多业外人士出于对建筑的兴趣或其他什么原因也要涉足建筑行业，“玩”上一把。但需要指出的是，建筑师应该是具有高度敬业精神和社会责任感的职业，需要专门的职业技能和专业训练，需要对业主和用户负责，并需要经过考试的执业资格，正如国际建协的定义：“建筑师通常是依照法律或习惯给予一名职业上和学历上合格并在其从事建筑实践的辖区内取得了注册／执照／证书的人。在这个辖区内，该建筑师从事职业实践，采用空间形式及历史文脉的手段，负责任地提倡人居社会的公平和可持续发展、福利和文化表现。”因此本书收入的人选条件应该是中国建筑学会的会员，还应符合国际建协所指出的，“建筑师职业的成员应当恪守职业精神、品质和能力的标准，向社会贡献自己，为改善建筑环境以及社会福利与文化所不可缺少的专门和独特的知识和特征。”在当前相关的规章、制度、标准和执业环境还不规范的时刻，更应该强调建筑师的道德和行为标准，要考虑对社会公众、对业主、对同行、对职业本身的责任和义务。

中国的青年建筑师是一个正在不断成长和发展的群体，为了创造中国的现代建筑文化，把中国的整体建筑水准加以提高，这支队伍需要在当前的大环境中作出艰巨的努力。从本书所反映的设计作品中，既可以看出这些建筑师在创作探索过程所表现出的激情和才华，同时也反映出在一些方面还不够自信和成熟，创造力和想象力还未得以充分展现。尤其面对当前光怪陆离的大千世界，如何保持清醒的判断和选择，是每一个建筑师面临的考验。记得英国《卫报》（12 月 15 日）在评价 2003 年的建筑设计时写道：“故弄玄虚的结构设计和五光十色的审美趣味是这一年的风尚。如变形虫一般难以名状的建筑与弗兰克·盖里设计的洛杉矶音乐厅一类古怪的杰作争相辉映。仿佛试图说服我们，当代建筑就是这么一场大家彼此炫耀，看谁造型更时髦的昂贵游戏……”在经济全球化和信息化的时代，当前中国的许多工程项目也被卷入了这场昂贵的游戏之中，也引起了业内和社会的关注。面对着已有 13 亿人口（还在继续增长中），人均国民收入刚近 1000 美元（但穷富地区相差近 5 倍），资源和能源都极度缺乏的发展中的中国，我们国民经济主要支柱产业之一的建筑业到底应如何发展，走什么样的道路，是当前建筑师面对每一个工程时必须思考的课题。“有什么样的发展观，就会有什么样的发展道路、发展模式和发展战略，就会对发展的实践产生根本性、全局性的重大影响。”面对严峻的市场竞争，面对被扭曲的市场导向，还是《卫报》上所说的，“所有这些新建筑都在想方设法把我们禁锢在最世俗的考虑上：赚钱、花钱，再赚钱、再花钱。”中国的建筑师在这种时刻更应清醒地认识到自己的职业行为准则和社会责任感。

相对于中国广大的地域、市场和众多有才华的青年建筑师来说，本书所反映的建筑师还只是这个群体中有代表性的一部分，相信今后会有更多的建筑师在这个大舞台上展现自己的理念和才华，并为世界所了解。

电影与建筑

注：本文原刊于《建筑创作》（2005年12期）。

1

电影是一个十分有趣的文化现象。1895年12月28日法国人卢米埃尔兄弟在巴黎公开放映他们用胶片摄制的活动影片；1896年8月11日“西洋影戏”第一次在中国上海放映；1905年，北京的丰泰照相馆拍摄的戏曲片《定军山》标志中国电影的起步；1913年郑正秋、张石川编导的《难夫难妻》成为中国第一部原创故事片……舶来的电影艺术就这样迅速介入了中国人的生活，并成为一种喜闻乐见的大众艺术。从20世纪以来，其普及范围之广，发展速度之快都是人们无法想象的。中国电影的百年沧桑，有辉煌，有曲折，也有困境。

人生的历程中可能都会有当过“影迷”的记录。那时我们和电影接触最直接的媒介就是电影院，并通过这里，部分地见证了中国电影事业的进程。那时的北京影院建筑十分简陋，在东城区有平安、蟾宫、长虹、真光，后来20世纪50年代展览馆影院的建成就被认为是十分现代的影院建筑了。在这里我们看到电影艺术家们创造的一批社会主义经典电影，那时的电影以政治功能为主体，是“教育人民，打击敌人的有力武器”。我还曾在南河沿中苏友协的放映厅里看过《雁南飞》《第四十一》《一个人的遭遇》。那时也不明白为什么有的影片就受到了批判，为什么就成了“反面教材”。在“文革”后期，也曾见证了样板戏的电影模式。那时把教条化的阶级斗争转化为“三突出”的美学原则，反复灌输，成为那段时期填充人们精神饥渴的唯一乐趣。改革开放以后，随着经济的发展，国门的放开，文化产业的体制改革，市场化运作的转型，出现了变革与多元的新时期电影，电影在创作上也获得了较大的自由空间，出现了主旋律的娱乐化和娱乐化的主旋律，电影文化的大众文化形态日益突出。也许是电视等多种传媒手段的冲击，也许是对国产影片的不满意，2004年五大城市调查表明：有46.6%的观众认为影院不景气的原因在于影片质量低劣。我们和电影疏离起来。电影正在走向小众文化。

图1. 原北京真光电影院入口

2

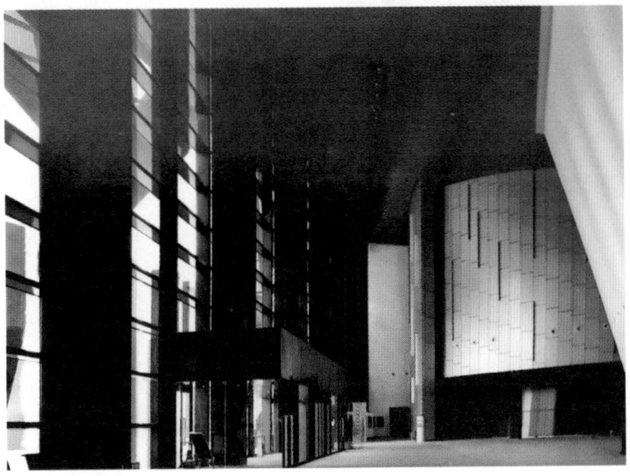
3

4

在北京市人文文化建设中列入了中国电影博物馆这个项目，电影艺术通过博物馆建筑这个中介又和我们发生了联系。电影艺术和建筑艺术作为公共艺术和大众传媒的组成部分，在创作思考、造型、构成制作、信息传播方面有许多相通之处，此外还有许多有趣的相似之处。

电影和建筑都属于创造型的大众艺术。当前世界创造型产业正在日益扩大，其增长率远远超出传统的服务业和制造业。日本曾提出以下行业均属于创造型知识产业：广告业，建筑和土木服务业、设计业，电影录像业，音乐和影像产品的制作、销售、租赁业，音乐与舞台艺术业，电脑软件业，广播电视业等。

由于中国电影的政治功能，这一事业受到了政治家们的极度关注，并不断被卷入政治斗争的旋涡中，有时甚至成为政治斗争的晴雨表。从《武训传》《清宫秘史》开始，《北国江南》《早春二月》《舞台姐妹》直到《创业》《海霞》，可以列出一大串名单。而“在中国现代建筑中，政治因素影响强度之大，持续时间之长，世界范围也算少见”[1]。在新时期中，又都面临新的表现形式。

电影和建筑都是文化的载体，由于中国和国际社会的联系日益密切，因此都被纳入了全球化的大潮之中。面对西方的强势经济和文化，西方的意识形态、文化理念、价值观念也极大地影响着我们的民族想象和文化认同。电影和建筑艺术都面临着绝好的机遇和严峻的挑战，电影艺术家和建筑师都肩负着创造中国先进现代文化的重任，并应在这一进程中成为创造的主体。

图 2. 电影博物馆入口　　图 3. 电影博物馆门厅　　图 4. 电影博物馆内景 1

5

电影和建筑同样也面临着各自的尖锐问题。电影业面临票价虚高、资金短缺、缺少优秀剧本、盗版屡禁不止等问题。去年中国电影故事片生产 212 部，但如与电影票房收入及中国人口相比，中国还是一个电影小国。2004 年国内电影总票房也只有 15 亿元，人均消费 1.15 元，电影陷入了恶性循环的怪圈。而建筑业也面临恶性竞争、粗放作业、急功近利、无章可循的局面。总之市场极不成熟也不规范。

电影和建筑艺术的出路都在于回归大众和创新，在于发现、培养和扩大自己的潜在优势，并由此来加强自己的自信心和壮大自己的生命力。虽然电影是一种国际性特别强的文艺样式，也有的评论指出："过于急功近利的中国电影人已经很难从中国文化的沃土中汲取营养了,他们已经习惯于向好莱坞看齐，看人家的脸色下菜。"[2] 但中国有几千年来相对独立的文明历程，悠久而丰富的文化传统，除去题材和表现的资源外，还有审美观和价值观的文化参照和互补。最近建筑理论家张钦楠先生精辟地指出："一个民族或一个地域的建筑特色，来源于对本国、本地建设资源的最佳利用。"[3] 中国电影人通过参加国际电影节而获得国际性的声誉和地位要比我国的建筑艺术表现更为突出，许多电影的第四代、第五代以至新生代的导演已为国际影坛所熟悉，有了较高的知名度。当然由于这些电影节表现出对非主流个性影片的偏爱，对边缘文化的重视，与我国一些建筑师参加国外艺术展的情形也有相似之处。也有评论认为："当一个民族和一种文化由于经济、政治的弱势而缺乏充分的自信时，国际化是一种巨大的诱惑。它意味着通过国际认同，能够为自觉或不自觉地用所谓国际'它者'参照来评价本土化文化大众乃至社会精英提供一种价值判断的暗示。"[4]

电影艺术和建筑艺术都具有大制作、大投入的特点，都需要较长的创作周期，也需要有配合默契的创作集体，对于创作技巧和销售包装也有严格的要求。更为有趣的是这两个专业都有十分热心的非专业"票友"的投入，有时还能出现一些预想不到的效果，不过建筑行业的准入和执业要求可能会更严格些。

电影博物馆是用建筑来表现和浓缩电影艺术的历史、技巧、流派和审美，以至成为明星人文的一次重要尝试，为我们增加了一个能够和电影艺术零距离接触的场所。我们一方面需要像影视城、环球影城那样娱乐性很强的场所，同时也需要"不追求赢利，为社会和社会发展服务的公开的永久性机构。它把

图 5. 电影博物馆内景 2

收集、保存、研究有关人类及其环境见证物当作自己的基本职责以便展出，为公众提供学习、教育、欣赏的机会”[5]。在这里我们可以受到有关历史、文化、艺术、传统、社会、民俗等方面的非程序性教育，这种潜移默化的非程序性教育，对于培养优秀人才，对于提高人的素质和审美水准都是绝对必要的。加拿大一位教授最近指出：“博物馆是基于科学和社会的观念而建设的。就世界范围而言，博物馆提供的是意义与快乐，或更准确地说是产生意义和体验快乐的地方。它通过为观众构建空间与实物引发他们进行思考和作出反应。”[6] 希望中国电影博物馆在中国博物馆建设的热潮中不仅成为一个参观博物馆，更是一个体验博物馆、享受博物馆。

参考资料：

[1] 邹德侬 . 中国现代建筑史 [M]. 北京 : 中国建筑工业出版社 ,2010.

[2] 人民政协报 ,2005-11-16.

[3] 张钦楠 . 特色取胜 [M]. 北京 : 机械工业出版社 ,2005.

[4] 尹鸿 , 凌燕 . 新中国电影史（1949—2000）[M]. 长沙 : 湖南美术出版社 ,2002.

[5] 国际博物馆协会关于博物馆的定义。

[6] 大众科技报 ,2005-10-20.

曲扇临风话原创

注：本文是作者为中国建筑工业出版社的“2008 北京奥运建筑”丛书的国家体育馆专卷所撰的长文。本次补充了插图。

2008 年的北京第 29 届夏季奥运会设置了 28 个比赛项目，共需 37 个比赛场馆。在这些场馆中有 4 个是万人以上的室内体育馆，分别是国家体育馆（竞技体操、蹦床和手球比赛，1.8 万座席，新建），北京奥林匹克篮球馆（篮球，1.4 万座席，新建），首都体育馆（排球，1.8 万座席，改扩建），北京工人体育馆（拳击，1.2 万座席，改扩建）。在奥运会举办的历史上，主办城市一般都是提供 1~2 个万人以上的室内馆，如此前的雅典奥运会，主办方提供了可容纳 1.7 万和 1.3 万观众的两个体育馆；悉尼奥运会新建了 1.5 万观众的超级拱顶；亚特兰大奥运会则新建了 7.5 万座席的乔治亚体育馆，赛时一分为二，分别进行篮球、手球和体操比赛。在奥运会历史上，洛杉矶奥运会在大洛杉矶地区有 4 个万人以上的馆，

1

图 1. 国家体育馆鸟瞰

2

3

像北京这样在城市中集中提供 4 个万人以上室内体育馆，可以说是空前的了。这一方面可能缘于各相关国际单项组织对北京奥运会提出了较高的需求，另一方面北京主办方力争举办一届“有特色的，高水平”的奥运会，于是在硬件设施的提供上尽可能加以满足。本书所介绍的国家体育馆就是在奥林匹克中心区，与著名的“鸟巢”“水立方”鼎足而立的一个重要设施，奥运期间在这里有 18 枚金牌供世界各国运动员角逐。

按照我国《体育建筑设计规范》的分类，万人以上的体育馆属于特大型体育馆。由于其比赛使用要求高，观众数量大，技术复杂，以及经济和运行因素等原因，我国万人以上馆的建设一直比较谨慎，因此其数量也十分有限。改革开放以前的万人馆有 1961 年建成的北京工人体育馆，1968 年建成的首都体育馆和 1975 年建成的上海体育馆 3 座。改革开放以后，随着经济实力和社会需求的增长，以及相关城市展示自己面貌的需要，自本世纪起举办全国运动会的城市陆续兴建了几座万人以上馆，如 2001 年九届全运会时的广州体育馆（10018 人），2005 年十届全运会的南京体育中心体育馆（13000 人），2010 年十一届全运会济南体育中心的体育馆（12000 人）正在建设中，据称深圳为迎接世界大学生运动会准备建 1.8 万观众的馆。加上北京奥运会新建的两座万人馆，看来此种规模的体育馆随体育商业化、市场化的进展，商业运作的逐步成熟，加上经济实力的充实，或许还有各地跟风攀比的心理，估计此后万人馆的建设会有进一步增加的趋势。

在奥林匹克中心区三大件的建设和对外宣传中，主要的目光集中于“鸟巢”和“水立方”，对于国家体育馆着眼的篇幅较少。在后奥运时代重新检点我们的奥运场馆建设时，我以为对国家体育馆还需要多写上几笔。

就笔者所知，国家体育馆的方案选择和最后确定经历了一个比较曲折漫长的过程。在奥运会申办成功后和奥运建设的初期，人们还沉浸在要办一届“最出色的奥运会”的极度兴奋和热情之中，奥林匹克中心区规划方案的选定，国家体育场和国家游泳中心方案的选定都是在很短的时间内即做出了最后的决

图 2. 国家体育馆外景　　图 3. 国家体育馆入口

定并于2003年12月24日开工建设。而国家体育馆则采取了项目法人投标的形式，将体育馆和奥运村捆绑在一起，由项目法人来负责项目的设计、投融资、建设以及运营。这充分调动了投资方的热情，在17家竞争的基础上，有5家联合体进入了第二轮竞标，最后以北京城建投资发展股份有限公司为代表的联合体中标，这时已是2003年9月。当时联合体提出的推荐方案是由外方设计的，其体育工艺流程也通过了奥组委的审查，但在专家的评审中对该方案的造型、用材、色彩、设计及施工难度等方面都提出了质疑，上级主管部门也认为“设计方案存在较多问题，人们在现行方案中已经更多地关注实用、造价以及现实性，因此方案必须作出重大调整。”

在首都规划委员会主持下，以北京市建筑设计研究院和北京城建设计研究总院为主，对方案进行了多次优化调整。由于中心区的国家体育场和国家游泳中心早已确定了称之为“鸟巢”和“水立方”的方案，其造型和用材具有很多特点，极引人注目，这为体育馆的构思带来很大难度，设计师面临巨大的压力。为造型的新颖奇特也曾进行过多次探讨，但建筑师们最后还是很准确、恰当地掌握了建筑的定位和表现的分寸。从奥林匹克中心区的总体规划看，其中央是北京城传统中轴线延伸的景观大道，大道东侧是承担奥运会开闭幕式重任的“鸟巢”和龙形水系，大道西侧是分割成规整区域的建设用地，除南段的古建筑娘娘庙外，由南向北依次将建设游泳中心、体育馆和会展中心，与鸟巢65 m高的马鞍形造型相比，其西侧建筑理应更为规整、舒展，更能展示规划和城市设计上的秩序和控制。因此在“水立方”之后，国家体育馆和会展中心都选用了轮廓规整、造型舒展的方案，我以为这一决定还是正确并具有全局眼光的，国家体育馆在2004年1月选定了曲扇临风的方案。

国内的城市建设在城市空间和群体组织上有过大量正反面的经验教训。我们许多城市对于规模较大的项目动辄就要以“标志性”来要求，使得建筑师在创作时在个体造型的新奇、引人上下功夫，反而忽视了群体和城市整体面貌，最后形成了杂乱无序、争奇斗艳的混乱局面。国家体育馆方案选定的过程，充分体现了考虑中国国情和理性务实，体现了城市规划中的全局控制与协调，体现了决策过程中的科学精神；尤其重要的是为中国建筑师表现自身的创造力和想象力，提高中国建筑师的竞争力提供了表现的机会，创造了重要的平台。要知道奥林匹克中心区的4栋主要建筑，国家体育场、国家体育馆、国家游泳中心和会展中心之中，除体育馆外，其他3项都是由外国设计师和中国设计师联合团体设计完成的，固然中国建筑师也发挥了重要作用，但国家体育馆从建筑方案、初步设计、施工图设计以及施工、材料选用全部由中国建筑师和工程师独立完成，属于完全拥有独立知识产权的自主创新工程，是走中国特色的自主创新道路的一次重要的实践，是十分难能可贵的。党的十七大报告提出：“提高自主创新能力，建设创新型国家。这是国家发展战略的核心，是提高综合国力的关键。要坚持走中国特色自主创新道路，把增强自主创新能力贯彻到现代化建设各个方面。”从这点出发，我以为应对国家体育馆在自主创新上所做的努力以及所取得的成就进行广泛的宣传，而此前有关于此的工作做得远远不够。

在自主创新过程中，对于消耗大量资源的建设行业，专家们就提出，面对我们的资源禀赋，我们必须选择资源节约型的发展模式，选择适合中国国情的适宜性技术。国家体育馆的设计和建设过程对此进行了有益的尝试。我们试举其中几例。

国家体育馆的弧形屋面采用了当前国内外空间跨度最大的“双向张弦空间网格屋架结构体系”，其

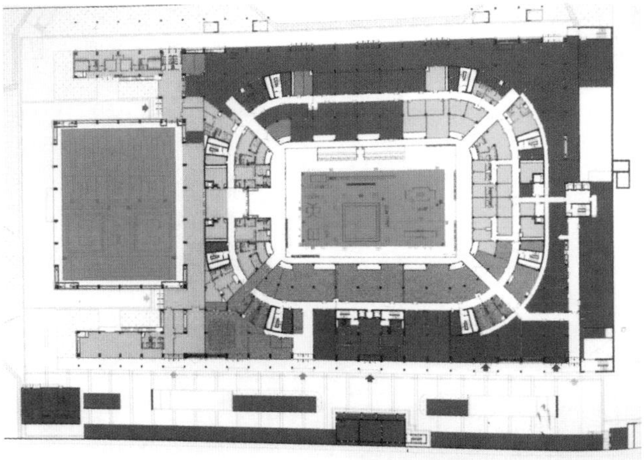

4

5

6

7

8

图 4. 国家体育馆首层平面　　图 5. 国家体育馆外景局部　　图 6. 国家体育馆比赛大厅
图 7. 国家体育馆门厅　　图 8. 国家体育馆门厅内景

平面尺寸为 144.5 m × 114 m。我国此前在一些机场航站楼、会展中心等处多采用平面张弦结构，即以刚性构件为上弦，以柔性的高强索为下弦的混合体系，而自国家体育馆始，采用双向正交结构，并自主设计了多处创新性连接节点，总用钢量 2800 t，与外地另一相近规模的万人馆（外方设计）相比，节省用钢量近 1/3。工程技术人员对此进行了整体模型和节点试验，在屋架体系施工中应用了带索同步累计滑移和双向预应力索对称张拉等先进施工技术，同时对结构进行永久健康监测，从而使这种结构形式通过国家体育馆工程取得了重大突破，被专家们评论为“这种轻盈优美、受力合理、用材经济的空间结构形式已被认识到是大跨度结构方案的合理选择，反映了设计者试图以更理性的方式来贯彻适用、经济、美观的理念”，“具有很高的科技含量”。

国家体育馆 100 kW 并网光伏示范电站是由国家科技部立项的“十五”科技攻关项目，2005 年 9 月立项，2007 年 12 月完成并网运行。其原理是利用太阳能电池半导体材料的“光伏效应”，将自然界用之不尽的太阳辐射能直接转换为电能的一种新型发电技术，直流电能通过并网逆变器转换为交流电能送入低压电网。其总安装容量为 102.5 kW，安装面积约 1000 ㎡，其中 97.5 kW 常规光伏组件安装在屋顶，5 kW 双玻中空光伏组建安装在南门上空的幕墙上，采用自主研发生产的单相并网逆变器 28 台，发出的电能供 2 万㎡地下车库照明负载。这是我国第一个与体育场馆结合的太阳能发电系统，在其 25 年的寿命期里累计可发电 232 万 kW · h 时。这不但兑现了我们在申奥时提出的光伏技术应用承诺，同时可节约标煤 900 t，减排二氧化碳（CO_2）约 2300 t，是奥运三大理念的重要体现，有助于提高国民的环保意识，节能意识。

国家体育馆的高性能金属屋面也是其提高设计品质的重要内容。屋面除防水、雨水收集的功能外，还要考虑保温、隔热甚至降噪隔声的功能。由于体育馆将来多功能使用的特点，对隔声降噪提出了较高的要求。南方某万人馆由外方设计，就是没有考虑屋面的遮光降噪，给在多雨的南方使用带来很大不便，国内此前大部分体育馆屋面也未解决这一难题。体育馆采取了降噪层、保温层、隔声层分设的 7 层做法，较好地解决了这一难点，其技术原理已推广到奥运的其他场馆之中，同时也为金属屋面的更广泛利用提供了很好的前景。

此外国家体育馆采用中央液态冷热源环境系统，以采集浅层地能技术为核心，运用系统集成技术开发实现供热、供冷、供生活热水的节能环保系统装置，系统运行中没有污染排放。建筑夜景照明形式采用网格背投 LED 发光板。地下室抗浮压采取工业废料钢渣，消纳了工业废料，发展了循环经济。对雨水的充分利用可以缓解水资源的紧缺，减轻排水压力，改善生态环境。这些适宜技术的运用从各个专业体现了绿色建筑。

国家体育馆在设计和施工中，正是牢牢抓住了奥运的三大理念，考虑了资源节约、适宜技术和适宜材料，重视了中国国情，真正做到了注重实用，朴实而不张扬，实效而不奢华，其技术成果便于推广利用，不致成为孤例。与其他的大型奥运场馆相比，国家体育馆从 2005 年 5 月 28 日开工，到 2007 年 11 月 15 日竣工，前后只用了两年半时间，可说是又好又快。对国家体育馆工程有许多深层次的问题有待于进一步认识。

奥运会结束以后，国家体育馆和其他场馆一样，也面临后奥运时期的考验。但相对而言，体育馆的赛后利用可能要更乐观一些。更何况在方案之初设计者就充分考虑了赛后的多功能使用，如比赛馆和练习馆的有机结合和适当分隔，既便于高水平的国际比赛，也利于赛后的全民健身等不同使用用途；馆内比赛场地采用自流平水泥地面，便于体育比赛之外的承重使用，等等。我们期望国家体育馆业主方在赛后利用上总结更成功的经验。当然也应该看到不利因素。由于北京同时有 4 座万人以上的室内馆，因此也面临着激烈的市场竞争，这里就有各方面条件的比较，包括地理位置、交通和停车条件、服务和管理水准、灵活应变适应能力，甚至包括商业营销策略，以及体制上的深层次问题。

最后还要谈一点题外的话。随着北京奥运会的辐射效应，随着美国 NBA 号称要在中国的 12 座城市建 12 座 NBA 风格的篮球馆和娱乐城，随着基本建设投资的松动，大型馆的建设可能会引起群起仿效的风潮。对于这样一个大型投资项目，与体育场项目不同的是体育馆更多地要考虑商业化运作，因此首先必须有周密的市场调查与市场分析。如亚特兰大乔治亚体育馆在最初设计时就考虑了 NBA 比赛时的 7.5 万观众，并作为老鹰队主队的市场分析。其次要有富有市场运作经验的管理团队的策划。如五棵松奥林匹克篮球馆与美国的体育场馆娱乐营销 AEG 集团建立了战略合作伙伴关系，这样就能提出合理的商业计划书，另外需要体制和机制的改革和创新。同时把房地产开发和体育场馆结合解决融资和运营。国外成熟的体育俱乐部的运营和成熟的各类联赛机制，有没有人气很高的主队加上国外冠名权和豪华包厢的开发等，这也常常是我国时下十分欠缺的部分。当然在万人馆的设计上也必须有新的思路和创造，从国外经验看，在场地、座席、顶棚的灵活与变化上，都是大有文章可做，

2008 年 11 月 15 日

故韵新声费苦心

注：本文是为中国建筑工业出版社“2008北京奥运建筑”丛书《故韵新声》卷所撰的文字（2008年11月），本次补充了插图。

《故韵新声》是中国建筑工业出版社“2008北京奥运建筑”丛书十卷本中的一卷，集中表现这次奥运会的改扩建场馆，严格说就是一个利用原有设施的合集，这里面实际上反映了许多需要思考和分析的问题。

首先要从奥运会本身说起。夏季奥运会是全世界规模最大的综合运动会，从1896年第一届奥运会所设的9个比赛项目开始，到一百多年后的今天已经发展成为有近30个比赛项目的众多比赛内容，其中项目时有增加、更换，如高尔夫、垒球、马球、橄榄球等，到目前国际奥委会将举办项目固定在27~28个，这样一来对于主办城市来说，除去比较特殊的水上项目、马术项目以外，还必须提供主会场、足球预赛场4~5个，万人以上的体育馆2~3个，万人以下的室内馆8~10个，室外场地9~10个，室内或室外游泳设施1~2个，还有训练场地若干。这样大量的体育设施仅供不到20天的大会使用，的确对于主办城市形成了巨大的压力。在国际奥委会看来，必须具有一定规模的城市才有能力举办奥运会（不一定是首都）。如在申办2012年奥运会的9个城市中，德国莱比锡很快被淘汰出局，就是因为莱比锡只有50多万人口。国际奥委会认为“一座人口少于150万的城市要想承办全球规模最大的体育盛会——奥运会是非常困难的”。除了其接待能力外，其原有体育设施的承接能力和兴建大量新设施在奥运会之后也会带来问题。因此主办城市的原有可利用设施情况和政局、交通、安保、接待能力等因素一起，成为国际奥委会选定主办城市必须考虑的条件之一。这里最突出的例子就是1984年洛杉矶奥运会，在24个比赛项目共需提供23个比赛场地中，组委会只新建了两个设施，即位于南加利福尼亚大学的室外游泳跳水设施（11000座席），加州大学的自行车比赛场（8000座席），其原有设施的利用率高达91.3%。当然这也缘于美国洛杉矶体育设施的水准较高，有大量符合奥运会比赛标准的设施可供选择。一些发达国家，体育运动商业化、产业化程度较高，在申办上就会有一定优势，如巴黎在申办2012年奥运会时就声称有60%的场馆可利用已有设施，莫斯科则强调已举办过奥运会，并有世界级的设施。而在北京申办奥运会时，国际奥委会对现有设施的评价则是“可能需要大规模地改进才能达到举办奥运会的要求”。

再从奥运会场馆建设的历史看，也有主办国为取得成功而不惜工本的实例。1976年蒙特利尔奥运会由于大兴土木，以及经济、管理方面的原因，工程费用远远超出预算，成了奥运会建设史上的反面教材。尤其近年来，奥运会的规模越来越大，参与的运动员和媒体记者越来越多，其前期投入和运行费用越来越高，技术和设备要求更先进，在取得投入和盈利之间的平衡上也让国际奥委会煞费苦心。尤其是新任国际奥委会主席雅克·罗格上任以后，多次强调他的目标之一“就是削减奥运会的费用、规模和复杂程度”，并成立了专门的委员会对“瘦身”进行研究。国际奥委会官员迪克·庞德在2003年曾提出了119项建议，其中涉及场馆建设的就有：“技术特点相近的项目共用场馆设施”，“优先使用已有体育场馆，更多地采用临时建筑。兴建新的场馆的前提是，奥运会后主办城市仍需要这些设施”，“合理规划场馆设施的规模及数量”，“采用集中修建场馆的方式，这样比分散修建更为经济”，等等。伦敦早在2004年开始申办2012年奥运会时就明确放言：“我们从雅典奥运会吸取到一个教训是，只有需要的场馆才去建设。”北京奥运会从申办成功到场馆开始建设，其场馆计划也数度修改，尤其是在2005下半年开始进行优化调整。当初申办报告中提出的37个比赛场馆，新建22个，改扩建5个，直接可利用设施10个，经过“瘦身”之后，37个比赛场馆中，新建16个，改扩建和已建13个，临时建筑8个，其中新建场馆比例由原来的59.5%下降到了43%。

相比之下我国国内的许多全国或省际赛事，或沾上国际的赛事，都有着“喜新厌旧”“弃旧图新”的倾向，好像利用了原有场馆就显得“没有档次”“没有面子”，只有花大钱，赶工期建个新的才能算是“大手笔”“新思路”，具体事例此处不再详述。这样一来在体育赛事，尤其是大型赛事中如何充分挖掘潜力，利用原有设施已不单纯是花不花钱的经济问题，而是如何统筹建设，可持续发展，合理利用的价值观、发展观的问题，是一种精神，一种理念，我们常常在宣传我们建设新成就的同时，忽视了这种理念的宣传和弘扬。

从体育建筑或设施的设计和建设开始，实际上它已进入了建筑物的全寿命过程，它应该有它的结构寿命、使用寿命、人文寿命和商业寿命。

体育建筑的结构寿命是就它的安全性、适用性和耐久性而言的。我国《建筑结构可靠度设计统一标准》采用的设计基准期为50年，其设计使用年限分为4类，即临时性结构5年，易于替换的结构构件25年，普遍房屋和构筑物50年，纪念性建筑和特别重要的建筑结构100年。我国的《体育建筑设计规范》在根据使用要求将建筑分为特、甲、乙、丙四级后，也分别定出主体结构使用年限特级>100年，甲、乙为50~100年，丙级为25~50年。这是指在规定时期内，只需进行正常的维护管理，而不需要进行大修就可以按原定目的正常使用。而且即使到了年限，也不是说马上就会有问题，只是指其结构失效概率增大，而且可以采取措施补救。所以这次奥运会主会场

1

图1. 北京工人体育场加建灯光

2

3

的结构使用年限即定为 100 年。虽然但国内各地一些体育建筑被爆破、被拆除也有安全的因素，但大多数是因为其他方面的原因。

关于体育建筑的使用寿命，在《民用建筑设计通则》中对民用建筑的设计使用年限和结构寿命间有相同的年限对应关系。这在体育场中表现十分突出，像洛杉矶奥运会的主会场最早建于 1923 年，当时有 7.5 万坐席，在 1932 年为举办奥运会把容量扩大到 10 万座席，在 1984 年奥运会时为 7.4 万座席，当时已是一个有 60 多年历史的老建筑了。而 1992 年巴塞罗那奥运会的主会场初建于 1929 年，当然后来进行了较大的改造。2004 年雅典奥运会的主会场也是建于 1982 年。国内作为主要体育设施使用的寿命最长的大概是建于 1959 年的北京工人体育场，但也有许多明明可用，而非要另建新体育场的例子。此外在使用过程中也有使用功能改变的例子，如 1975 年建的 1.8 万观众的上海体育馆，后来在 1999 年就改建成为专供演出用的室内设施，但 2004 年为 NBA 来访又做了改造。

体育建筑的使用寿命是注重其物质层面，而其人文寿命，则更多偏重于精神层面。由于见证了体育事业的进步和成就，记录了历史事件，反映了时代的经济、技术特点，因而就具有了人文意义和历史价值。像北方某城的体育场见证了 2001 年中国足球队第一次进入世界杯决赛，但在 2007 年被爆破拆除的决定就比较草率，而且建筑物才使用了 31 年，引起了各方的议论。北京在 2007 年公布了北京近现代建筑保护名录（第一批），其中的体育建筑就有北京体育馆、北京工人体育场和首都体育馆。以工体为例，这是新中国第一个大型体育场，见证了多次老一辈领导人亲自出席的全运会，第一次举办的亚运会，中国足球的“519”，还有许多重要的历史事件，如邓小平“文革”后的复出等，都使这栋建筑带有了更多的人文和历史价值。而已有设施的利用，也可以减少对自然环境和人文环境的破坏。

另外体育建筑也有商业寿命，尤其在产业化、商业化的过程中，因健身、服务、餐饮、旅馆、出租用房等活动的需要，或承包承租业主的变更，装修或内部布置的改变，其周期则要看商业活动的需要。

图 2. 北京首都体育馆外立面电梯　　图 3. 北京工人体育馆改建后内景

4

至于谈到这次对北京原有体育设施进行改扩建，以满足奥运会需要，除了体育场没有太大的改动外，其他设施的改扩建内容不完全相同，工作量也相差较多。

改扩建工程中的一项重要任务是结构的抗震加固，这是延长结构寿命的重要举措，也可能是属于经历过多次地震灾害的中国特有的要求。早年修建的大型体育建筑或未考虑抗震设防，或其抗震设计达不到现行规范的要求。如工人体育场建于1959年，工人体育馆建于1961年，首都体育馆建于1968年，均面临加固的任务。工人体育场此前虽经过多次改造扩建，但都没有进行抗震加固，因此结构整体加固的任务十分繁重，在不同部位采用了不同的处理方法，其中包括对原结构框架斜梁的体外预应力加固；采用黏滞阻尼器对结构减震来使结构满足抗震要求；对梁、板结构采用碳纤维加固；对全场所有结构喷刷吸附型阻锈剂，减缓钢筋的锈蚀；对工程中后来架设的钢结构加强同钢筋混凝土原结构的锚固等。而首都体育馆则采取增加剪力墙把原来的混凝土框架结构转变为框剪结构的办法来提高抗震性能，同时在剪力墙顶采用软钢阻尼器与原框架梁连接抵抗地震水平荷载；拆除部分结构，在梁板的加固部位利用粘钢，粘碳素纤维加固。而工人体育馆的楼板则首次采用钢铰线聚合物砂浆外夹层加固技术。通过这一系列措施来保证结构的安全耐久性。

改扩建工程中另外一项重要的任务是节能改造。北京市要求在2004年节能65%的基础上，到2015年达到节能75%，"十一五"末节能要达到1亿t标煤的目标，虽然这目标中重点在新建建筑的节能，但节能改造项目也占有相当的比例。因此许多改扩建项目都包括了外围护结构的改造：墙体的外保温或内保温系统；提高外门窗的保温和密封性能，如采用低辐射镀膜玻璃，断桥门窗型材，降低幕墙的传热系数等；另外对屋顶部分的改造，增加保温层；尤其是奥体中心的游泳馆和体育馆，原采用聚苯乙烯金属面板三明治板材，经使用近20年后，除保温隔热降噪性能较差外，防水效果也不理想，因此采用多层保温、吸音、直立锁边的镁锰铝合金金属屋面系统，对屋顶进行了全面的返修。在英东游泳馆还增设了采光天窗，可以减少照明能耗，并实现自然通风。

另外还有为保证场馆在奥运会期间的运行，保证其所承担项目的比赛工艺的各项要求，保证场馆无

图4. 北京国家奥林匹克体育中心体育馆、游泳馆及体育场改造以后

障碍设施要求的各项改造，其中又可以分为几类情况。

一种是因设施容量扩大或比赛要求而作较大的改造。其中最具代表性的是奥体中心体育场的改造。这里作为奥运会马术和越野跑两项比赛的赛场，观众容量从原 1.8 万人扩大至 3.6 万人，建筑高度由原 25.9m 增高到 43m。在尽量保留利用原结构的前提下，想方设法减少结构拆除量，对原有结构采用阻尼器消能减震与加大截面加固相结合；而新扩建部分采用钢框架结构；另外增加了 4 个圆形坡道解决疏散问题，增加了屋顶罩棚。由于此项工程的实施难度及技术水平，其成果“大型体育场无损性拆除加固及改扩建综合技术”获得专家极高评价，鉴定认为达到国际先进水平。改扩建的主要负责人之一，青年建筑师刘康宏也因本工程而获 2007 全球华人青年建筑师奖（共十人获奖）。又如工人体育场场地照明方案改造的要求，需将灯具位置提高 12m，用前后钢索与三肢梭形钢管格构柱与原钢结构罩棚连接，在安装、就位、张拉、检测等方面都有较大的难度。

另一种是根据比赛工艺和使用要求对内部外部进行改造。如香港马术比赛除利用现有场地外，1.9 万人主赛场由香港体育学院改造而成，练习场地利用附近的彭福公园改造，越野障碍赛由双鱼河高尔夫球场改建，对马匹安全、健康、检疫、场地、后勤等方面都有很高的要求。奥体中心的体育场、体育馆和游泳馆经过内部改造也使赛时的服务面积大为增加，如体育场的功能用房由原来的 8000 ㎡增加到 12800 ㎡，同时在上部看台增加了贵宾休息和包厢等功能用房。英东游泳馆的 4.46 万㎡中，改建了 3.75 万㎡，扩建了 0.55 万㎡。与比赛有关的还有座椅的更换，场地地面的更新，厅堂声学效果的改善等。体育馆除对体育馆和训练馆改造和装修外，还在原平台下扩建 4410 ㎡作为功能运营用房。除建筑使用上的改扩建外，采暖、空调、给排水、消防、防排烟、强弱电以及一些特殊设施在经历了多年使用之后，其设施陈旧、功能落后、设备老化、管线锈蚀部分，都要进行相应的更换和提高。如冷热源系统的调整，采用绿色环保节能机组；不同区域的多种空调方式；采暖管道、散热器的更新；中水系统的采用；喷淋灭火系统的增加和改造；变压器及高低压柜的更换及增容；场地照明系统的改造，全面改造弱电系统以提升使用功能，如楼宇自控、综合安防、有线电视、网络通讯、计时记分、移动通信、扩声等。

还有对一些有特殊要求的设施改造，如英东游泳馆还有泳池面层改造，地板采暖的重新铺设，分区空气调节系统，防结露措施等要求。老山山地自行车场除增加 8725 ㎡的服务设施和临时看台外，还要对 4.6km 长的起伏山路进行修整，增加相应的绿化工程。飞碟靶场的改造除增加永久和临时看台外，靶房特意设计成长城烽火台形状，增加了大量青砖饰面以体现传统特色。丰台体育中心垒球比赛场采用预制模块式脚手架成套技术来解决临时看台的搭建，其可拆除率达 100%，材料可重复利用率达 99%。

在改扩建场馆中还有两个位于大学中的体育馆，即北京航空航天大学体育馆和北京理工大学体育馆，它们分别建于 2001 年和 2006 年。除场地、服务和功能用房及无障碍设施和相关的内外部完善外，还分别增加了 1392 ㎡的举重热身区，750 ㎡的临时热身馆。

在奥运会和残奥会中，13 个经过改扩建的原有场馆和那些新建的场馆一样，同样很好地满足了比赛的各项要求，见证了那一个个激动人心的时刻，为这次奥运会的成功发挥了自己应有的作用。按说在这里可以画上一个圆满的句号了，但在原有场馆的利用上，十分需要以这次奥运会为契机，认真总结其经验及教训，以形成我们更为重要的资源和财富。

如前所述，在大型比赛中如何充分利用城市已有的设施资源，是赛事举办的重要理念和原则问题，必须从节约型社会、统筹发展、可持续利用等角度来认识。国际奥委会为此已率先垂范，身体力行，对奥运申办国作出敦促。而且从奥运会历史上看，从 1972 年以来的十届奥运会中主会场的利用方式中，新建和利用原有建筑（或加改造）各占 50%。1998 年法国世界杯足球赛 10 个赛场中，只新建了一个主体育场，其他均为改造，最古老的一个建于 1920 年。但相比之下，我国许多城市举办的大型赛事，几乎都要新建体育场馆，重复建设的情况十分严重。在我国已有场馆中，开放和半开放的只占总数的 41%，大量设施在举办完赛事后长期闲置，这些设施中占极大比重的观众坐席利用率极低，不能不说是极大的浪费。

在利用原有设施的改扩建内容上，国外也有像巴塞罗那和雅典奥运会主会场改建、扩建中有极大的工程量的事例，但相对于我国而言，这次改扩建的内容、规模、难度、投入应该说都是比较大的。这有多方面的原因：如对国际比赛工艺要求的不熟悉；抗震、

5

6

7

图 5. 国奥中心体育场扩建的坡道　图 6. 北京航空航天大学体育馆　图 7. 北京理工大学体育馆

节能等安全和使用的要求；年久失修和设施老化；施工条件和施工难度的制约。这都成为人们不重视利用原有建筑的衡量因素，认为新建一个既方便又省时，在形象上又能有所表现。面对我国设施的现实，更需要大量适于全民健身，提高人民身体素质的公益性健身场地和设施。随着我国对外交流的频繁，已建设施符合国际和大赛标准的将会越来越多，利用已有设施的比例也会逐步上升。

在利用原有场馆的改扩建上，也有如何处理短期赛事的设施与长期利用的现实之间的平衡问题。面对不到 20 天的国际大赛，对于场地、服务设施、贵宾、记者、赞助商、运动员、国际大家庭等方面都提出了硬件设施的需求。但在现有设施中完全满足也是十分困难的。因此国外的经验就是大量利用临时设施来予以满足，在赛后予以拆除。我们这次也有利用 8 个临时设施的实例，但大多数已有设施的业主还是宁愿选择改扩建成永久设施，可能也有为今后使用更方便或更利于创收的考虑。因此改扩建的规模和内容的控制需要赛事主办方和设施业主之间取得共识。

在我国的已有体育设施还存在体制管理方面的问题。对于商业化运作的体育设施来说，从策划、管理、运营、维护、更新等方面都需要有专业水准极高的团体进行，才能保证设施长期处于正常运转的状态下。而我们的大量设施常常是带病运转，无力维修，重使用轻保养，无法造血，常寄希望因赛事的举办而从外部注入资金来完成设施的更新，这也形成了设施改扩建上的恶性循环。

在利用已有体育设施来满足体育大赛要求上，我们已积累了相当多的经验和教训，而奥运会的举办也使这一课题能从更广的视角、更高的标准来重新认识，从而千方百计延长体育设施的使用寿命，保护其人文寿命。

2008 年 11 月 20 日

前三门与房改

注：本文出自《1978—2008 中国建筑设计三十年》（天津大学出版社，2009 年 1 月）。

改革开放，全党的工作重点转移到了经济建设上来，已经有 30 年了，其间有大量的发展和变化给人们留下深刻印象并极大地改变了人们的生活，关于住房制度的改革和住宅设计的改进可说是其中十分重要的一页。而改革开放的总设计师邓小平对此的关心和推动更是出乎人们意料的。

1978 年 10 月 20 日，邓小平同志在国家建委和北京市领导陪同下视察了新建成的前三门住宅。前三门住宅是为了解决广大市民住房难而建设的由崇文门到西便门长 5km，总面积 58 多万㎡的建设工程。其中住宅 40 万㎡，按路口分为六段，分别由北京市建筑设计研究院各设计室和几个建筑公司组成三结合的设计组，从 1976 年初酝酿，规划立案确定后于 4 月份陆续出图。我参加的是与一建公司合作由和平门到宣武门段，共 7 栋，除路口的两栋为公共建筑外，其余五栋为两栋板楼和三栋塔楼。当时工程指挥部的总指挥是任市建委副主任的李瑞环同志，在建设过程中还赶上了唐山地震、毛主席去世等事件，工期也受到些影响，但 1977 年后陆续竣工。

小平同志视察后的第二天，我们听陪同视察的市建委主任赵鹏飞传达了视察的情况。小平同志先看由我们设计的 105 号楼，那是个一梯八户的内外廊式塔楼，他问了房间有多大。当时的标准是每户建筑面积 56 ㎡，居住面积不小于 26 ㎡，二室户为主，占 70% 左右，居室大间基本是 3.3 m 或 3.9 m 开间，进深 5.1 m，即净面积 15~18 ㎡，小间 9~12 ㎡，小平同志说小了点。又问房间多高，当时层高统一为 2.9 m，净高不小于 2.7 m。他还问住宅层数，一般塔楼 12 层，板楼 8~9 层。另外他还问了抗震问题，当时北京市有几种结构形式试点，分别是框架轻板、现浇剪力墙滑模、装配式大板、现浇剪力墙大模板，前三门工程指挥部决定采用“内浇外板”的大模板体系，在唐山地震后由结构科研组进行了调研和试验，保证了抗震的安全性。小平同志对此表示满意。然后，小平同志又视察了由六建公司负责的 603 塔楼，在这里看得更为仔细了，小平同志提出层高高了，可以降下来。后来有报道说他女儿还开玩笑说不要因为你个子矮，而嫌房子高。实际小平同志是考虑能否层高降低一点，使用面积扩大一点。这是在同年 9 月，他访朝回来顺访东北、唐山、天津时都强调过的，就是要请一些会挑毛病的人来提意见，设计力求布局合理，通过降低层高增加使用面积。在看到厕所有拖布池时他说，加个喷头不是挺好吗？人民生活水平就高了。这么结实的楼，连改都不好改了，有个淋浴，生活就大为改善了。

小平同志在视察中强调，今后设计住宅，更多考虑住户方便。在 603 时几次提到楼道占面积太多，进来以后拐来拐去，每套房间不应有那么多的楼道。他看到很多户门还是用的挂锁，于是就问为什么不

1

2

装碰锁，当时回答说锁厂停产了。后来一开门，门撞到门后的暖气片上，把钢串片都碰坏了，于是他说怎么给放这儿了？另外觉得门窗的油漆都不好。他在唐山视察时就主张门窗要多用钢材，节省木材，钢材并不比木料贵，还觉得窗子太小太窄，希望窗子加大，这样既卫生，光线又好。在看到地下室时，他说地下室不错，要利用起来，能否搞两层，下面做人防上面利用。这和他在唐山视察时主张地下要搞好，要搞总体规划，地下管道的材料要合格，不要粗制滥造的思想是一致的。

在视察前三门工程时，小平同志除了对住宅设计本身提出看法外，实际还在考虑更为宏观的住房制度改革问题。解放后我们一直实行公有住房实物分配制度。人们的住房是要由所在单位解决，按国家计划进行住房建设，建好后由单位以低租金分配给职工居住。由于长年提倡的“先生产，后生活”，住房欠账极大，已成了严重的社会问题。他就说，今后不要再让职工住“干打垒”了，要把大庆建设得更美丽。在同年 9 月的城市住宅建设会议上，小平同志就提出，解决住房问题能不能路子宽些？譬如允许私人建房或者私建公助，分期付款，把私人手中的钱动员出来，国家解决材料，这方面潜力不小，同志们一定要从各方面考虑，不要总想着向国家要钱。所以在前三门时，他也强调，要降低造价，为住宅商业化开路。甚至当时还开玩笑说能否给孩子买一套房，当时前三门住宅的每平方米建筑总造价为 145~187 元。他还提倡多用新的轻质建材，突破秦砖汉瓦，肥梁胖柱。当时他还很看好壁纸这一材料，说壁纸外国很多，还可以自己贴。1979 年他在视察北京的框架轻板建筑时，看了新采用的加气混凝土、石膏板、墙纸和墙布时再次强调，要搞专业化生产，要讲究质量，质量包括美观，花样要多一些。要降低造价，国家要采取措施支持新型建材工业。

住房是关系国际民生的重大社会问题和经济问题，面对长期以来严重供给不足的福利分房制度，小平同志一直在关注和思考这一问题。1978 年 11 月，院里传达小平同志另一次讲话中提到建筑业是资本主义国家国民经济的三大支柱之一。我们过去不重视建筑业，只把它看成是消费领域的问题。建设起来的住宅，当然是为人民生活服务的。但是这种生产消费资料部门，也是发展生产，增加收入的重要产业

图 1. 前三门住宅　　图 2. 前三门 603 住宅

部门要改变一个观念，就是认为建筑业是赔钱的，应该看到，建筑业是可以赚钱的，是可以为国家增加收入增加积累的一个产业部门。

到了 1980 年，小平同志再次发表关于住房问题的讲话，思路基本成形：“要考虑城市建筑住宅，分配房屋的一系列政策。城镇居民个人可以购买房屋，也可以自己盖。不但新房子可以出售，老房子也可以出售。可以一次性付款，也可以分期付款，10 年，15 年付清。住宅出售后，要联系房价调整房租，使人考虑买房合算。”他还提出：“农村盖房要有新设计，不要老是小四合院，要发展楼房。平房改楼房，节约耕地。”此后通过公房出售和补贴出售住房试点，开始了住房制度改革的步伐。

视察前三门住宅只是住房制度改革试验阶段的一次调研和准备，老实说前三门住宅建设时正值“文革”后期，当时的经济实力还不强，住房标准控制很严，设计思想还不解放，又是急于改变当时住房紧缺的现状，工期也很紧，所以有很大的局限性。但小平同志亲自过问住宅建设，作出这样多的指示，引导了涉及亿万家庭的住房制度改革，在老一辈革命家中可称是第一人了。

祝贺期刊历五年

注：本文是为《城市建筑》创刊 5 周年而作。

2009 年 10 月，是共和国成立 60 周年的日子，十分凑巧，也是《城市建筑》创刊 5 周年的时候，与时下众多的创刊于 20 世纪的建筑杂志相比，这个仅仅经历了 5 个年头的杂志显得十分年轻。但从已出版的 60 多期杂志来回顾其 5 年的历程，却可以看出这是一个年轻而充满活力的新军，她正以坚实而有力的步伐，高水准的丰富学术内容，生动而有特色的版式和装帧，表现出一种势头——她逐步成为东北地区以至建筑界有影响力的刊物。

刊物的主编单位是地处北国的哈尔滨工业大学建筑设计院和哈尔滨工业大学建筑学院。1994 年，哈尔滨建工学院曾创办过一个杂志《建筑文化》，但好像没有坚持下来。时隔 10 年之后，学院和设计院的这一决定，想来是在资金、人力、资源诸方面都做了充分的准备，把积蓄的巨大科研和创作能量，通过刊物的创办而一举迸发出来。

之所以这样讲，我以为刊物在创办之初就定位准确，思路清晰，起点高。办刊宗旨中提出了一个目标，两个领域，三个基点，三个特色。5 年之后翻检历年各期，深深为创建一个平台，搭建一座桥梁，实现学术性与实践性相融合，时代性与地域性相结合，评论性与前瞻性相综合的目标，编辑部的全体同人的苦心经营和辛勤付出而感慨。记得主编侯幼彬先生在创刊号上特意发表了《“建筑文明”与“建筑文化”》的论文，就从宏观的视角，高屋建瓴阐述了二者之间的关系，从而提出了强化寻根意识，做地域性文章，突出时代性强因子的三条对策，为刊物的定位作出准确的诠释，也有重要的指导性。

刊物在创办之始就是有 98 页篇幅的月刊。凡经办过刊物的人们都了解，对一个新期刊来说，具有相当的难度，是严峻的挑战，要面临组稿、印刷、发行等一系列问题。创办时刊物提出三个基点：基础—综合—先锋；实际—应用—专题；北方寒地—中国建筑文化—世界建筑文化。而且在第三期之后，即开始了刊物的主题策划，在预定的城市和建筑这两个研究领域先后策划了城市方面的主题，如城市母体与建筑的标志性、全球化语境中的地域性建筑、建筑的保护与更新、城市经济、文化中心区发展、北方城市建筑等内容。在建筑领域着重于类型性的探讨，如设置了医疗建筑、体育建筑、教育建筑、高层建筑、办公建筑、商业建筑、博览建筑、交通建筑、居住建筑、景观建筑、绿色建筑、北方建筑以及未建成作品等众多主题，集中篇幅加以研究和报道，从来稿作者的广泛性，实例报道的及时性，论述的全面及批判性方面均表现出了自己的特色，表现了其学术上的深度和广度。从而成为一本值得收存并时时加以品味的杂志。

杂志在短短的5年中取得令人注目的进步，我以为其中还有一个重要原因在于杂志依托于哈尔滨工业大学建筑设计院和哈尔滨工业大学建筑学院。这也是国内大部分建筑期刊的共同特点：或依托于大学，或依托于建筑设计或研究单位，或二者兼而有之。但《城市建筑》的依托又有与众不同的特色。哈工大是个有着雄厚历史和文化底蕴的院校，始建于1920年，1937年成立建筑系，于1958年设建筑学专业，1959年独立建校哈尔滨建筑工程学院，近来又成立建筑学院。几十年来作为建设部直属的高等院校，向政府管理部门、设计科研教学单位输送了3万多名人才，桃李满天下。而成立于1958年的哈工大建筑设计院有丰富的设计实践经历，在体育建筑、博览建筑、医疗建筑、节能建筑、洁净建筑等众多领域形成了自己的品牌。据统计，在2005—2008年度全国民用建筑设计市场哈工大建筑设计院排名第8，东北综合经济区排名第1，还被亚洲建协评为2006年中国十大建筑设计公司之一。因此这两个实力雄厚的单位在业绩、经验、成果、社会联系、学术交流方面的进展自然会成为期刊的有力支持和后盾，这也是能形成期刊特色的重要原因之一。

从期刊创办之日起，我就忝列编委会的顾问之一，但惭愧得很，5年之中既未“顾”也未“问”，只是曾为2006年和2007年两期体育建筑专刊撰写过两篇小文，没有提出什么创见，反而从专刊中学习到很多东西。所以在期刊创刊5周年之际，再次对以侯幼彬教授为首的编委会，对杂志社的社长、副社长、主编、副主编以及编辑部各位同人表示敬意。按照期刊的宣言，“为汲菁萃华而创；为鼓励原创而创；为广交朋友而创；为大开新局而创”，5年的创业已开了一个好头，但对一个建筑专业期刊而言，任重而道远，因为将面临激烈的竞争，如何突出自己的特色以吸引更多的读者群，如何应对网络技术对纸质媒体的挑战，如何扩大期刊在国内的影响力以及走向世界等一系列挑战，需要把握好改革开放的每一时机，百尺竿头更进一步。

2009年8月11日（二稿）

1979—1999 廿年盘点话旧时

注：本文原刊于《建筑学报》（2009 年 9 期）。

由中国建筑学会举办的“中国建筑学会建筑创作大奖”评选活动，于 2009 年 2 月份启动。经过提名工作委员会和评审工作委员会的紧张工作，已按预定要求评选出了 300 个获奖项目，255 个入围项目。在评选时把申报项目按 1949—1959 年，1960—1978 年，1979—1999 年，2000—2009 年四个时间段进行评审，其中 1979—1999 年这一时间段共评出 94 个项目。这 94 个获奖项目的建成地点除境外项目外，分布在我国 20 个省、市、自治区，获奖项目排在前 3 位的省、市为北京市 (27 项)，上海市 (17 项)，广东省 (13 项)。获奖项目的设计单位除合作设计中的境外和香港地区设计单位外，共包括 18 个省、市、自治区的 31 个设计院、有限公司或高等院校，其基本情况见表 1，如按项目类型计见表 2。

表 1.1979—1999 年年获奖项目统计

设计点位	项目数量		百分比
国内独立设计	国内项目	78	82.9%
	境外项目	5	5.3%
合作设计		11	11.8%

表 2.1979—1999 年获奖项目分类

序号	项目分类	数量
1	办公建筑	12
2	旅馆建筑	14
3	体育建筑	8
4	交通建筑	6
5	纪念性建筑	8
6	演艺建筑	9
7	医疗建筑	1
8	会展建筑	4
9	博物馆建筑	8
10	教育建筑	5
11	图书馆建筑	4
12	工业建筑	2
13	居住建筑	2
14	商业建筑	2
15	多功能综合体	4
16	其它	5
合计		94

1978 年底召开的十一届三中全会作出把全党工作的着重点转移到社会主义现代化建设上来和实行改革开放的决策，是我们国家发展上的重大转折，通过拨乱反正、明辨是非，从此走上了校正方向以后的发展道路。就建筑界而言，也有一系列的相应重要的决策：如 1979 年 4 月决定在 3 年内对国民经济实行“调整、改革、整顿、提高”的方针；7 月决定在深圳、珠海、汕头和厦门试办经济特区；1984 年 5 月决定进一步开放 14 个沿海港口城市；1985 年 3 月发出《关于科学技术体制改革的决定》；1988 年 3 月发出《关于进一步扩大沿海经济开放区范围的通知》；1990 年 4 月，同意上海加快浦东地区的开发，在浦东实行开发区和某些特区的政策；1991 年发出《关于批准国家高新技术产业开发区和有关政策规定的通知》；1992 年 1 月，邓小平同志

视察南方并发表重要讲话；3月批准海南开发建设洋浦经济开发区；1993年11月通过《中共中央关于建立社会主义市场经济体制若干问题的决定》；1995年作出《关于加速科学技术进步的决定》；1998年6月决定全国停止住房实物分配，实行分配货币化；1999年9月通过《中共中央关于国有企业改革的发展若干重大问题的决定》等。这些重要决策，反映了这一时期的重要改变，同时也成为这一时期建筑事业发展的重要背景和政策依据。纵观以1979—1999年间的获奖项目为代表的建筑创作，表现出几个显著特点。

繁荣建筑创作首先是人的解放、建筑师及思想的解放

这一时间段获奖建筑作品的主创人员，有一部分是出生于20世纪初到20年代的老一辈建筑师（或称第二代建筑师），如莫伯治、徐尚志、林乐义、冯纪中、佘峻南、汪国瑜、吴良镛等前辈，而大部分作品的主创是出生于20世纪20年代末至40年代的中青年建筑师（或称第三代建筑师），只有少部分作品的主创是出生于20世纪50年代以后的青年建筑师。前两部分建筑师都经历过"文革"以前的时代，经历过极"左"的路线指导下的各项运动和"革命"，如那时"名利思想""专家路线""洋奴哲学""爬行主义"等大帽子都涉及这些建筑师，所以政治上的平反和思想上的解放尤为必要。

一方面，从官方体系的工作开始，如1979年8月大连召开了设计工作会议，首先推翻了过去强加给建筑界的一切不实之词，提出解放思想、繁荣建筑创作问题。同年10月中国建筑学会设计委员会的南宁会议，即着重讨论建筑现代化和建筑风格问题，同时对1959年的上海建筑艺术座谈会和刘秀峰部长的"创造中国的社会主义的建筑新风格"予以重新评价。尤其是1985年的广州会议，是全国规模的老中青结合的学术会，这也是笔者以青年建筑师身份第一次参加这样大规模的建筑界学术会议。我深深感到各地建筑师在落实了有关政策、破除了种种禁锢后的活跃气氛和创作的积极性。1989年又成立了中国建筑学会领导下的建筑师分会，学术活动的交流更加活跃。与此同时，各种设计竞赛也逐步开展起来。

另一方面，民间的学术活动也日益活跃，这里要提到1984年成立的"现代中国建筑创作研究小组"。这是在中国建筑学会指导下，为了加强中青年建筑师的横向联系，从理论和实践方面进行学术交流的探索，"为创作一批无愧于我们伟大时代的建筑，为锻炼出一批高水平的建筑师贡献力量"而自发成立的民间学术团体。这次获奖作品的中青年主创建筑师中，很大一部分都是这个小组的活跃成员，并逐步成为各大设计院的骨干力量。笔者当时也有幸参加过这个小组的若干活动。记得在香山，大家为小组名称是"现代中国建筑"还是"中国现代建筑"，讨论到深夜；在武汉为一些学术问题和不同观点争论得面红耳赤。1986年民间成立的"当代建筑文化沙龙"也很活跃，并尝试与社会科学、文艺界、新闻界建立横向交流。

当然，这种创作思想的解放、理论的探讨、作品的多样也是逐渐深入的。随着经济的高速发展，城市化进程的加快，建设量越来越大，为建筑师提供了更多表现的舞台。1985年全国国内生产总值为16309亿元（1952年为1015亿元），固定资产投资为1680.5亿元（1952年为843.6亿元），其中基本建设投资额为1074.4亿元（1952年为43.6亿元）。如果把1979—1999年这20年再加分段的话，1979—

1984 年可称为经济体制改革探索阶段，1985—1992 年为经济体制改革全面推进阶段，而 1993—1999 年为建立社会主义市场经济阶段。获奖项目按此三段划分的数量见表 3。

在这一阶段我国城市化的水平也由 1949 年的 10.64% 增长到 1984 年的 23.01%，再到 1992 年的 27.63%，再到 1998 年的 30.40%，城镇人口也由 1949 年的 5765 万增长到 1984 年 24017 万、1992 年的 32372 万、1998 年的 37942 万。经济特区的开发、科技园区的建设、城市的更新改造、人民生活改善的需求，为建筑事业的繁荣提供了更多的机会，是建筑创作的春天。

表 3.1979—1999 年获奖项目时间划分

时间段划分	获奖项目数量
1979—1984	8
1985—1992	45
1993—1999	41
总计	94

表 4.1979—1999 年获奖项目中中外合作项目分类

序号	项目分类	数量
1	旅馆建筑	3
2	办公建筑	3
3	交通建筑	2
4	多功能综合体	2
5	演艺建筑	1
总计	11	

对外开放和中外建筑文化的交流使创作的繁荣进入到一个新的阶段

1949 以后的中外建筑交流因当时的形势所致，曾有短暂的自上而下的全盘学习前苏联的阶段（时间只有短短的 6~7 年）。改革开放前的绝大部分时间闭关锁国，虽然提出过“古今中外，皆为我用”的口号，但对国外的东西，首先仍是采取批判的眼光，而“文革”中则动辄就扣“崇洋媚外”的“帽子”，这些做法严重阻碍了建筑创作的思路和视野，信息十分闭塞。

1979—1999 年间获奖作品中的中外合作项目共 11 项，其分类如表 4，这也基本反映了改革开放前 20 年合作状况。那时的合作设计项目首先集中在旅馆设施上，这是刚刚开放时需求量最大的建筑类型。那时我们对与国际接轨的星级标准、设施要求等了解不多，缺少经验，而更重要的是中外合作的作品可以使中国建筑师亲身体验一种新的创作手法、设计理念，同时在合作过程中提高自己。获奖的 3 个宾馆有的地处闹市区，有的位于风景区，有的采取高层，有的采取多层，分别表现了不同的思路和特点。另一个比较集中的领域是办公建筑，尤其是高层和超高层建筑。改革开放前我国的高层建筑多在百米以下，如 1959 年北京的民族文化宫 67 m 高，1968 年的广州宾馆 87 m 高。当时最高的广州白云宾馆于 1976 年建成，高 112 m。而超高层建筑，无论是办公、旅馆，还是多功能综合体，在使用功能、结构设计、防灾疏散、管理保养等方面都提出了新的课题，同时促进了建筑多学科的科学研究。20 世纪 90 年代初统计，我国百米以上的超高层建筑 81 栋，其中上海 27 栋，深圳 15 栋，北京 13 栋，广州 11 栋，这比较如实地反映了改革开放前期建设的状况。1990 年北京京广中心突破 200 m，1999 年上海的金茂大厦突破 400 m，都是中外合作设计在超高层建筑上有引领作用的作品。

国内的建筑师一方面通过合作设计交流学习，同时长期被束缚的创作激情也逐渐释放和迸发出来。在这一时段的获奖项目中，由国内建筑师创作的旅馆建筑也有 11 栋之多，也表现出了丰富多样的创作手法和地域特色，如白天鹅宾馆、阙里宾舍、武夷山庄、黄龙饭店等；在超高层建筑上也有 3 个项目获奖，即 1985 年的深圳国贸中心（高 160m），1991 年的广东国际大厦（高 199m），1992 年的深圳发展中心（高 165m），这些都充分表现了国内建筑师的创作激情和创作潜力。除建筑创作上的合作交流外，对国外建筑理论和建筑师的介绍和引进的渠道也更为畅通。除《建筑学报》外，《建筑师》(1979 年创刊)、《世界建筑》(1980 年创刊)、《南方建筑》(1981 年创刊)、《新建筑》(1983 年创刊)、《时代建筑》(1984 年创刊)、《建筑创作》(1989 年创刊)陆续问世。由汪坦教授主编的“建筑理论译丛”从 1986 年起陆续出版，中国建筑工业出版社组织的“国外著名建筑师”丛书从 1989 年后陆续介绍国外的著名建筑师。这些出版物在当时虽然还有“补课”的性质，但对活跃学术思想、繁荣建筑创作功不可没。同时国内建筑师的国外留学、研修，国外建筑师的来华交流也越来越活跃。

在这一时段的中外合作项目中，美籍建筑师贝聿铭可能是其中国际知名度最高的一位。在香山饭店建成后，曾举行过多次作品的评论和研讨。面对这样一位世界名家，大家并没有一味迷信或吹捧，在客观地肯定贝先生在创作探索上所做出的努力外，也坦率地表达了在用地、环境、用材、手法、理念上的不同看法甚至批评，表现了那一代建筑师和评论家的独立价值判断和美学追求，也从另一方面表现了国内建筑界当时的自信。

建筑法制和管理体制的完善，也为规范和推动创作繁荣注入了新的动力

建筑设计体制的改革和发展对于创作的繁荣也有重要的引领作用，在这 20 年中，设计体制进行了很多改革，与此同时相应的法律法规也陆续出台，包括建筑法律和建设行政法规。从这次获奖项目的 18 个地区 31 个设计单位（不含境外设计单位）看，基本都是在共和国成立后发展壮大起来的各省市的骨干设计院，但其内部的创作体制和机制已逐步有所改变，另外也有改革开放后活跃壮大的院校设计院或新运行体制的设计公司。

早在拨乱反正的 1979 年，国家计委、建委、财政部就在全国 9 家设计单位实行企业化收费试点。1980 年 2 月国家建委发布《对全国勘察设计单位进行登记和颁发证书的暂行办法》，7 月国家建工总局颁发《优秀建筑设计奖励条例》(试行)。1981 年 7 月国家建委、经委颁发《国家优质工程奖励暂行办法》，1982 年成立城乡建设环境保护部。1983 年国务院颁发《建设工程勘察设计合同条例》，同年年底建设部发布《城乡建筑工程设计单位注册登记审查管理办法》和《建筑设计人员职业道德守则》。1984 年建设部决定除特殊项目外，一般项目都要实行招标办法，对设计单位择优委托。同年 9 月国务院《关于改革建筑业和基本建设管理体制若干问题的暂行规定》明确指出设计单位要向企业化、社会化方向发展，全面推进技术经济承包责任制。1985 年建设部发布《推进城乡勘察设计改革实施要点》，1986 年 6 月国家计划和建设部颁发《工程设计招标暂行办法》，7 月国家计委和对外经贸委发布《中外合作设计项目暂行规定》。1990 年 4 月颁布《城市规划法》，11 月建设部印发《建设法律体系规划方案》，指导此后的法律法规的立法工作。1991 年建设部颁布《推进建设事业科技进步政策要点》，1992 年 1 月建设部、外经贸部颁布《成立中外合营工程设计机构审批管理的规定》。1993 年 11 月建设部颁布《私营

设计事务所试点办法》，1994 年 2 月全国建筑师管理委员会成立，10 月在辽宁进行了一级注册建筑师注册考试的试点工作。1995 年 9 月国务院颁布了《中华人民共和国注册建筑师条例》，并于次年 7 月发布首批获得注册建筑师资格名单 5285 人。1998 年 3 月《中华人民共和国建筑法》施行，12 月建设部发布《中小型勘察设计咨询单位深化改革指导意见》。1999 年 1 月建设部颁布《建设工程勘察设计市场管理规定》，同年 8 月全国人大常委会通过《中国人民共和国招标投标法》等。

这 20 年中政府及立法机构的一系列举措，表明在向社会主义市场经济转变的过程中，努力规范市场，加强管理所做的努力，因此相关的法规和办法集中出台。当然，这仅仅是工作的开始，《住宅法》《物权法》等许多重要法律都还未制订，管理执法也还跟不上。随着设计单位企业化、社会化的改制试点，出现了“上海现代建筑设计（集团）有限公司”(1998) 和其他的设计有限公司，出现了“北京建筑设计事务所”(1984) 的试点，中外合作经营的“大地建筑事务所”(1985)、私营建筑设计单位 (1994)，多种体制的设计单位出现使设计市场的竞争更加激烈，促使各单位在提高作品质量，增强竞争能力，引进更新的信息和计算机技术，加强国际交流方面加大投入力度，采取更灵活多样的经营管理模式。

对获奖设计作品的盘点

本次创作大奖的评选从筹备、申报、评选历时半年多，从 1979—1999 年间获奖作品看，基本上还是网罗了这一时期具有时代感和代表性的优秀作品，但也有个别作品由于各种原因没有申报，或因名额有限已入围但未获奖，让人有遗珠之憾。

从总的获奖情况看，大型公共建筑占了绝大部分比重，这与这些建筑标志性强、为公众注意、社会影响力大不无关系，其中大部分获得过国家优秀工程奖、建筑部优秀建筑设计奖、中国建筑学会建筑创作奖等奖项，在业界已有定评。相比之下，建筑量最大，与人民生活密切相关的居住建筑只评上 2 项是一个缺憾。改革开放以来，在努力解决过去多年住宅“欠账”问题的同时，住房改革、住房的商品化也在逐步进行，为此举行了多次城市住宅和村镇住宅的设计竞赛，对于住宅标准、新体系、建筑密度、生活模式等方面有大量的理论探索，从 1986 年起建设部多次推行住宅小区建设试点，并逐步推向全国。1994 年的全国验收评比中，90 多个试点小区中有 15 个获奖，像合肥琥珀山庄、北京恩济里小区都有一定知名度。医疗建筑和工业建筑也是建设量比较大的类型，但只入选了 3 项，由于这种类型建筑的工艺性较强，常常因其技术和工艺上的需求而掩盖了在建筑处理、结构选型及相关专业的创造成就。以医院为例，中外合作的北京中日友好医院 (1984) 是集医疗、教学、科研、康复和预防保健于一体的大型综合性现代化医院，在当时的设计理念上有很多新的启发；国内设计的北京医科院肿瘤医院 (1983)、中国康复研究中心 (1988) 在专科和康复医疗建筑也很有特色。

中国建筑师在境外的设计作品不多，早期多以经援或赠送的体育建筑或会议中心等为主。随着中国外交上的成就，驻外机构的使领馆建筑因双方互惠或自建而越来越多，另外随中国大型承包建设机构的海外开拓，承接国外商业性建设项目也逐渐增多。这些建筑对于展现中国建筑师的实力和对外宣传都是很好的直观表现，这次获奖的境外体育和会议中心、国家剧院等项目在当地都有很好的口碑，在结合当地民族和地区特点的形式创造上做了很多努力并成为当地重要的标志。相形之下，一些驻外机构，如北京建筑设计研究院的驻日使馆 (1979)、广州设计院佘峻南大师设计的澳大利亚使馆 (1988)、印尼大使馆 (1997) 等，由于很少介绍，了解也不多，所以这类名片建筑在评选中成了空白。

中外合作的作品中，多功能综合体类的上海商城 (1990)、金茂大厦 (1999) 在总体把握、设计、技巧上都很有特色；较之更早的北京国际贸易中心 (1989) 在办公、旅馆、公寓、展览等功能的处理上，也很有启发。另外有的中外合作项目，如北京中日青年交流中心 (1990) 属于北京市建筑设计研究院与日本黑川纪章事务所平等合作、分工完成的项目，而中日合作的长富宫饭店 (1989) 在方案合作过程中是中方建筑师起主导作用，这和大部分中外合作工程中，中方只是配合设计或担当施工图设计部分的做法是很不同的。

本文没有就建筑形式或风格问题进行分类或讨论。在有的史家分类中曾按古典风格、乡土风格、少数民族风格、本土现代风格等加以分类，或冠以古风主义、新古典主义、新乡土主义、新民族主义和本土现代主义的名称。笔者认为在繁荣建筑创作的前提下，大家已经逐步形成了多元化、多样化的共识，多样的表现很难用某种“主义”来简单加以概括和归纳，并且这种探索还会经历一个比较长的时间历程。加上改革开放后国外建筑师的介入和他们自身的不同解读，也会对中国建筑师的创作哲学和价值判断形成更大的冲击，受国外潮流影响的“现代”风格，可能将会大行其道，但我想不应是唯一的选择，路应越走越宽，否则像 1995 年间建成的北京西客站那种传统风格做法也许就成为“绝唱”了。平心而论，西客站是张镈大师在生前指导的最后一个表现传统风格的大型群体建筑，从群体的组合、手法的运用、比例的推敲，我以为都有独到之处，在当前这样有设计经验并熟悉古典建筑法式比例的建筑师可能已是凤毛麟角了。

1999 年 6 月在北京成功举办了国际建筑师协会第 20 届大会和 21 届代表大会，围绕“21 世纪的建筑学”的主题，回顾过去、展望未来，大会起草的《北京宣言》已成为国际建协的正式文献。大会的成功，为 1979—1999 年这一阶段画上了一个句号。但是社会还要发展，生活还要提高，人们的物质需求和精神需求还在不断增长。建筑作为“石头的历史”已经深深地打上了所处时代的印迹，这些印迹既反映了我们的建筑成就，也暴露了存在的问题和弊病，反映了时代的进步，也表现出价值观念上的歧见，促使人们去进一步思考和继续探索。

我看新中国建筑六十年

注：本文原刊于《团结报》（2009 年 10 月 15 日）。

今年是新中国的 60 华诞，干支轮回整整一个甲子。我们是这 60 年历程的亲历者，我们亲眼目睹，并亲身感受了在 60 年中国家所发生的天翻地覆的变化——中国从一个满目疮痍、百废待兴的落后穷国，建设成一个生机勃勃、繁荣富强的新兴大国。

法国著名作家维克多·雨果说："人类没有任何一种思想不被建筑艺术写在石头上。"人类创造的建筑和城市是当之无愧的人类文明纪念碑。经过建筑行业全体员工 60 年的栉风沐雨，建筑业已经成为我国国民经济的重要支柱产业，大量投资通过建筑业的转化，形成了促进国民经济长期发展的固定资产和现实生产力，并极大地改善了城市面貌，提高了人民居住水平。至于建筑业中的建筑设计行业，是个充满活力、推崇原创的创意产业，建筑设计的龙头和引领作用已越来越为人们所认识。2006 年统计，全国有工程勘察设计单位 14264 个，企业全年营业收入 3714.42 亿元，从业人员 112.07 万人。由于建筑作品本身是技术与艺术的综合，是物质与精神的载体，是观念和价值的体现，建筑创作既要研究和表现技术、艺术、材料方面的综合性和普遍性，又要因时、因地、因势而表现出本身个性和特殊性。由于要表现和维护特定的价值观念和社会利益，也常常带有意识形态的色彩。如何表现长达 60 年跨度的这一跌宕起伏的行业，也是对中国建筑界的极大挑战。

史学和建筑学都是知识最密集的学科，它对记载中国建筑 60 年的作用是十分巨大的。从设计机构上看，中国已有设计单位 1.4 万家，全行业建筑师、工程师百万人以上，他们构成了设计行业发展的根基。中国建筑设计 60 年设计机构经历了事业型、事业单位企业化管理、事业改企业、建立现代企业制度等多个阶段。从发展模式上讲，国际通行的设计咨询模式，以美、欧为主的是国际大型工程公司、工程咨询设计公司、专业事务所。其中事务所是基础的、量最大的、最普遍的设计单位组织形式。从作品上看，新中国建筑设计 60 年来，中国日益成为世界最大的建筑市场和工地。虽有评论者称除华裔建筑师及当今某些实验型建筑师外，中国尚未出现与大国地位相匹配的令世界首肯的优秀建筑大师，但中国建筑及中国建筑师在世界上的影响力正通过一个个城市品牌事件及文化事件而令世界瞩目。如刚刚在北京揭晓的"北京当代新十大建筑"中的北京国际航空港 T3 航站楼、国家体育场、国家游泳中心等项目不仅有令行业内外一致认同的创意设计，也连续获得世界级大奖，这些建筑创作上的成就在过去的中国建筑史上是不可能的。

历史关系到民族之生存、治国之需要，以至明辨是非、惩恶扬善；历史又是精神的宝库、智慧的源泉。新中国建筑 60 年的发展同样证明了这个道理。我相信，面向世界的中国建筑界会在不远的将来不仅在建筑的数量上继续领先，以建筑设计的创意上也将引领世界潮流，中国建筑和中国建筑师是大有希望的。

《陆分之壹的实践》序

注：本文系《陆分之壹实践》一书的序言（天津大学出版社，2010年1月）。

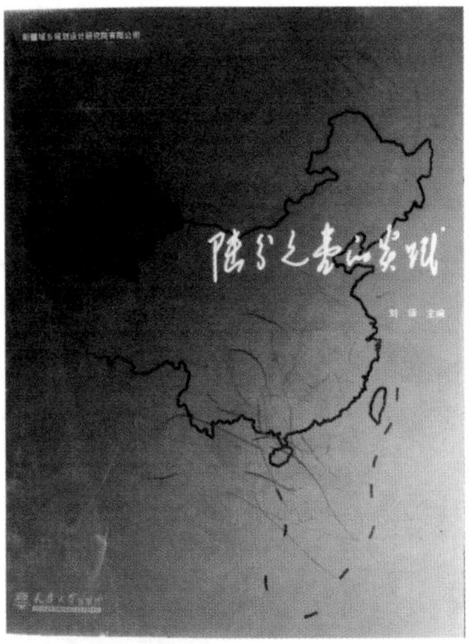
1

2

在新疆城乡规划设计院成立25周年（1984—2009）的时候，反映该院25年来艰辛历程、几代规划工作者无私奉献、众多创作成果汇集的《陆分之壹的实践》由天津大学出版社出版发行了。对这一学术成果的问世我们表示热烈的祝贺。

长期以来在我心目中，新疆是一块遥远而又带有神秘色彩的土地。我仅在1987年、2000年和2005年访问过新疆三次，但就在这将近20年的跨度中，仍目睹和体验了新疆的巨大变化。尤其是2005年8月在乌鲁木齐召开的中国科协学术年会，我在会上会下听取了自治区领导的介绍，对于新疆在战略、资源、国家安全等方面的重要性，对于新疆的发展远景有了较深入的了解。地处西北边陲的新疆自治区总面积166万 km^2，占我国国土总面积的1／6；其边境线总长度5600km，占全国陆地边境的1／4；在14个与我国陆地接壤的国家中，新疆就与蒙古、俄罗斯、哈萨克斯坦、吉尔吉斯斯坦、塔吉克斯坦、阿富汗、巴基斯坦、印度等8国接壤；新疆有47个少数民族，占其人口总数（1963万）的60%；其自然地理特征为三山夹两盆，即阿尔泰山、昆仑山、天山和准噶尔盆地、塔里木盆地，沙漠面积占全国的60%。当时自治区提出要依托水土光热资源，大力发展特色农业；依托丰富的油气资源，做大石油石化产业；依托丰富的煤炭资源，大力发展煤电煤化工产业；依托丰富的矿产资源，加快优势矿业开发；依托丰富的旅游资源，加快发展游业……新疆众多的美好前景给我留下深刻的印象。

“不谋全局者不足以谋一城。”我最近看到国家开发银行领导关于科学发展规划的论述，很有启发。“规划是建立在人对自然和社会不断认识的基础之上的。”规划源于两大推动力：一是科技进步，二是社会进步和制度演进，而后一点更为重要。规划和计划起源于法国，发展于前苏联。“而美国模式的成功，在很大程度上是在工业革命的基础上，融合科学技术、贸易金融和欧洲的政治制度，汲取其他国家发展的经验教训，取得的成功。这其中科学的规划和切合实际的目标发挥了重要作用。”所以他把规划的特点归纳为：规划要全面，不仅要包括物质建设，还应当包括市场建设和社会建设的内容；规划要有高远目标，

图1.《陆分之壹的实践》书影　　图2. 刘谞（2009年2月）

是系统性的设计，具有全局性的拉动作用；规划是时间跨度长，选择变量少的一种策划和谋划；规划应当着眼于缓解经济社会发展的约束；规划应当根据自身的发展特点，中国要有自己的发展模式和规划研究；规划的制订要社会化、学术化，在执行中则要统一思想。这些充分强调了规划工作的前瞻性和重要性。

新疆城乡规划设计院的成立适逢改革开放后的大好形势及10年前党中央提出实施西部大开发战略的良好契机，设计师们坚持本土本地的思路，给历史上的丝绸之路赋予了新的生命力，形成新的发展和延续。作品集中“乌鲁木齐市二道桥民族风情街详细规划”，南疆“英吉莎县城总体规划”，喀什地区“泽普县城中心区环境景观设计”以及“哈密市哈密河修建性详细规划设计”等都凝聚了规划工作者的心血和智慧。与此同时，他们的眼光也关注着更广泛的地区和课题，如“深圳市宝安区控制性详细规划”等。而中国—吉尔吉斯斯坦—乌兹别克斯坦之间的详细规划、基础设施、公共服务设施等计划和建设，正在将一个功能齐全的现代化全新国际口岸项目展现给世人。此外，除传统的城乡规划内容之外，他们在涉及公共安全、防灾减灾、生态环保、节能减排、文化遗产保护等课题上也进行了有益的探索。

新疆城乡规划设计院已走过25年的历史，此后还有很长的道路要走。西部大开发的长期发展战略也使他们面临着新的机遇和挑战——城市开发和保护的关系；技术与观念的提升和更新；时代特色与地域文化的把握等。长年从事首都规划工作的一位领导在总结城市规划的基本特点时一连提出了12个“高度”，即：“高度综合性，高度战略性，高度科学性，高度法规性，高度实践性，高度社会性，高度导向性，高度经济性，高度人文性，高度政治性，高度时代性，高度敏感性”，并且在归纳如何正确处理众多矛盾时，认为其中最基本的就是三组矛盾：一是局部利益与整体利益的矛盾，二是当前利益与长远利益的矛盾，三是坚持原则性与适度灵活性的矛盾。而城乡规划设计院根据自身特点提出“树质量意识，立企业形象，创时代精品，造世纪风范”的精品意识将指引这个团队在科学、健康的道路上更好更快地前进。

最后还要提一下新疆城乡规划设计院的刘谞董事长。我们很早就认识，那时他还在从事建筑设计工作，在他的陪同下我参观过他的作品，后来他的工作岗位有所转换，也使他的工作重点从单体设计转向更广阔的地区和城市，目标也更加宏观，同时还要关注企业管理工作。继2003年以民用建筑设计为主营业务的建筑分院率先改制为独立法人经营核算的“新疆玉点建筑设计有限公司”后，2005年又完成了新疆城乡规划设计院的改制，成为全国第一个规划设计改制的机构，其改革力度将影响整个行业，对于已届知天命之年的刘谞来说，有日本、澳大利亚等海外研修的丰富经历，有建筑和城市不同视角的交融，有对边疆地区的热爱及对工作和事业的执着，相信通过本书的总结和思考能使今后的工作更上一层楼。

我尽管不是从事城乡规划设计专业，但深为以刘谞院长为首的新疆城乡规划设计研究院的业绩所感染，正是他们奉献边疆的精神与业绩，才成就了1／6国土丰硕的规划作品成果。2005年参加乌鲁木齐中国科协学术年会后，我印象很深，曾集成数句，我想以此转赠给新疆城乡规划设计院长期扎根边疆的前辈和同行们也是适宜的。

各族同心旺边疆，荒漠戈壁无苍凉。

三山两盆贯南北，万商千年亚欧廊。

火洲绿洲油矿富，牧业农业棉果香。

构建和谐机遇好，更待大匠再辉煌。

又届年终盘点时

注：本文是为《2007—2009 中国建筑设计年度报告》所撰写的一篇论文。

光阴似箭，又到了《建筑创作》杂志社出版“中国建筑设计年度报告”的时候。回顾盘点 2008 和 2009 年，前者正逢改革开放 30 周年，后者则是共和国成立 60 周年，按说“年年岁岁花相似，岁岁年年人不同”已成常例，但这两年还是在国人的心中留下了十分难忘的记忆，处于时喜时悲的起伏之中。

先说正面的。2008 年 8 月，第 26 届夏季奥运会在北京成功举行，204 个国家的 11526 名运动员在 16 天的竞赛中刷新了 38 项世界纪录和 85 项奥运会纪录，中国体育代表团第一次获奥运会金牌总数首位。来自 147 个国家的 4000 多名残疾人运动员参加了残奥会。9 月 25—28 日，我国自行研制的神舟七号飞船载人航天飞行获得圆满成功，中国航天员首次出舱活动。中国国民党荣誉主席和主席相继来大陆访问，大陆居民赴台旅游在 7 月首航，11 月海协会领导人首次访问台湾，12 月两岸的海上直航、空中直航及直接通邮迈开了历史性步伐。针对由美国次贷危机引发的国际金融危机，中央和国务院多次召开会议，立足国内需求，保持经济平稳较快发展，保增长，保民生，保稳定。中央领导先后参加一系列经济峰会、全球论坛和国际会议，表明中国的立场，受到世界各国的重视。庆祝国庆 60 周年各项活动顺利进行。

而另一方面，2008 年初南方部分地区遭遇严重低温雨雪灾害。3 月西藏拉萨等地区发生扰乱社会秩序、危害各族人民群众生命财产安全的严重暴力犯罪事件。5 月 12 日四川汶川发生特大地震，造成 69227 人遇难，1792 人失踪，受灾群众 1510 万人。随后一年中，在全国各省市的大力支援下，灾后恢复重建工作紧张进行中。9—10 月发生服用三鹿牌含三氯氰胺的婴幼儿奶粉，导致多起婴幼儿患病。2009 年春季起为防范人感染甲型 H1N1 流感疫情，各地进行了预防、控制和救治工作。7 月乌鲁木齐发生打砸抢烧严重暴力犯罪事件，党和政府果断决策，妥善处置，控制了事态。各地矿难事件时有发生，死伤人数众多。

对于建筑界来说，这两年是大显身手，捷报频传的时段。2008 年上半年，奥运会工程陆续竣工，包括了 37 个比赛场馆（其中 31 个在北京），56 个训练场馆，并先后进行了测试赛，对设施的软硬件建设进行了检验，保证了奥运会期间各项比赛的顺利进行。同时在“绿色奥运，科技奥运，人文奥运”三大理念指引下，集成全国科技成果，为社会留下了丰厚的“奥运遗产”。此外，先后投入 2800 亿元用于基础设施建设，包括城市交通、能源基础设施、水资源和城市建设。譬如新增高速公路 578 km，投资 549 亿元；轨道建设 146 km，投资 497 亿元；环保基础设施约 1200 亿元等。这些建设都是直接惠及城市，惠及广大市民的。为此国际奥委会主席罗格在奥运会结束后在日内瓦表示：北京奥运会是一

1

个“真正的巨大成功”，奥运会的场馆“都是杰出的建筑文化和高质量的代表”，奥运村“是一个非常高质量的奥运村”，无论是在体育发展上还是基础设施建设上，“为中国留下了一项重要的遗产”。在2009年6月，国家审计署公布北京奥运会财务收支和奥运场馆项目跟踪审计结果，“北京奥运会收入将达到205亿元，较预计增加8亿元；支出达到193.43亿元，较预算略有增加；收支结余将超过10亿元，收入大幅超过预算。而残奥会收支持平，收支均为8.63亿元。”

随着2008年11月奥林匹克公园管委会的成立，奥运会主要场馆的赛后开发利用及经营活动步入正轨，原定的许多设想将接受实践的考验。从一年的实践看，标志性场馆的主题旅游已成为北京的精品旅游产品，在大型活动的开发运作方面也初见成效，而无形资产的开发成果也十分显著。总体看来进一步优化了北京的人文环境，带动了区域经济的发展，取得了一定的经济效益。但从几个主要设施目前都在进行改造和内部装修情况来看，如何进一步推动和完善其运营管理还面临一系列体制和机制的适应和更为严峻的考验。

奥运会闭幕后，人们随即把目光集中到已经进入倒计时的上海世博会。在“城市，让生活更美好”的主题和“城市多元文化的融合、城市经济的繁荣、城市科技的创新、城市社区的重塑、城市和乡村的互动”的副题之下，在5.28 km^2的范围内，从城市人、城市、地球、足迹、梦想5个概念领域中选取世界上城市最佳实践主流的相关内容。在城市最佳实践区，形成宜居家园，可持续的城市化，历史遗产保护与利用，建成环境的科技创新四个展示区域。而世博会的几个主要永久保留建筑，如中国国家馆、世博演艺中心、世博会主题馆、世博中心以及中心地带的世博轴均已竣工或将陆续完成，200个国家和世界性组织参展的展馆和国内展馆等都在紧张进行中，造型和理念各异的展馆建筑争奇斗艳，体现不同国家和不同地区的多元文化。

四川地震发生以后，全国各地关心灾区的重建工作，抗震救灾总指挥部要求用3年左右时间完成灾后重建的主要任务，实现家家有房住、户户有就业、人人有保障、设施有提高、经济有发展、生态有改善。通过一系列的重建示范试点，重建恢复工作已全面展开，并在灾后一年中取得了可喜的进展。在解决抗震安全性的主要矛盾的同时，如何利用重建的契机实现节能减排，提高环境质量，实现可持续发展也是

图1.2008年北京奥运会主会场

十分急迫的课题。建筑师们在艰苦的工作条件下，夜以继日以各种方式贡献着自己的激情和才智。台湾建筑师谢英俊在重建家园中，提出了崭新的理念，他提倡的协力互助、自然环保，就地取材、降低对货币和主流营建市场的过分依赖等农村建筑观来重建农村自然和人文环境。他设计的双拼两层房屋（每户100 ㎡左右）每平米造价为500元左右，这与震区一些援建的豪华学校形成了明显的对比。灾后重建是一个长期的过程，不是短期的冲动行为，因此所有这一切都需要时间和实践来进一步检验。

2009年是中华人民共和国成立60周年。岁月轮回一甲子，各行业都利用这一重要时机来回顾60年的巨变和成就，因此行业的各种评点活动群起。就笔者接触的活动而言，“中国建筑学会新中国成立60周年建筑创作大奖”的评选受到广泛的关注和积极的支持。经过半年的筹备和评选，在27个省、市、自治区120单位报送的802个项目中，评选出获奖项目300个，入围项目255个，有22个省、市、自治区的61个设计和使用单位获奖。正如中国建筑学会宋春华理事长所言：“这是一次‘有序的记忆，历史的珍藏’；获奖作品展示了‘国家之面孔，城市之表情’；通过评述，我们要以高度的社会责任感和责无旁贷的使命精神‘继往而拓进，传承而创新’，以加倍的努力，跟随新中国快速发展的脚步，去创造新的业绩和辉煌。”

这次评选将60年分为两大时期和四个阶段，即以1978年改革开放为标志，1949—1959，1960—1978，1979—1999，2000—2009四个阶段，前两阶段58项作品获奖，占总获奖项目的19.3%；而后两阶段的获奖作品分别为94项和148项，分占31.3%和49.3%。这也从一个角度反映了我国改革开放以后城市化的进展、社会的需求及人民生活的进步。获奖作品从建筑类型上更为丰富，从创作主题上也更为多样；从国内的大中小设计院及设计事务所，到与国外建筑师的合作；从本土设计师到海归建筑师；从建筑形式上也有多种形式的探索，其中一部分也具有原创性设计；在建筑技术更有飞跃的进步，大跨度结构，超高层结构，复杂特殊结构，绿色建筑的探索都迈出了可喜的步伐，大大缩小了与世界设计的先进水准之间的差距。与此同时，在北京还进行了当代十大建筑的评选，在评出的10项作品中，9项都是与国外建筑师合作或国外建筑师主创的作品，这也从另一方面揭示了我们在原创性设计方面的不足，也令人不对我国建筑师抱有更大的期望；同时也提醒我们，判断标准是否也需要更科学、更理性、更考虑国情。

新中国60周年活动中，在建筑界更值得一提的我想应是“建筑中国六十年”系列丛书的出版。这是一部由有责任心和使命感的建筑媒体自下而上策划的大型丛书，以事件卷、作品卷、人物卷、机构卷、评论卷、遗产卷、图书卷等共7卷的形式来回顾梳理这一行业。在编选筹备过程中得知，在中宣部和新闻出版总署的组织下，通过充分论证，这套丛书选题已入选“庆祝新中国成立60周年百种重点图书”选题，尽管面临着时间紧、涉及面广、参编人员相对比较年轻等诸多困难，但仍在国庆节前顺利问世。这本总计2329页的丛书不但是以全新视角对于建筑行业、建筑设计、建筑文化、建筑遗产诸领域的全面回顾和审视，对于研究人员来讲也是十分重要的工具书和历史档案。另一部给人以深刻印象的大型文献虽然偏重于城市规划，但因其内容涵盖之全面，内容之详实仍应大书一笔。这就是由北京市规划委员会与北京城市规划学会主编的《岁月回响——首都城市规划事业60年纪事》，上下两册共计1218页。上册是城市规划篇，包括中央指示、领导意见、总体规划、交通规划、水利规划、能源规划、园林绿化、历史文化名城保护、郊区县城镇规划、详细规划等部分；下册是城市建设规划管理篇、副篇和名录篇。前者包括规划管理、管线综合规划与管理、居住区域住宅规划、新技术产业开发区规划与建设、城市工业区规划、城市雕塑规划与建设；而后两部分包括工作方法，回忆前苏联专家、直属单位和协会学会以及北京市老规划工作者名录。本书的可贵之处正如储传亨、宣祥鎏二位顾问所说："新中国以来首都的规划工作，道路漫长，历尽艰辛，官方史书秉直道来，责无旁贷，但篇幅有限，只能写其荦荦大者，述其成果事实，对其中曲折复杂、千变万化的协调、决策过程，不可能铺陈详述。我们这些当时的过来人，见证人，垂垂老矣，抓紧有生之年，把精彩纷呈的历史事实，写下来，传下去，这将大大有利于后人对规划及规划管理工作和建设实践的进一步深入理解。"北京的城市建设是全国建设的一个缩影，当事人的回忆既是对历史的补充和解读，同时也表现了他们的历史责任心。这一类总结回顾行业历史的出版物的问世也成为 2008—2009 年间的重要文化现象。

据 2008 年统计我国全年全社会固定资产投资 137239 亿元，比上年增长 24.8%。建筑业总产值已达 68841 亿元，其增加值达到 17071 亿元，占 GDP 的 5.68%。建筑业企业数量达 22.7 万家，从业人数 3901 万人。工程勘察设计企业有 14667 家，从业人数达到 124 万人，全年营业收入 5968 亿元，人均营业收入达 47.8 万元，比 1980 年的人均 3 万元增长了近 15 倍。工程监理行业从业人员也达到 54 万人。在这两年中国务院印发了《关于天津滨海新区综合配套改革试验总体方案的批复》，发布了《民用建筑节能条例》，建设部发表了《中华人民共和国注册建筑师条例实施细则》《关于印发 < 建筑工程方案设计招标投标管理办法 > 的通知》，第六批全国工程勘察设计大师的公布。民间则有建筑图书奖、全球华人青年建筑师奖等一系列评奖活动。

2008—2009 年关系经济和民生的房地产业表现似乎让人难以评价。据统计，在 2008 年我国已有 6.3 万个房地产开发企业；房地产开发投资规模达 30585 亿元（其中商品住宅投资 22081 亿元）；商品房竣工面积 58502 万㎡（其中住宅 47740 万㎡）；商品房销售面积 62089 万㎡（其中商品住宅销售面积 55886 万㎡）。房地产业已成为国民经济的重要支柱产业，并对其他行业起重要的带动作用，为我国经济的持续高速发展做出很大贡献。面对金融危机的冲击，由于政府的大力支持，银行发放贷款，使房地产企业在生死关头能走出困境。然而由于过多的投资进入房地产市场，楼市价格的上涨达到疯狂的程度，2009 年一年中全国 20 个房地产重点城市中，12 个城市成交均价超过历史最高水平，其余 8 个城市也接近历史最高水平，北京市商品房均价上涨幅度已超过了 60%，成交量、成交价、开盘价均顺势上扬。然而这些并不能掩盖实际所存在的风险。租售比例失调，"地王"变数加大，金融悄悄收紧等举措使《福布斯》杂志把中国房地产列为七大金融泡沫中的第二位，以至几天以后政府即提出，要加大安居工程建设，鼓励自住和改善型住房，运用经济杠杆调控房价，打击捂盘囤地行为。因此市场扑朔迷离的走向与变局日益为人们所关注。

面对急功近利，"政绩工程""形象工程"，权力和利益的干预和干扰，铺张奢华的倾向……在过去的两年中，未达设计使用寿命和结构寿命的建筑拆除和爆破的消息时有所闻，而与此同时"楼脆脆""楼歪歪""楼薄薄"的议论又充斥于耳，包括"央视大楼大火"在内的事例也使人们的目光更加注意设计安全。2009 年底的哥本哈根联合国气候变化会议上，中国政府承诺到 2020 年，中国单位国内生产总值二氧化碳排放比 2005 年下降 40%~45%，对于一直强调环境友好型、资源节约型社会的中国来说是在实现科学发展观，走可持续发展道路上的一次更严峻的挑战。低碳经济、低碳城市和低碳建筑要求我们在观念和行为上都有所应对。建筑业是耗能、耗材大户，我们过去常从技术理性的层面去解决被认为是前人不能解决的问题，诸如“世界最 X、造型最 X、技术最 X、空间最 X”，并以此而沾沾自喜。但当前更多的思考可能需要集中于价值判断层面，更多地考虑在“为什么做”“该不该做”的价值观和发展观上的审视。低碳城市和建筑的提出也是一个契机，促使我们在生活方式、价值判断、技术路线、审美意识各方面对过去有所反思，有进一步的提升。

在上一册年度报告中，编者有意识地增加了人物专栏，使报告更具亲和力。在过去两年中，也有许多学界人士离我们而去，人生苦短，但仍留下了他们的品德、精神、思想和业绩，他们都为建筑行业的发展做出了不同的努力和贡献。被称之为大家巨擘的有钱学森老，他在建筑科学上的包括山水城市、宏观微观建筑等系列思考，对于我们这一学科有重要启发意义。另一位是王世襄老，这位早年中国营造学社仅存的成员之一，在明式家具的研究上的成果，被学界称为继郭沫若的青铜器研究，沈从文的中国古代服饰研究之后，中国古代文化研究的“第三个里程碑”。还有一位大家就是 94 高龄的冯纪忠老，因为各种原因并未在全国范围内，甚至在我们业内也未引起应有的重视。《光明日报》的整版报道说，“这位德高望重的建筑大师，被我们中国人认识的太迟了”，“是一位不断超越，不断向前疾走的、具有现代精神的建筑师”。另外在这两年中西去的还有清华大学的胡允敬、田学哲、杨秋华教授，东南大学的郭湖生、郑光复教授，深圳大学的李承祚教授，还有上海的李大夏，北京的方伯义（北京市建筑设计研究院顾问总建筑师）、谢玉明（中国人大教授）、朱治安（航空工业设计院原总建筑师），深圳的张孚珮（华森公司顾问总建筑师），还有建筑业的老领导杨春茂，出版界的元老彭华亮等（肯定会有遗漏）。

仅凭自己在这两年中的一些印象和感想，做了一些盘点和梳理，但是更为系统、更全面的总结，还是需要看这本新的设计年度报告，这也是每一位读者的期望。

2010 年 1 月 1 日晨

《阳光上东》序

注：本文系冯卫、魏峰主编的《阳光上东》一书的序言之一（中国建筑工业出版社，2011年9月）。

我过去的同事，现任阳光新业地产股份有限公司设计总监的冯卫先生把他们公司操作了10年的项目——“阳光上东”编了一个很有分量的集子，内容充实，图文并茂，真实地反映了这个项目运作的全过程，总结了各组团的设计理念，反映了建成后的形象成果，也辑录了参与各方的想法及他作为设计总监的感悟，是一部很好的个案记录。同时从一滴水反映一个世界，从这个案例也可以看到北京以至朝阳区在城市化、现代化和国际化的进程中所走出的步伐。

北京是我国的首都，是全国的政治中心和文化中心，这是毫无疑义的。但在如何提升城市的国际化水平，建设现代国际城市以至世界城市的目标上，有着一个逐步认识和发展的过程。改革开放，尤其是1992年邓小平同志的南方讲话，对社会经济发展和城市化起了很大的推动作用。国务院在1993年关于北京城市总体规划的批复中明确提出，“将北京建设成经济繁荣、社会稳定和各项公共服务设施、基础设施及生态环境达到世界一流水平的历史文化名城和现代化国际城市”，“保证党中央、国务院……开展国际交往的需要”。也就是那个时期，建设现代化国际城市成为许多城市热门的追求目标。在这一时期为增强北京的影响力与辐射力，逐步扩大城市在国际交往中的地位，各方面进行了很多的努力。到2005年国务院对北京城市总体规划的批复中又提出，“以建设世界城市为努力目标，不断提高北京在世界体系中的地位和作用”。规划提出三阶段的实施步骤：首先率先基本实现现代化，构建现代国际城市的基本构架；到2020年力争全面实现现代化，确立具有鲜明特色的现代化国际城市的地位；到2050年进入世界城市行列。与此同时，规划也细致分析和研究了纽约、伦敦、东京这些城市的发展和演变规律。尤其是纽约，只有300年的历史，却是最早从一个普通的港口城市迈入世界城市的城市之一。从纽约的城市发展可以看出明显的国际化、区域化及专业化的特征。这不仅是指它828 km^2的土地，近900万的人口，更体现在它对全球的影响力和控制力：有219家国际银行，全球五大会计公司中三家的总部，纽约股票交易中心是世界最大的交易市场，是金融、房地产、保险和商业服务业最集中的地方，有着支撑城市的现代产业体系。从20世纪70年代以后，纽约的工业制造业的比重不断下降，而以信息、商业服务为主导的第三产业占了主导地位，其就业人口占总就业人口的90%；这里有着良好的社会发展环境，形成了对人才的最大吸引力。据统计纽约有将近40%的人出生在国外，高质量的移民推动了人口结构的优化，造就了纽约城市的商业精神……这些数字从经济发展、基础设施水平、国际交往水平，影响力和控制力方面为北京的发展提供了借鉴，也是阳光上东项目取得成功的重要前提。

1

2

曼哈顿是纽约五个区之一，也是纽约的核心，这个只有 57.91 km^2 的小岛上集中了美国最大的 500 家公司的三分之一，7 家大银行中的 6 家和各大垄断组织的总部。只有 500 m 长的华尔街就集中了近 300 家金融和外贸机构，曼哈顿岛上的联合国总部、时代广场、中央公园和百老汇大街都是人们耳熟能详的地方，在迈向世界城市的进程中，北京市的朝阳区也有意识地把目光集中在这里。朝阳区面积 470.8 km^2，是北京城近郊区中最大也是最具潜力的一个。从刚刚建区时的大片农田为主，到如今已经成为设施齐全、交通发达、环境良好、国际色彩突出的地区。从 2000 年开始建设的中央商务区经过 10 年运作，已经形成规模，如跨国公司驻中国代表处的 60% 和驻北京的 90%，外国银行驻北京分行的 90%，法人金融机构 151 家，金融机构代表处 146 家，世界 500 强企业中 114 家入驻朝阳区；在全市 46 家五星级饭店中，14 家在朝阳区；外国使馆区除建国门外、三里屯和亮马河之外，还将在东坝建设第四使馆区；国际机场、国际展览中心、会议中心、贸易中心、体育文化中心等都集中在这里。朝阳区汇集了北京 70% 的涉外资源，其第三产业占比达到 84.51%，其中金融保险、会计咨询等现代服务业占全区第三产业比重的 50% 以上（2007 年统计），全区域绿化覆盖率达 30.6%，不同特色的公园 13 个，其中奥林匹克公园总面积（含中心区）11.59 km^2，已建成和正在建设中的万亩以上的林地有 16 处。朝阳区为人们熟知的标志性景观正在陆续建成……结合这些天时地利条件，朝阳区在 2005 年与纽约曼哈顿结为姐妹区就更可以看出他们的雄心。

下面就要提到占地 20.67 hm^2 的北京阳光上东项目了。“上东”是一个特定的概念，它是纽约曼哈顿岛中一个更小的区域。狭长的曼哈顿岛除下曼哈顿、中城、上曼哈顿以外，中间还夹有村、上东、上西、中央公园、海茨和哈莱姆各部分。其中位于曼哈顿岛中部中央公园两侧的区域就是人们常说的上东和上西。面积 341 hm^2 的中央公园分别由中央公园南、北街和中央公园西街和第五大道所围合，而“上东”则是指第五大道以东直到东河岸边，南到 59 街，北到 96 街（一部分到 106 街），如果细分还可分为金海岸、东埃顿、大都会博物馆周边、约克村、卡内基山周边等。有人把上东简化为纽约的“富人区”“上流区”，可能也过于简单单一化了。这里有正对 82 街的著名的大都会博物馆，马路对面 88 街的所罗门·古

图 1.《阳光上东》书影　　图 2. 阳光上东局部鸟瞰

1

2

根海姆博物馆，除 1959 年由赖特大师设计的主体之外，1992 年又由白色派的格瓦斯梅・西格尔加以扩建。86 街路口的德国表现主义萨巴斯基博物馆，还有为数众多的各色俱乐部、大小教堂，包括 96 街上由 SOM 设计的伊斯兰文化中心，还有包括洛克菲勒大学在内的学校，以及癌症中心、考奈尔医疗中心、圣・西奈医疗中心等医疗保健和研究机构，也有包括纽约科学院和美国艺术联合会等办公机构。即使是居住建筑，除单栋住宅和联排式住宅外，在上个世纪中建了许多高层公寓式住宅，除富人居住外，不少外交官也在此居住，因为离东河畔的联合国大厦不远。由于有许多建于 19 世纪末或 20 世纪初的建筑，所以靠近中央公园一侧许多地段都划为历史建筑区。如自 59 街道 78 街之间，列兴顿大道以西的广大地区，由 78 街到 86 街之间，麦迪逊大道以西的狭窄地段和由 86 街到 98 街之间，列兴顿大道以西的部分地区。建筑风格以文艺复兴或学院风居多，哥特和罗曼、巴洛克、乔治风也有一些，现代建筑大多是上世纪 90 年代以前建的，除赖特的博物馆外，还有布鲁耶尔的惠特尼博物馆，约翰逊设计的赛格基金会，贝聿铭设计的古根海姆馆以及 SOM，KPF 等事务所的设计，尤其要一提的是在中央公园正对 70 街的一侧有摩里斯・亨特的雕像，这是美国第一位在巴黎美术学院学习的建筑师，并是美国建筑师协会（AIA）的奠基人。所有这些无非是想说明纽约上东的功能多样性，文化的多样性，是一种综合性的国际化复杂性格。与此对应朝阳区的上东则是以朝阳公园为参照，面积 336 公顷的朝阳公园是与纽约中央公园面积

图 3. 阳光上东庭院内景　　图 4. 阳光上东的住宅

相近的“绿肺”，其东北方向的大片区域是北京最早开发的地区。1983年由美国建筑师设计的长城饭店就称“要将北京带入21世纪”，第三使馆区有许多由该国建筑师设计的使馆建筑，近年来随着功能的不断完善，设施的逐渐齐全，各国设计力量的陆续介入，这一地区国际化、多样化、个性化的特色正在逐步形成，并聚集了很好的人气。

阳光上东项目经历了10年的策划运作，开发公司敏锐并准确地把握了这一地区的国际化特色，名之为“阳光上东”正是表明了对这一开发项目的定位。在《阳光上东》一书中，对于项目的开发过程，全新的规划构架和设计理念，景观和室内设计风格的处理都有十分详尽的图文介绍，此处不再重复。我印象很深刻的是这个总建筑面积为72万m^2的大型项目是由来自6个国家的7个国际建筑设计事务所共同完成，并且有6家国内的设计公司与之配合，由于主创事务所分别来自美国、北欧、南欧、中欧、澳大利亚等地，他们带来了各自的个性和风格，其不同的设计理念和处理手法近一步增强了本区域和本项目的国际化色彩，使之在北四环东路和东四环北路的转弯处显得十分令人注目。另一点是项目团队在开发目标和开发理念上的始终如一。仅从设计总监冯卫先生在书中对项目的解读，对于工程建设过程的回顾，对建成后的反思和体会，就可以看出这是一个十分艰巨、困难而又不可缺少的过程。就我所知，各个国外设计事务所固然有其个性和特色的一面，同时也有克服对中国水土不服而逐渐适应的过程，作为业主方既要考虑项目的商业利益，同时又要协调设计、审查、施工监理和加工订货的诸多矛盾，还要保证项目有理想的完成度和销售结果。从现在的反馈情况来看，正是抓紧了设计—施工—交付的全过程的每一个环节，坚持以现代化、国际化、个性化的高品质为追求，注重吸取国外在同类项目上的成熟经验和有关教训，才能保证了新项目的成功。

说起纽约上东和阳光上东还有一个有趣的相似处。纽约上东因电视剧《绯闻女孩》的拍摄和明星布莱克·莱弗利的表演而进一步吸引人们的目光，而阳光上东也因是《非诚勿扰》《婚姻保卫战》《杜拉拉升职记》《李春天的春天》等众多电视剧的外景、内景地而进一步证明了项目在运作上的特色和成功。

当然一个成熟而优良的项目成功运作有待于周边环境的逐渐完善，依靠有效而到位的维护和管理，也有赖于社区全体居民的共同维护和支持，需要长时间的磨合，尤其是人文气氛的积累和历史感更不是一朝一夕的事情。阳光上东项目已经在北京以及朝阳区建设现代化的国际城市以至走向世界城市的进程中做出了自己的贡献。本书的出版正是一次很好的总结，笔者对于房地产项目没有太深入的研究，仅以此文作为对《阳光上东》的读后感并求教于方家。

日建设计的启示

注：本文原刊于《世界建筑》（2012 年 4 期）。

《世界建筑》杂志准备出版日本最大的建筑设计事务所之一的日建设计的作品专辑。我以为，对于日建设计的研究和了解，包括对其设计作品及其他方面，对于中国的建筑设计界具有一定的启示和帮助。

日建设计是一个有着 100 多年历史、最早成立于 1900 年（明治三十三年）的百年老店（美国的 SOM 设计事务所在规模和组织上与日建设计有相近之处，成立于 1936 年）。其前身称作住友公司临时建筑部，当时只有十几名员工，主要建筑师是野口孙市（1869—1915）和日高胖（1875—1952），到 1933 年时改名为长谷部竹腰建筑事务所，主要建筑师为长谷部锐吉（1885—1960）和竹腰健造（1888—1981）。"二战"以后改名为日本建设产业株式会社，1950 年又独立为日建设计工务株式会社，最后在 1970 年改称为株式会社日建设计至今。到 2011 年为止，本社人员已有 1726 人，其中一级建筑师 742 人，一级结构师 79 人，一级设备工程师 51 人，如果再加上海外分支机构的人员，恐怕是超过 2000 人的超大型设计事务所。在经历了"二战"后恢复、神武景气、岩户景气、两次石油冲击、泡沫经济及此后的长期低迷，日建设计始终对日本现代建筑的发展起着重要的作用，持续保持着组织的活力和创作上的竞争力，同时在海外也逐渐扩大其影响。2011 年全年参加过 122 次设计竞赛，其获奖率达 54.9%。据《日经建筑》统计，它在 2011 年全年设计、监理营业总收入为 275.99 亿日元，连续多年占据收入排行榜的首位。在该杂志排出的 12 种建筑类型的营业收入中，日建设计在办公楼、医疗设施、住宿设施、文化设施、教育研究设施和仓库物流设施 6 类中占第一位，而厅舍建筑、商业设施和生产设施 3 类也列入前 10 名中，由此可见，其在日本建筑设计界"老大"的地位。

从日建设计名称变化的历史可以看出，他们已经摆脱了只依靠一两名建筑师创造力的设计体制，更多地依靠高效的设计，团队的综合创造，通过整个设计组织的运作，形成能够适应时代需求的强强集团，向社会和业主提供高水平、高质量的设计作品。看日建设计的作品，虽一眼看去不像一些明星建筑师那样新奇，但实际上更注重创意、功能、技术、环境等多方面的综合平衡，更注重高品质和全寿命，更注重一些大型项目的全局控制。记得在 2000 年日建设计百年纪念时，曾出版了《设计的技术——日建设计的 100 年》的专辑，详细介绍了日建设计在设计技术上的成就和进展。其中包括办公空间的设计技术，外装修的设计技术，高层结构和构筑物的设计技术，大空间的创造，内庭空间的创造，声环境和光环境的创造技术，从节能到环境友好，信息化的适应，地基处理的技术，水环境的调查和分析，城市和街区的创造，质量的竞争等内容。由于日建设计的团队除建筑师外，还包括高水平的结构、设备、电气、土

1

2

木工程、城市规划、生态节能、建筑物理等方面的专家，在内部合作、沟通和调整、保证品质方面都有明显的优势，同时也增加了市场竞争力和业主的信任度。此外为适应社会和市场的需求，在业务范围上不断有新的扩展和调整，如1990年成立的中濑地基研究所，1993年成立的城市建筑研究所等。在2011年3月11日东日本大地震后，业界研讨今后的技术开发所提出的关键技术，如节能、再生能源技术、抗震工法、减震和制振的工法、地基防止液化和改善、超高层的地震对策、装修材料的抗震对策都是日建设计十分关注的问题，并已有领先技术的专利，也可看出他们的远见和水准。

在日本国内长期低迷、激烈的市场竞争中，日建设计也逐步从本土走向海外，成为国际化色彩的设计组织。据2000年统计，日建设计已在40多个国家有1.4万个方案和作品，其海外项目的比例也从原来的3%~4%，上升到近年的10%，以至2010年的15%。自1983年在新加坡设立事务所以后，日建设计陆续在上海、台北、首尔、吉隆坡等处设立了事务所，其中上海的事务所有30人（中国人员20人）。这里谈一下日建设计在中国的业务。20世纪初曾任日建设计驻上海代表陆钟骁先生讲起，19世纪随着中国的改革开放，日建设计也是较早地进入中国市场，并参与了北京国贸中心的设计工作，后来由于市场等方面的原因，有些已进入北京市场并取得一定业绩的其他事务所采取了退出中国的政策，但日建设计出于经营上的远见却在中国坚持了下来，并逐步扩大了自己的业务和影响。如大连的电视塔（1990年）、敦煌文物研究展览中心（1994年）、上海浦东金融大厦（1999年）、上海信息中心（2000年）等，以及本次专辑中介绍的项目。日建设计也决定今后将以中国市场为中心加强其海外设计，把2011年海外项目比例提高到20%左右。1966年出生的陆先生也在2011年成为日建设计中第一个外籍的执行官，也是最年轻的执行官，同时兼任设计部门的副代表，海外项目的负责人及日建设计上海公司的董事长。

图1. 北京国贸中心　　图2. 敦煌文物研究中心（1994年）

3

4

5

在有限的篇幅里很难对日建设计进行更全面地介绍，设计作品是了解日建设计的一个重要方面，但他们的经营管理体制、决策应变机制、研究开发体制、人才激励机制、薪火传承方式等更值得我国一些大型的设计单位加以借鉴。在我的印象中，我们的许多主管领导都认为，中国建筑水准提不高的原因是缺少“明星”建筑师的个人事务所，但从全球建筑行业的情况看，还是一个大、中、小的结合，既有明星型又有组织型的多样化局面。对于大型或特大型设计事务所，虽然“大有大的难处”，但日建设计的案例却是很好的他山之石。

图 3. 上海浦东金融大厦（1999 年）　图 4. 东京天空树（2012 年）　图 5. 广州图书馆（2012 年）

居其美业新起点

注：本文是居其美业戴昆编著的《新传统》一书的序言（中国建筑工业出版社 2012 年 4 月出版）

居其美业的戴昆先生把他们公司在2005—2011间的工作业绩编了本内容丰富、装帧精良的集子——《新传统》，并邀我写点什么。对于室内设计这个领域，虽因职业关系接触过一些，但终究隔行，没有深入系统的研究。然而和戴昆先生终究有在北京市建筑设计研究院多年共事的情谊，而且是他刚从学校毕业的那些年月，所以我也大着胆子写些自己不成熟的想法。

在我国城市化飞速发展、房地产业虽有起伏但仍十分红火的当下，室内设计和建筑行业一样，进入了一个大发展时期，并逐步形成了一个由业主—设计—产品—施工组成的完整产业链。但从行业发展看，这还是一个在许多方面都仍在探索、成长中的年轻的行业。从发展历史看，20 世纪初国内一些有志之士，包括留学欧、日的学者就开始关注实用艺术。新中国成立之初，中央美术学院的实用美术系就为苏联展览馆、北京饭店西楼、首都剧场等大工程做过室内装饰设计。1956 年 11 月成立的中央工艺美术学院标志着“不仅是文化艺术事业的一件大事，同时也是国家经济建设的一件大事。”随着专业设置和人才培养的从无到有，迎来了 1959 年北京国庆十大建筑的室内装饰任务，并由此锻炼了一大批专业人士，积累了实践经验。记得当时周恩来总理还曾指示过：“一切要为人民着想，一切是为了人，不是为了建筑物的表面装饰，要使今天的人看了舒服，使用方便。我们不是盖宫殿，我们是为今天的人民设计，装饰要朴素、大方、平易近人。少而精，不要多而滥。古今中外，所有精华，皆为我所用。”今天看来还有重要的现实指导意义。

与共和国同龄的北京市建筑设计研究院后来也多次有与室内设计专业合作的机会，并开始建立自己的设计队伍，如首都国际机场现 1 号航站楼、国际俱乐部、北京政协东楼、毛主席纪念堂等工程。我也是在那时通过参加一些工程实践与室内设计艺术家们打过交道，同时也尝试一些设计，从而逐步加深了对于环境设计（包括室内设计）的理解。随着改革开放，室内设计的学科建设、专业设置、人才培养都进入一个新的阶段。虽然改革开放初期室内设计的重点主要还是集中在一些令人瞩目的公共建筑，如国宾馆、使馆、剧院、酒店、以至机场、地铁等交通建筑上，但无论从设计理念设计手法和技巧，建材陈设都有较大的提高。尤其随着国门和设计市场的开放，中外交流的机会增多人们的眼界更开阔，环境艺术的观念也为更多的人所关注。20 世纪 80 年代，在《美术》《中国美术报》等报刊杂志曾开展过有关环境艺术的讨论。建筑界、美术界都发表了许多看法。我也曾在 1986 年第 8 期《美术》上发表过论文，阐述自己的看法：当时强调环境设计的核心是协调人—人工环境—自然环境三者的关系；并提出了评价环境设计的五个层次，即：物质的环境、视觉的环境、生态的环境、社会的环境、精神的环境这样五个层次。人们正是不断地由低层次向高层次的发展而逐渐实现环境设计的综合目标。

随着近几十年房地产事业的发展，商品房以至高端商品房的出现，引来了室内设计和建筑材料的飞速发展，也是一次行业在社会上的大普及。许多人都有切身体会，装修过一次毛坯房以后就变成了室内装修的半个“行家”，对于墙、顶、地的材料，洁具灶具、家具陈设……都能娓娓道来，如数家珍。这样的市场形势也促使在行业定位和行业服务上出现了多样化的需求。我想居其美业在激烈的市场竞争中，最后把企业的目标定位于：“合成空间、陈设及海外采购（物流）三大板块。通过空间与陈设的协同工作来把握整体氛围，而海外采购平台则不断地完善和提供设计师所需的各类材料、货品，保持公司资源与国际的同步。”简言之他们是定位于高档住宅、会所及销售中心等一些高端客户。虽然这类客户属“小众”，但由于需求多样投入较多、思路开放，所以为居其美业的设计师们提供了相对较大的施展天地。在本书许多样板间的设计中，材料的选择，色彩的搭配，格调的追求，品位的营造等方面都初步形成了自己的风格与套路，即“新传统”。公司逐步占有了一定的市场份额。

室内设计作为建筑设计行业的一个分支，除平面设计和空间设计外，还要解决光照、色彩、材料、家具、绿化、装饰和陈设等诸多问题的协调，同时又是一个极具个性特色的创意活动，是见仁见智的复杂考量。尤其随着信息化和数字化时代的到来，人们已不单纯地满足于古典时代那种完成之后即固定不动的静止状态，而更加追求变化、时尚、速度、感受，而当前这个行业又表现出了业主的强势，为了追求销售业绩和利润的最大化，形成了自己固定的价值观和美学追求，因此与设计师的合作也是一个艰苦的磨合和沟通的过程。所以居其美业提到，在遇到一个特别放手的业主，自己可以掌控设计的主导权的时候，才庆幸没有留下太多的遗憾。面对当下社会上不规范的市场，浮躁的时风，畸形的泡沫，更需要有冷静的判断和正确的应对。

本书的一个重要特色是其照片全是由著名的专业摄影师傅兴先生所摄制的。傅兴先生多年来从事商业性的建筑摄影，积累了丰富的经验。居其美业的设计作品多为样板间的设计，需要突出展示化和理想化的特点，而摄影家则从吸引客户眼球的视角出发，尤其在表现居其美业所具有的海外采购平台的优势，对公司特长加以重点的表现，如实地反映了设计特色及所追求的潮流，给人深刻的印象。如果苛求一点的话，如在精彩图片的同时附以更为详细的平面家具布置图可能会更适应读者的需求。

祝贺居其美业已经取得的成绩，这也是企业的总结和新起点。对于室内设计和建材、家具行业的发展来说，还有很长的路要走。引进固然是学习和交流的简捷手段，但更需要在消化融合之后，创造出自己独创的品牌、原创的风格和特色，不但在国内市场，还要在国际市场占据应有的地位，希望在未来能大步走出国门走向世界，确立我们的地位。

2012 年 2 月 26 日夜

现代主义的海洋

注：本文原是为槙文彦先生文集《漂流的现代主义》所作的序言，后因各种原因，该书未能按计划出版。本次补充了插图。

槙文彦先生是具有国际知名度的著名建筑家，同时也为广大的中国建筑界所熟知。早在三十几年前的 1981 年，《世界建筑》杂志就介绍了他的论文《日本城市空间的奥》，此后陆续有杂志介绍过槙文彦先生的设计作品和学术主张，《建筑创作》杂志在 2013 年初专门出版了他的专集，他也曾多次访问中国并讲学。这次中国建筑工业出版社准备翻译出版槙文彦先生的最新文集《漂流的现代主义》，我想将更加有利于我们对于槙文彦先生的了解。

我和槙文彦先生没有见过面，他是大我 14 岁的建筑界前辈，我一直关注着他的作品和思想。早在三十几年前我在日本丹下健三先生那里研修时，他正在东京大学任教授。记得是 1982 年 2 月 18 日，研究所里毕业于东大的小林正美君陪我去东大，但不巧的是那天恰好槙先生不在，十分遗憾，但也还是领教了号称“赤门”的东大校园的气氛。虽然没有谋面的机会，但对槙先生的设计作品我还是十分注意的，他从 1965 年起成立了槙综合规划事务所。我在日本研修的两年中，仅东京一地就参观过他的代官山住宅群（去了还不止一次）、国际圣玛丽学园、奥地利驻日使馆（距离我们住的南麻布非常近）、丹麦驻日使馆、庆应大学三田校区图书馆等。我们那时每天在广尾乘巴士去上班，都要经过三菱银行的广尾支行，建筑不大，那也是槙先生设计的。记得 1982 年 10 月的一天，我陪到日本的贝聿铭夫妇参观东京的一些建筑，经过广尾支行时我告诉贝先生，这也是槙先生的作品。虽然车子开得很快，但贝先生说：我看很有意思。此后我们几次访日和去国外，又陆续看过槙先生的作品如千叶幕张会展中心、东京都体育馆、东京螺旋大厦、美国旧金山的视觉艺术中心、筑波国际科技博览会的 A 区、京都艺术博物馆、纽约世贸中心 4 号楼等，都

1

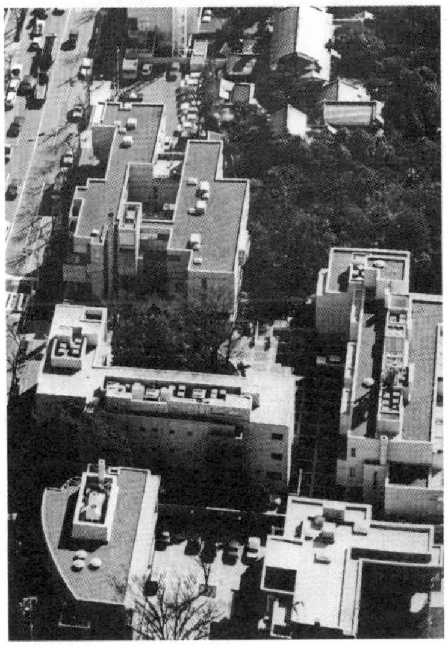

2

图 1. 槙文彦　　图 2. 东京代官山住宅群鸟瞰

3

4

5

6

7

8

给我留下了深刻的印象。

在介绍日本近现代建筑发展过程时，评论常用每一时期的三位著名建筑师作为该时期的代表，如明治时代的三巨头是辰野金吾、片山东熊、妻木赖黄；昭和时代战后的早期是坂仓准三、前川国男、丹下健三；中期是矶崎新、槙文彦、筱原一男；再下一代则是安藤忠雄、原广司、伊东丰雄；等等。日本《日经建筑》杂志曾做过民调，在能“代表昭和时代的作品”中，槙先生的代官山住宅列入前十名之内；在“建

图 3. 东京代官山住宅群　图 4. 日本千叶幕张会展中心　图 5. 东京都体育馆鸟瞰　图 6. 美国旧金山视觉艺术中心
图 7. 东京螺旋大厦　图 8. 纽约世贸中心 4 号楼入口

筑观上有影响的日本建筑师”和“对产生新建筑潮流寄予希望的日本建筑师”的调查中，槙先生均列前五名之内。加上他获得的普利兹克奖（1993年）、国际建协金奖（1993年）、日本建筑学会大奖（2001年）、美国AIA金奖（2011年）等，都可看出他在日本和国际建筑界的地位。

回顾槙文彦先生的建筑生涯，可以发现他的每一阶段几乎和日本建筑的走向世界及国际化的步伐是同步的。早期日本建筑界向外部学习的目光是投向欧洲的，直到“二战”以后，美国成为建筑界注目的焦点，这时槙先生去美国留学，并在那里进行了近十年的教学和研究活动；等到日本经过“神武景气”“岩户景气”，并通过举办东京奥运会（1964年）表现了国力的强盛和成为经济产值仅次于美国的第二大经济体（1968）时，槙先生也于1965年回到日本，创建了自己的事务所，并在东京大学工学部从事教育活动；在日本经受了两次石油冲击，但建筑界依然十分活跃的时代，槙先生也在设计第一线陆续完成了一批让日本国内和世界都为之瞩目的设计作品；等到日本出现“泡沫经济”后，被称为日本建筑国际化的第四次浪潮到来时，许多日本建筑师的足迹也走向了世界，以丹下和日建设计为代表的建筑师们在海外陆续推出他们的设计作品时，槙先生也适时地在德国、美国、荷兰、新加坡、加拿大、瑞士等国建成了一批作品。

也正因为如此，人们常把槙先生看作是日本战后建筑界第一位具有国际性格和国际感觉，并在建筑设计上予以表现的建筑师。从明治时期到战前，日本建筑界的目光主要是注视欧洲的，“日本建筑界的恩人”，创建日本造家学科的康德尔是英国建筑师，他的学生辰野金吾是英国留学的，妻木赖黄虽然是美国康奈尔大学毕业的，但后来去德国后表现出更多的德国倾向。1916年后美国建筑师赖特曾来日本设计东京帝国饭店，他的弟子远藤新比较忠实地继承了他的衣钵，但在日本建筑界的影响十分有限。前川国男和坂仓准三也分别在1928和1929年在法国柯布西耶处学习。二战期间，现代建筑运动的领军人物大部都去了美国，进步的建筑思潮和雄厚的设计资源，加上强大的物质技术力量，使美国在材料、结构、施工、设备等方面均在世界领先，其建筑活动引领了世界潮流。这时日本较早去美国的有影响建筑家应属芦原义信，他是在大学毕业七年之后的1951年才去哈佛留学的，之后在布鲁耶的事务所工作了几年，1956年在日本开设了自己的设计研究所。槙文彦先生则是在大学就接受了包括包豪斯以后国际式建筑的教育，而1952年东京大学毕业后即在1953年去了哈佛，当时新任的系主任是著名西班牙建筑师何塞·路易斯·塞特，之后又相继遇到了吉迪翁和鲁道夫，并因之有六年时间在圣路易市的华盛顿大学教书，又在1958年因导师的推荐，利用格雷厄姆财团的基金去西方旅行。这是一个与日本完全不同的环境，他在这里学习、工作和生活了整整10年的时间，所以他已经习惯于以相等距离的观点来观察日本、美国和世界，尤其是能够较早地从外部世界保持着一定距离来观察和思考战后的日本，对他总体价值观的形成有很大影响，自然对后来他在日本所进行的建筑创作也有极大的帮助。稍后去美国留学的还有在耶鲁大学的冈田新一。

槙文彦先生明确地表现出自己是一个现代主义者，亦即更多的是用国际式的形式来加以表现的建筑家。他的许多作品都是基于在美国生活期间所形成的“群造形”和“场的形成”的理论的，所以在设计中并不是局限于建筑本身，而是追求建筑和城市间的联系，以获得建筑和建筑空间的城市性，从而对周边城市环境质量的改善做出贡献，在城市的框架中形成场。回到日本后，他更着重研究了日本的城市和建筑中所表现出的特性，表现出对城市设计的兴趣。他注重社会的持续可能性，“城市的结构与单体建筑不同，它的构图形态更富于传统性和习惯性，很少出现深层结构自身的频繁变化和突然变异。也就是说，在很多情况下，无论其表层变化多么强烈，但其深层结构都顽固地抵抗着。由此可见，弄清楚城市形态背后的比较稳定的图状，可以说是我们当前认知城市的第一步。”基于对城市结构的研究，槙文彦先生的设计作品在平和和质朴中，表现出一种高雅的品位和格调，是理性与浪漫感性的巧妙融合，在现代主义理念的基础上，引入了一切有活力的因素，引入了城市形态设计，引入了欧洲古典建筑的严谨，引入了日本建筑的精神，很好地展现了他的设计哲学。在建筑立面上，他的作品更多地表现出水平和垂直，近代和过去，透明和厚重，日本和西洋等多重性格。1989 年从东京大学退休以后，面对经济全球化和互联网技术的革命，加上设计活动的范围不断扩大，槙先生已在除日本之外的 12 个国家和地区开展设计活动，同时也面对各不相同的文化背景、人文风情、自然条件，这要求他能从更高的视点活跃在国际建筑舞台。关于槙文彦先生的设计作品，因为已有专集加以详细介绍，所以这里不做更进一步的解读和赏析。

回过头来再简介一下将要在中国出版的《漂流的现代主义》。日本的一些建筑大家如丹下健三、矶崎新、黑川纪章，包括槙文彦先生都是又述又著，在不断推出他们的设计作品的同时，也在时时阐述他们的理论，表达自己的观点。槙先生在 1992 年出版了他的建筑和城市专集《记忆的形象》，2013 年 3 月又出版了《漂流的现代主义》，这也是他脱离了建筑教育，专心致志于建筑创作活动以后的文字合集，包括了自 1990 年以来近 20 年间在报纸、学术刊物、书籍中的文章或讲演稿。全书以现在的现代主义，半世纪的回想、时评、追悼、作家与作品、书评、走近作品为标题分为七个板块，日本版将近 470 页的洋洋文字。虽然表面上看去各个内容关系不大，实际上都贯穿着槙先生的思考轨迹，可以完整地帮助我们去认识在设计作品之外的槙文彦先生。

《漂浮的现代主义》是本书的第一篇长文，也是作者用以取为本书书名的论文，集中地表现了槙先生对现代主义的过去、现在和将来的思考。现代主义已有百余年的历史，“五十年前的现代主义是一所所有人都想搭乘的大船，而今天的现代主义已经不再是船，而是一片汪洋大海。当然，50 年前没人知道船要驶向何方，但今天，我们至少可以看到留在船后的白色航迹。”同时槙先生也指出，随着全球化和信息时代的到来，现代主义的发展速度也进一步加快，现代主义“逐渐成为了各种创意的搅拌器”，“成为掌握全部建筑知识与信息流通的巨大媒介”，各种网络系统不断涌现，因此“漂浮着的海面不是平的”，“应该是有不同程度的小波浪，时而会有大波浪，波浪间相互影响，时而又消失无踪”。按槙先生的观察，广义上的新人文主义可能会形成一个大浪，地方文化的新地域主义也可能形成一个大浪，在海面上漂游着多种多样的价值轴和时间轴，这可能就要借助于比较文化人类学者的眼光了，但时间将是建筑价值的最后法官。

这一板块中的其他文章则从不同的角度和不同的事例展开槙先生对现代主义、全球化、现代性的阐述。诸如近代日本现代主义建筑特异性的由来；迪拜城的拉斯维加斯化；城市和建筑在空间上的进化；建筑所具有的普遍性，或普遍的价值；建筑如何实现社会的潜在性等。

从读者的角度而言，第二个板块“半个世纪的回想”更为引起我们的兴趣。因为这里的七篇文章基本是槙先生的建筑生涯的回忆，可以更好地了解他的心路历程。像由于格雷厄姆财团基金回到日本，与新陈代谢主义的成员会见，直到 1960 年世界设计会议，提出了“群造形”，以及此后的设计活动，对

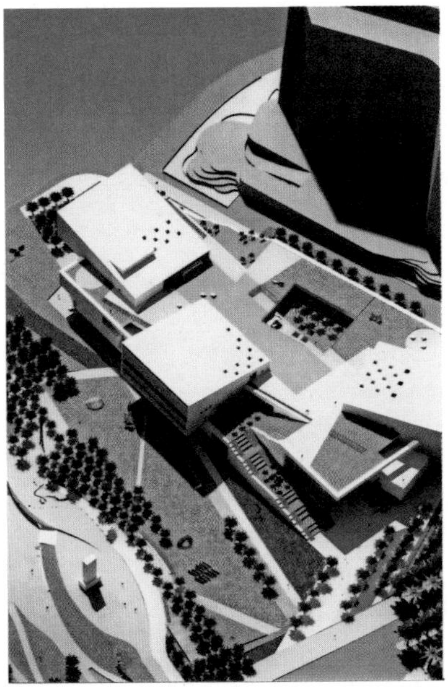

9

45年的历史的回忆，直到对21世纪城市的认识。又如回忆在圣路易市华盛顿大学的6年生活，对这个美国中西部城市与纽约、坎布里奇全然不同的体验，结识众多当地建筑师以及观摩大师的作品，参加若干设计竞赛，为大学设计斯坦堡厅并得到路易斯·康的称赞，以至40年后又为大学设计福克斯设计和视觉艺术学院，充满了有趣的情节。又如对哈佛大学城市设计50周年的回忆和自己在日本的实践；对于1979年对当时30岁左右建筑家的评论，在30年后的反思；指导对日本城市和建筑在近代化过程中所表现出的特性，从语言、风景、集合的角度加以解读，表现了对日本文化特质的认识。这些内容读来都十分引人入胜。

后面的几组文字无论是时评，还是书评，还是对于作家和作品的评论涉及的内容更广泛，更多散文体的文字除了文章的内容外，其文字风格也给人留下深刻印象。只举一例，如《至高的空间——丹下健三》一文，首先把2005年去世的丹下健三与同年去世的美国建筑元老菲利普·约翰逊的人生轨迹作了对比，然后回忆了在丹下处受教和之后的印象。槙先生最后感叹对建筑师来说不是设计了上百个作品，而是有一栋领先的建筑杰作能在建筑史上给人留下深刻的印象。对丹下先生来说，这个作品就是代代木国立室内综合竞技场，并且与其外观相比更重要的是其内部空间的经验。这一空间时过50年后仍让人感动，表现出人类坚强的理念和意志的杰作，对建筑师仍有极大的启示。

由于时间关系，文集中《漂流的现代主义》一文我读过了它的中文译文，其他文字仅是把槙先生的日文原著粗读了一遍，许多内容都还有待于进一步消化。但总的印象是这样一位世界级的建筑大家，一位前辈，通过他人生后半段的经历，通过他独特的视角和目光，把他的哲学、思考、反思和希望留给了我们，是我们了解槙文彦先生的重要导读，同时对每一位有志于建筑事业的人来说都会有所启迪和教益。

当然遗憾的是除了至今无缘见到先生以外，槙先生还没有在中国建成他的作品。为招商局集团有限公司的房地产控股公司设计的深圳海洋世界文化艺术中心还在建设中，预计2015年才会完工。但随着对中国的城市化和建设情况的了解，具有世界眼光和理性思考，同时又经历过日本“泡沫经济”及之后低迷的槙先生，肯定也会提出更多中肯的看法和建议。此前槙先生在接受采访时就说：“在这个花花世界当中，各种各样的事物层出不穷，如果被这些新奇的事物蒙蔽了双眼反倒很危险。建筑，终究是使人愉悦的产物。……各种各样的人都有……我认为应以此为中心作为课题去研究。”在现代主义大船中漂浮的中国建筑师更需要清醒的头脑。

最后祝槙文彦先生健康长寿！

2013年10月3日

图9. 深圳海洋世界文化艺术中心

深度报道的启示

注：本文原刊于《建筑创作》（2013 年 11-12 期）。

《建筑创作》杂志社准备就“日建设计”的两个工程实例做较详细的深度报道。我想对于这家设计公司和案例的深入分析对于我国建筑设计界还是有许多参考意义的。

众所周知。日建设计是日本最大的建筑设计事务所之一，是有着 113 年历史的老牌事务所。从 1950 年改名为日建设计以来也有 63 年的历史了，据称至今为止已在 40 多个国家中建成了两万多个工程项目。像所有的事务所都要随经济状况的起伏而惨淡经营一样，日本的设计事务所在“二战”以后，既赶上了经济恢复和高速发展的景气，也遇到世界性和地域性的经济危机和冲击，诸如两次石油冲击、泡沫经济的破灭及经济长期低迷以至近年的全球性金融危机，因此事务所必须在经营方针上不断地调整、适应，以保持组织的活力和创作上的竞争力。所以评论认为：“（日建设计）其组织、活动及作品内容，不仅和西洋而且也和日本的其他设计组织有很大的区别。”

日建设计不是那种以建筑师的名字为招牌的设计事务所，早期曾以长谷部、竹腰二人的名字称之，但战后其设计体制马上有了变化。它强调的是其“会社”组织。通过组织集团的智力，内部的调整，虽然内部有明确的组织系统，但其决策体系更多的是依靠集体的合议，吸取众多人员的意见，而最后实现对业主的服务。

日建设计是亚洲的建筑事务所，自然也有日本公司按照年功序列的惯例和特色，公司的成员终身雇用。据说公司成员在连续工作 5 年以后，就自动成为公司的股东，因此就比较容易吸引优秀的设计师。年青的设计师在设计团队中，在现场经过工程的实践，不新扩大自己的视野，使每个人的创造力能够迅速的融入集体之中。另外由于公司配备有结构、设备、电气、土木工程、规划、环境等专业的人才，所以其组成也是随工程而变化，需要每一个成员都有良好的沟通能力和适应能力。

日建设计的一个重要经验是，公司和组织的发展和进步与个人的进步相比更为重要，而这种进步和发展更不是少数人的事情，而是全体成员所关心的，即所谓“一个人前进百步不如一百人同时前进一步更重要”。所以我曾多次强调对于我国的设计事务所，尤其是大型或超大型的设计公司或事务所，认真研究日建设计的案例是十分有价值的。长期以来从上到下许多人认为我们建筑设计水平不高是缺少“明星建筑师”的缘故。这可能是事物的一个方面，但如果没有强有力的集团或组织的支持，没有敬业而善于沟通和变通的专业配合，没有一整套完善的激励机制和决策机制，其创造力和竞争力是不能持久的，是不可持续的。

从深度介绍日建设计的案例中也可以看出，日建设计虽然和日本那些大施工公司附属的设计部门不同，但在激烈的竞争中仍能保持自己的活力，在业主方面有充分的信任度，被认为是“把业主的利益放在第一位的公司”。涩谷“未来之光”文化中心（HIKARIE）项目就是其中一例。

这个工程是在原东急文化会馆的用地上新建的综合设施。涩谷车站和新宿、池袋一样，是东京都市区对外联系的重要交通枢纽，这里包括城铁和地铁有8条线路在此交汇，周围原本就有东急广场，西武百货等众多商业、文化、办公设施。这次的改建，不仅是原文化会馆和相邻地区的再开发，把一些老旧建筑拆除重建，而是涩谷地区2009年启动的周边基础设施大改造计划的重要一环，或可称为是作为车站地区再开发的先行样板建筑。从城市角度看，它要为地面和平台上的步行者前往车站提供直接的通路，要在城市灾害发生时为回家困难的人们提供收容场所，还要为城市膨胀以后功能的改善发挥作用。

该项目在建筑个体设计上更具挑战性，用地9640 m^2，总建筑面积144545 m^2，是原有建筑面积的3倍以上，总高182.5 m，地下4层，地上34层中包含了众多复杂的功能：地下3层到地上7层为商业店层，8层为画廊等创意空间，9层为展览

1

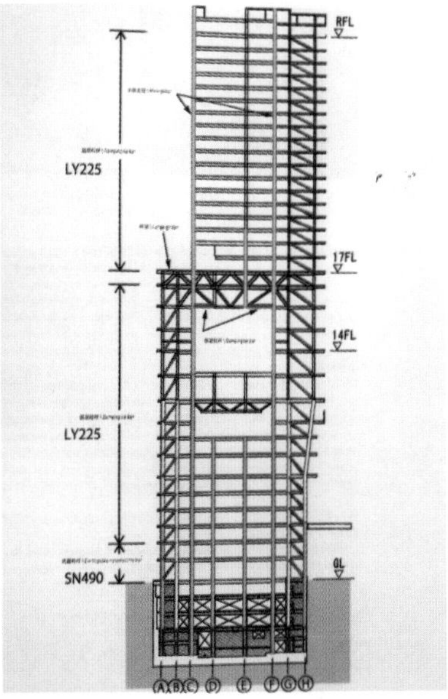

2

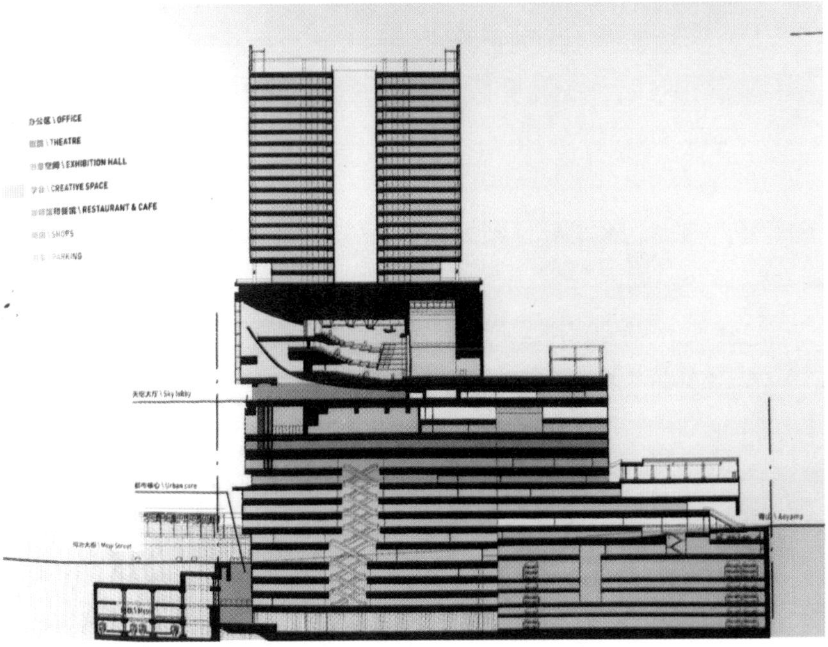

3

图1. 东京涩谷“未来之光”文化中心鸟瞰　图2. “未来之光”文化中心结构剖面　图3. “未来之光”文化中心剖面示意

厅，11 层到 17 层为空中大厅和 2000 座席的剧场，17 层为屋顶的广场，其上为标准面积 3038 m^2 的办公室。这是一个供涩谷区市民使用的各种设施和办公设施合一的综合体建筑，商业、娱乐、文化、交通、办公等用途极不相同的内容重叠在一起，力图开发出一种全新的城市文化和城市生活的模式，这还只是使用功能上的挑战。

在建筑技术上的挑战就更加严峻。结构、抗震、防灾、节能、环保、装修等都提出了更高的要求，如在建筑结构中设置的抗震支撑、制震支撑，文化设施处的超级巨梁的设计及现场提升等。又如建筑在地下与几条地铁线路连接，设计了一个从地下 3 层到地上 4 层的城市核，这一个 7 层的空间就成为了地下车站自然通风的主要通路，减少了冷冻机房的负荷，预计一年间可以减少 1000 t 的二氧化碳排放量。而引入 LED 照明，屋顶绿化等措施也可以削减 21% 的建筑物二氧化碳排放量。这整都是日建设计在设计技术上不断研究和开发的领域，此处不再详述。

此外笔者也想起此前国内一杂志已介绍过的日建设计的另一个作品——天空树。这就是在去年 5 月投入使用的高 634 m 的东京电观塔，从建成时间看比 2009 年竣工的 600 m 高的广州电视塔晚，国内介绍都比较简单。但最近从日本杂志看到些深度内容，尤其是建筑技术方面的内容，让我再次受到启发。

“天空树”是由株式会社日建设计设计，大林组施工的技术上挑战性很高的项目，工期由 2008 年到 2012 年，总造价 650 亿日元，在地上约 350 m 处有称之为“望天平台”的第一瞭望台和地上 450 m 处称之为“望天回廊”的第二瞭望台。日本是多强震的国家，从资料看他们总结出了多条技术上的创新和改进。

（1）地下的抗拔连续墙。此处用地十分狭窄，塔基是边长 68m 的三角形，为减少对周围的影响、缩短工期，SRC（钢骨钢筋混凝土）的地下连续墙上有点状如竹节般弧状的突起，与普通的连续墙相比，可以节省 30% 的混凝土量。

（2）顶部桅杆的抗风装置。在地面 497 m 处是 137 m 高的桅杆塔，里面放置是数字播送的天线。为解决风力的问题，在最顶端设置了两台同调质量的阻尼器。

（3）抗震功能的“心柱”。在日本古建筑的结构研究中，认为日本的塔与中国的塔在结构上的区别是其塔心有一根心柱。天空树也是如此，地面上 375 m 以下就是 RC（钢筋混凝土）结构的心柱，从而解决抗震和抗风的问题。它和钢结构的外部塔体在结构上是分离的，心柱的直径约 8m，内设疏散楼梯。由于内外结构分别应对地震波，因此可以控制结构体的摇摆，最大可以减少 50% 的地震力加速度。

（4）施工中塔吊的抗震问题。除天空树本身的抗震外，施工时的塔吊同样也有抗震问题，大林组除了提高支柱 25% 的强度外，还在塔吊上设置了制震阻尼器。可以减少 1 / 3 ~ 2 / 3 的塔吊摇动。日本 2011 年“3・11”大地震时，塔吊正在提升顶部重 3000 t 的桅杆塔，距最高点还差 9 m，但现场接收到了日本气象厅的紧急地震速报，并立即在地震波到达前 1 分钟现场发布了警报，这样马上停止了作业。当地震波到达时水平位移达到 70 cm，但主结构均未受到影响，只有提升和防止移动的千斤顶受损。

（5）望天平台和回廊处的玻璃安装。由于平台位置已在高空 300~450 m 处，所以必须考虑玻璃的安装和更换。设计者首先考虑玻璃的分块大小定为可供 2~3 个工人可搬动的 25 kg 以下，同时玻璃的压条设于平台内侧，这样在玻璃破损时，十分有利于玻璃安装。

4

5

（6）天平式的脚手架。由于天空树的两个瞭望平台从剖面上看都是倒锥形，一般的吊装脚手架由于平台上部的突出无法靠近锥体的下部，为此专门设计了天平式的吊装组合型脚手架，天平一端是挑出的施工脚手架可以接近倒锥形的下部，而另一端是平衡重，这样可以保证倒锥体下部的施工。

（7）关于天空树的照明也有两项革新。在塔上安装了 1995 台投光灯，但在塔上安装时由于灯的数量多及条件限制，无法在现场逐一决定灯具的设置位置和角度，因此使用了三维的计算机技术。除了灯具的位置调整外，还可研究照明的亮度和色彩。而由松下公司开发的 LED 投光灯具，除了容量大外，其配光曲线也十分狭窄，与一般投光灯的 6 度相比，这里只有两度，利用新的反射板使光很难外漏。

（8）关于钢骨架安装则利用 BIM 技术。由于角度和形状的复杂，同时钢结构又是由三家公司加工，因此施工单位在设计图纸的基础上，使用各种 BIM 软件使之模式化，从而实现了附有脚手架，照明器具同等内容的信息管理一元化。

（9）利用全球定位系统（GPS）进行钢结构的精度控制。使用光波的计测站形成三维测量管理系统，确定到测量点的距离和角度，由 GPS 来确定基准点的精度。由于钢结构断面为圆形，所以测量设置安装的位置有一定难度。但最后的施工误差和 634 m 的总高离度相比，仅有 2 cm 左右。

为了缩短工期，在施工中也有两项重要措施。一是 137 m 高桅杆塔提升施工。利用钢结构塔体的中心空间，在地面组装桅杆，然后用钢索和油压千斤顶同时提升，同时也在桅杆塔上安装天线，避免了高

图 4. 东京天空树鸟瞰　　图 5. 东京天空树近景

空作业时的强风干扰。另一方面在桅杆塔起吊到一定高度后，开始了电视塔中心直径 8 m 的 RC 结构心柱的施工，采用了 20 世纪应用过的滑模工法，在塔中心的空间里安放了吊车和作业平面，绑扎钢筋和浇筑混凝土陆续进行，保证了一天中可以完成 3 m 的作业。

另外由于天空树下还有许多商业娱乐和办公楼等设施，利用地热，引进地区性的能源站，利用基础桩外安装的热交换管，通过精确的计测系统掌握能源用量，利用互联网使能源信息能够互相利用分析，从而提高效率，大幅度消减二氧化碳的排放量。据统计，预计可消减 32% 的排放量。

以上的简要介绍也是通过技术上的深度分析才使我们有所了解。从这十几项创新和革新技术来看，有的偏于设计、有的专于施工，但归根结底，必须有设计施工的全面综合的技术合作和支持；有设计和施工的互相配合；有先进数字和计算机技术的协调才能实现。而且这里面还没有涉及设计方在最初对电视塔造型所做的 100 多个比较方案的筛选上。

结合《建筑制作》本次的深度报道，也想进一步提示：我们在和国外同行的交流学习过程中，固然要注意一些理论和思潮的分析和评论，要注重城市和建筑在空间组合和个体造型上所表现的新奇感和冲击力，要注重建筑师在功能布置和空间变化上的手法和技巧，但还要注重建筑作品由最初的设计方案而转换为物质实体过程中的再创造，严格说这一过程从某种意义上讲是丝毫不逊于方案创意阶段的创造。我们可以看到众多的实例，在方案阶段有新意，深得好评，但作品的最后完成度差强人意，做工粗糙简陋，完全失去了方案时给人的光鲜感。而也有的项目在方案阶段看似平凡，但在后面的再创造阶段注重技术方案的选择、专业的密切配合、施工的精准，而最后成为完成度很高的传世精品。日建设计在此积累了许多成熟的经验，相信通过本期两个实例的深度报道能对我们有所启发。同时也呼吁建筑师在作品创作中对设计后期制作和监理阶段的再创造予以更多的重视。

2013 年 9 月 2 日

《建筑学报》的随想

注：本文系 2014 年 7 月 28 日为《建筑学报》60 周年撰稿。

《建筑学报》（以下简称《学报》）是我们建筑师的学术刊物，也是在建筑学会主管下的权威杂志，集综合性、学术性、权威性于一身。早在我刚刚考上大学建筑系时，就注意到了《学报》，因为我们一入学就赶上学报的 1959 年国庆十大工程的 9—10 期专刊，把国庆工程的全部资料集于一期（到今天看起来都是一份十分难得的宝贵资料）。于是在学校时我就订阅了《学报》。好在那时学报还不贵，报纸一期也就四毛五到五毛，在有限的生活费中还是能够挤得出来的，从此就开始了订阅和收藏学报的“长途跋涉”。

后来知道《学报》是于 1954 年创刊的，但两期后停刊，1955 年 8 月复刊后改双月刊出版，于是我突发奇想，想尽量收集一下此前的各期学报。那时的旧刊物在东安市场里的丹桂商场中总可以见到，我就利用回家的机会不时去那儿看看。很幸运，从 1956—1958 年，我一共收集到 11 本，虽然无法收全，但收集到的各册中也都有许多有价值的内容。如刘敦桢先生的《中国住宅概说》，华揽洪先生的《幸福村介绍》及 1957 年“反右”时批判文章很多的那一期等，1959 年的好像只缺 1—2 期。后来，尽管有一段《学报》和《土木工程学报》合并，经常刊登许多结构计算方面的文章，以及到了“文革”前期，通篇几乎都是社论和大批判的文章，但我仍然订阅如故，这也成了我学报收藏中很难得的一部分。再后我有幸成为《学报》的编委，每期报社都会寄赠给我，因此我只能说是比较全地收藏着《学报》，因为 1959 年以前的各期并不全。2004 年 5 月《学报》创刊 50 周年之际曾经出版过 50 年《学报》的光盘版，但不知是计算机原因还是我的技术原因，一直打不开，于是我还是沿用了纸质的《学报》至今。另外，《学报》在 50 周年时同时还出版了上下两册的 50 年精选，也起到了很好的索引作用，便于使用时查找，但因为是精选，所以有时也查不到自己想要的内容。

由于《学报》在建筑学人心目中的权威性和学术性，我们都把能在《学报》上发表文章视作个人设计生涯中的重要内容。我统计了一下，在《学报》上我一共发表了 56 篇文字，有长有短（包括个人署名、合作或由我执笔），其中有 10 篇左右是在编委会或研讨会上的发言，篇幅较短。我并对自己参加过的国家奥林匹克体育中心和首都国际机场 2 号航站楼都曾在《学报》上发表过多篇不同内容的介绍文字，以至编辑部的同志开玩笑说：“你这都快变成‘连续剧’了。”当然自 1989 年北京院创办了自己的刊物《建筑创作》以后，由于联系方便，所以许多稿件就在这份杂志上出现了。

从个人来讲，向学报投稿是一个很好地再次学习和提高的好机会。在设计院工作很多年的同志都知道，设计院的设计任务十分繁忙紧张，大多是“三边工程”。任务本来就让人忙得不可开交，要挤出一点写总结的时间很不容易了。在《学报》发表文章的稿费并不高，有时让人觉得还不如抓紧干点设计效益更好，何况真能在《学报》发表还必须有足够的学术性和可读性。所以我一直以为送去的文章不能单纯地介绍一个工程或某些资讯，而更多地是要表明一种理念、观点、方法，是汇报交流，更要升华提高。另外，能够在《学报》发表文章对自己也是莫大的鼓励，增强了不断学习总结的自信。我在《学报》发表的第一篇论文是刊于 1985 年 5 期的《关于设计竞赛》，因为自改革开放以后，设计环境逐渐宽松，工程项目增多，市场逐步开放，因此建筑师面临的招投标和设计竞赛越来越多，如何制定合理的规则并使之顺利运行是当时讨论较多的问题。正好我在国外学习时收集了一些各国有关的资料，于是整理了一篇文字提出了些看法。但从我国的实际操作情况看，时至今日仍存在许多为人诟病的不规范之处。

从自己在《学报》所发表的文章，也可以看出自己在不同时期的工作重点或关注焦点。从 1985 年到 20 世纪末，因为自己一直处于设计一线，我发表的文章多是与设计工程相关或对该领域的扩展研究；到 21 世纪后，由于逐渐淡出一线，所以文字更着重于建筑评论和师友人物的回忆，有些可能就和《学报》的宗旨和性格不尽符合了。

在资讯不发达的那个时期，像《学报》(甚至还有《世界建筑》)都是我们获得外部资讯的主要来源，我们如饥似渴地盼望着每一期杂志的出版，以扩大自己的视野，学习更多的东西。随着经济条件的改善，印刷越来越精美，照片也越来越讲究，资讯也越来越丰富。但互联网和多媒体的发展，也给纸质媒体带来很大的冲击，《学报》也面临着更严峻的挑战。尤其是当前各类资讯铺天盖地而来，让人目不暇接，眼花缭乱，作为有社会责任感的学术刊物，我以为应具备“过滤器”和“放大器”的作用。前者是指在面对浩若烟海的资讯和理论，敏锐地发现对我们最有用、有启发、最适合我国国情的案例，然后恰当地予以推介。如果可能，还应从正反两面加以分析引导，可能会对读者更有用处。当然这也考验编者的眼光、判断和敏感度。

在和《学报》交流过程中，最难忘的还是在《学报》50周年前我撰写的综述文章《筚路蓝缕兼收并蓄》。为写这篇文字我把手头的《学报》几乎又重新翻阅了一遍，看到我们这本杂志在多变的政治环境下大起大落，停刊复刊，饱经沧桑，更看到《学报》的几代人为了办好这个杂志筚路蓝缕，兢兢业业，为广大读者献上高质量的内容，也看到众多的作者在这个园地上发表自己的作品和观点，从而开拓了我们的思路和视野，同时通过这个平台也结识了众多前辈和同行，所以文字虽然较长，但仍无法反映半个世纪以来《学报》的全貌，也无法包括建筑界的一切。如今我们又迎来了《学报》的 60 周年，到 7 月份为止，已经出版了 551 期，预祝《学报》不断前进，继续开拓，以更新的面貌奉献给读者。

2014 年 7 月 28 日

各美其美　美美与共

注：本文是 2014 年 9 月 20 日中国勘察设计协会传统建筑分会成立大会上的发言，刊于《中国勘察设计》（2014 年 10 月）。

首先对中国勘察设计协会传统建筑分会（以下简称传统建筑分会）的成立表示祝贺，希望传统建筑分会的成立，能够对传统建筑行业以及我国整个建筑事业的进一步弘扬发展发挥很好的引领作用。

参加传统建筑分会成立大会，看到有这么多单位同志有志于中国传统建筑的传承与发展，并积极就相关问题作进一步的探讨，有这么多的学者、专家、建筑师和工程师从事这项工作，我很感动。我相信，传统建筑分会的工作在中国勘察设计协会的领导下，一定能够顺利推进。

1

近百年来，传统建筑是经常被探讨的课题。由于西学东渐，各种新技术、新材料以及新工艺的出现，使传统建筑在发展中面临很尴尬的局面。在全球化背景下，新的发展和需求不断涌现，我们在审美观念上也产生了变化，这对我们的工作形成了一定的冲击。但是，中华文化源远流长，早已深入人心，深深印记在我们头脑中。我们要通过对传统文化的理论研究和实践探索，总结出更好的经验和理论。长期以来，传统文化尤其是传统建筑文化和技艺是口传心授的，依靠工匠的经验保存和传承，并没有得到很好的提炼和总结。虽然前辈们在此方面做了一些研究，但从整体上来看，现在还有很多问题需要进一步探讨和研究。传统建筑分会的工作安排特别提到了理论的研究和人才的培养，我认为这非常重要。

张锦秋院士在演讲中强调，要“从传统走向未来”，这也向我们提出了一个非常重要的课题。社会学家费孝通先生在 20 世纪 90 年代提出“文化自觉”，并总结了处理不同文化关系的 16 字原则：“各美其美，美人之美，美美与共，天下大同。”我认为，这对传统建筑工作也有很好的指导意义。中国是多民族国家，传统文化研究任务艰巨，要做到“各美其美”，总结文化当中的精华，需要下很大的功夫，付出不懈的努力。费孝通先生在探讨“文化自觉”时特别指出，要了解我们文化的来龙去脉，并且能够把握文化的发展，即要“走向未来”。那么，“走向未来”是什么意思呢？是指我们要发展，还要探索

图 1. 费孝通先生（作者手绘）

新的内涵、表现、手法、词汇和理论，这也是我们肩负的非常重要的任务。

建筑界几代人都在传统建筑的发展方面进行积极的探索，如我们的前辈，北京市建筑设计研究院的张镈总建筑师，在探讨传统建筑和现代建筑的结合上做了很多努力。如何很好地将现代建筑和传统建筑结合起来，使其既能够体现传统的精神，又有现代的技术？我认为，北京西客站在这方面做得相当好。很多人对西客站有不同的看法，但我认为，张镈总建筑师下了很大功夫，在整个群体中将传统建筑和新型的交通建筑结合起来，他在这方面有着独特的心得。另一位建筑师是戴念慈先生，无论是北京饭店还是斯里兰卡的大会堂，他都努力把传统的思想、理念、手法和现代理念很好地结合起来，做了很多探索，而且也有很多非常成功的做法。

我认为，我们在传承、弘扬传统建筑文化的同时，还要发展，通过全球化和其他文化进行交流以及多方面的沟通，做到“欧风汉骨，东学西行”，即“美美与共”，对各自好的东西吸取、交流，从而转化为自己的东西，这样，中华文化就一定能进一步弘扬光大。

城市学的新成果

注：本文系为宋俊岭先生著《城镇学读本》所撰序言的第一稿（2015 年 8 月）。

1

宋俊岭先生是社会科学界研究城市学的知名学者，我是很早就知道他的名字，也读过一点他的书和论文，但一直没有见面的机会；直到 2015 年 6 月的一次新书发布会上才得以相晤，并有了交谈的机会。此前在北京市，我曾多次参加社会科学和自然科学两届的学术座谈会，通过跨界交流深感获益良多，在学习俊岭先生城市学的论述后，也有这种感受。

最早接触到俊岭先生的成果是通过他翻译的《城市社会学》。这是 1987 年由华夏出版社出版的《二十世纪文库》中的一册，相信也是他“向人间偷运天火”心情下的产物。这是美国城市化高潮进程中，芝加哥一批城市社会研究学者的文集。过去我们只注意以美国建筑师路易斯·沙利文为代表的一批芝加哥建筑师在超高层建筑的产生和发展上对世界建筑界的影响，实际上这批社会研究学者通过调查分析来研究城市的复杂性，运用社会学原理找出其中规律以改进城市的芝加哥学派虽被称为“传统城市生态学派”，但在城市学的理论研究和实际应用中产生过重要影响，同时也开启了此后“社会文化生态学派”“城市政治经济学派”“新正统生态学派”等对城市多维结构的理论、方法和技术的研究。

之后读到了俊岭先生《城市环境三层次与环境美的创造》的论文，它被收录在天津社会科学院技术美学研究所主编的《城市环境美的创造》一书中（1988 年出版）。作者在这里提出了城市环境的三个构成层次及其联系，即指城市是由自然环境和人工环境有机结合，多种要素互相关联、相互制约的一个复合体。首先是自然生态环境，包括阳光、大气、水源、土壤、生物等非生物资源；其次是人工建造环境，包括基础设施和各种建筑、构筑物；最后是城市社会环境，包括人口及组织制度、历史文化等形成一个完整的城市生态系统。作者并根据自己的调查提出了相应对策。

到 1994 年中国建工出版社出版了《城市学与山水城市》一书，俊岭先生的《现代化、城镇化和城市学的研究》一文收入其中。作者强调了城市学研究的迫切性，“在城市科学各分支学科分门别类研究城镇的基础上，更全面更系统更深刻地剖析城市”，“所以城市的本质乃是人类本质的一个延伸和物化”。

图 1.《城镇学读本》书影

在同一书中还刊登了科学家钱学森先生 1985 年 8 月的一篇文章，提到："在城市学这个问题上，我基本同意北京社会科学院宋俊岭同志的关于城市学的那篇文章，我认为城市学是一门应用的理论科学，它不是基础科学，或者说是一种技术科学，不是基础理论。"

后来到了 2008 年还是 2009 年的建筑师分会主办的建筑图书评选会上，记得获奖图书中有俊岭先生翻译的美国著名的城市理论家、社会哲学家刘易斯·芒福德的巨著《城市发展史——起源、演变和前景》。该书最早出版是在 1990 年，而我购到此书时已是 18 年后的第二次印刷了。好像俊岭先生也出席了那次发奖仪式。这本博大精深的著作是有关城市学的经典之一，记得其中有许多著名的警句，如："城市同语言文字一样，能实现人类文化的积累和进化"，"贮存文化、流传文化和创造文化，这大约就是城市的三个基本使命了"，"城市的主要功能就是化力为形，化权能为文化，化朽物为活灵灵的艺术造型，化生物繁衍为社会创新"。也要感谢俊岭先生为引进、传播世界的社会科学名著所做的不懈努力。

就在今年见到俊岭先生后不久，他把新作《城镇学读本》的书稿发给了我，使我又一次有了学习的好机会。粗读之后，我体会到新作也是作者有感于"如今中国城镇化进程如火如荼，其高速发育阶段已经过半，学界和专业部门却长期解不出一个完整城镇概念和基本真确的理论模型交给国家和公众"，从而提出了"一个模型、三叠结构、五维空间"的城市理论模型，并通过大量的理论研究和实例分析，来回答"我们为什么要有城市，人类文明的出现是偶然的吗，城镇化究竟是途径还是归宿，如何建设城市"等重大问题，是作者在中国特色的城市学建设上一次重要的探索和研究成果。

新作是作者在博观和厚积基础上的研究成果，丰富了城市学的基础理论建设。由于本人专业知识的局限，对于城市学的了解十分肤浅，需要继续深入地领会和学习，在此也想把自己初步的收获向俊岭先生做一简单汇报。

面对中国"跃进式"的城市化浪潮，我们的政策、理论和建设的确都有些穷于应付，没有正确的理论，就不会有正确的运动。城市学作为一个综合的、开放的复杂巨系统，本身是社会科学和技术科学的有机结合，是理论和应用的结合，前者包括了城市的作用和贡献、现代城市发展的动因、城市结构和功能、城市人口和组织、城市管理和机构、未来城市的模式等内容，后者涵盖城市基础设施、居住、文教、休闲、生态、防灾等课题。而研究更应从局部到整体，从微观到宏观，从"技"的层面提升到"道"的层面，才能使被动的补课逐步转变为主动的引领。

城市学具有多学科性质，随着时代和技术的发展，涉及的学科和门类越来越多，这种交叉学科的融合和扩展将是城市学发展的重要趋势。《雅典宪章》反思并批评了工业化以来城市化模式缺乏理性精神，而《马丘比丘宪章》又提出城市的本质是"尊重人"，城市是人际交往和生活的空间。工业革命使人们向城市聚集而疏远了大自然，计算机和网络技术的飞速进展又带来了信息革命，这可能会使城市建设和发展的时空关系发生新的变革，人们可能会在郊外工作并亲近大自然，转而到市中心消费和娱乐，这有待于对未来城市的探索和研究。

在全球城市化的时代，城市空间发生了深刻变化：产业的全球性迁移，资本和劳动力的全球性流动，经济活动的全球性聚集使城市体系多级化。各国都面临着一些具有共性的问题，众多的城市学者如芒福德、凯文·林奇、雅各布斯、弗里德曼、卡斯泰尔斯、斯考特等都有许多创见。中国的城市化又面临着世界上任何一个国家都未曾遇到问题，中国人口多，资源缺乏，土地紧张，地域和民族的差异也很大。因此不同地域、不同条件、不同经济水准的城市化不可能是统一模式，城市发展模式的多样性需要在理论和实践上的探索和创新，需要比较研究。这样才可称得起是具有中国特色的城市化道路。

城市化和城市发展目标，反映了人类社会和人类自身的发展过程，相对于物质的、视觉的、生态的、社会的目标，进而达到精神和文化的目标，是满足个人和集团的正当的特殊的精神需求，增进城市的亲切感和丰富感的重要课题。正如费孝通先生所说的，“文化自觉只是指生活在一定文化中的人对其文化的‘自知之明’”，“自知之明是为了加强对文化发展的自主能力，取得决定适应新环境时文化选择的自主地位”。他也强调，“只有抓住了比较研究，才能谈得到自觉”。联想到近来大家关注的“望得见山，看得见水，记得住乡愁”的提法，我们既要保护和弘扬传统文化，又要按现代城市和现代人的物质和精神需求来塑造城市，只有高质量的精神和人文城市环境，才能造就高素质的人。

城市的发展既然是一门科学，就有其特点和内在规律，诸如经济规律、时间规律、建设规律、管理规律等，不能急于求成。人们平时在口头上也都会提到这些规律，然而在实践中，由于各种内外条件的影响，城市的主管部门和主政者有过分迷信行政权力的力量，层层加码、拔苗助长，作出一些违反常识、违背规律的决策，这在我国城镇化的实践中还是时有所见。所以《城镇学读本》中提出了一些作者的见解，希望能为业界，尤其是城市主管方面所研究，在城市现代化、城市集群化、城市生态化、农村城镇化的进程中，进一步提升城镇化的水平和质量，使我们的城镇化更科学、更健康、更宜居，造福于广大市民。

俊岭先生嘱我为《城镇学读本》作序，我是诚惶诚恐。虽然对于社会科学终究生疏，但因职业的关系，同时又是城市的居民，自然对周围的城市比较关心，所以也不放弃这次学习的机会，以学习心得的形式奉上交卷，不知俊岭先生以为如何?

2015 年 8 月 26 日

关于公共艺术创作

注：本文系 2015 年 8 月 25 日在北京市建筑设计研究院的一次访谈记录，后刊于《公共艺术家访谈录 2015》（河北教育出版社，2016 年 10 月）。

武定宇（以下简称武）： 请您简要回忆一下毛主席纪念堂、亚运会体育场及中国抗日战争纪念雕塑园这几个重要工程是如何与城市雕塑发生关系的？

马国馨先生（以下简称马）就其在工作中与城市雕塑发生的关系、专业间的跨界合作、中国公共艺术未来的发展方向等问题进行了专业的阐述。

马： 建筑艺术除了技术科学以外，还要涉及社会科学等诸多方面，所以我在建筑设计的过程中，对很多公共艺术是比较关心和感兴趣的。我记得在做建外国际俱乐部工程的时候，当时"文革"已经快要结束，中国加入了联合国以后有了一个很好的外交局面。当时要扩建国际俱乐部，我们就想在其中做一些空间，做一些色彩，做一些变化，这必须要和艺术家有很好的配合。当时的艺术家们也是刚刚从"文革"当中

1

2

图 1. 北京国际俱乐部多功能厅镶嵌画　　图 2. 北京毛主席纪念堂门前群雕

3

4

5

解放出来，所以积极性非常高，做了好多尝试，做漆画、磨砂玻璃、喷沙等各种类型，这些其实都是很早就开始尝试了的，我们觉得这个工程是一个很好的机会。

毛主席纪念堂是政治性很强的工程，我们主要负责土建方面，所有有关雕塑和创作方面的问题，我没有更多的介入。从纪念堂来讲，当时强调艺术集体创作，所以不管是北入口还是南入口的几组雕塑，毛主席坐像雕塑，包括后面整个祖国山河的背景，都还是艺术家们起了很大的作用。所以，当时这是建筑师和雕塑家在政治工程当中意义比较重大的一次合作。

到亚运会的时候，是一个比较好的契机，因为那已经是国家改革开放以后了。从北京来讲，北京成立首都雕塑办公室，对北京整个公共雕塑的发展做了很多的工作，尤其是到了亚运会。非常难得的是，规划最初就已提出要为公共雕塑单留出一笔钱。亚运会的整个体育中心有 60 多 hm^2，这给雕塑家提供了一个很好的平台。另外，什么样的雕塑选在什么地方，和环境怎么配置与结合，这些和建筑师配合比较紧密，几乎每一个地方都是建筑师与雕塑家一个一个来看。另一点，改革开放以后，我觉得主要还是主管这方面的领导理念比较开放，没有设置过多的限制，各种风格都可以，所以这次做的雕塑比较多。当时有几件作品是大家特别关心的，一个是展望和张德峰做的《人行道》，是超写实并且是第一次出现，在当时非常轰动。“人

图 3. 北京国奥中心雕塑“人行道”　图 4. 北京国奥中心雕塑“源”　图 5. 北京国奥中心雕塑“遐思”

行道”是多义的，一是马路上的人行道，另外也可以解释成“人，行道”。这里面有各个年纪的人，有老人，有中年人，有年轻人，还有儿童，每一个人都包含了不同的意思，并且把可思维空间留得更多，这在当时很受欢迎。另外，司徒兆光先生在水边的作品《遐思》是一个裸体的雕盟，这在当时是比较大胆的。第三个是隋建国的雕塑《源》，也是很抽象的，尺度很大，在一般的展览馆里根本没法做，必须要在这样大的、非常合适的环境当中，和我们的整个环境布置以及绿化结合起来才好，应该说当时这个还是和建筑师配合得很好。

陈增华（以下简称陈）：那时选艺术家和作品，是由建筑师做决定吗？

马：主要是“三结合”吧，就是领导、艺术家、建筑师“三结合”。建筑师没有那么大的权利，所以我想还是和大家商量，因为我们对环境比较熟悉，所以在什么环境下才能表现得更好，是有一点发言权的。

武：亚运会公共艺术设置是否有专门的资金支持？

马：是，当时是专门拨的。因为当时资金非常紧张，这当中有好多资金分配的问题，矛盾是很大的，所以我们千方百计地要把这个钱省下来。那时候有比较好的环境和背景，自然而然就会出现更好的构思和想法。

在建中国抗日战争纪念雕塑园时，最主要的是有一个比较好的创作环境。第一，这是一个比较重要的政治工程。当时这块地也比较特殊，三角形的，很难表现我们这么多年全国艰苦卓绝的抗战，所以当时想能够有一个类似矩阵式的做法，另外在非常规整、严谨的构图当中又有稍微自由和变化的格局，能让雕塑家有所发挥。所以这个格局拿出来以后大家很快就取得一致了，当时就是在严谨当中有变化。

陈：您如何看待城市雕塑与建筑的关系？您在做建筑设计的过程中是把雕塑作为建筑的一部分来整体考虑的吗？

马：对，我当时是这么看的。因为 20 世纪 80 年代《中国美术报》讨论过景观设计或环境设计。当时我认为叫景观设计有点不足，因为只是从视觉角度来看，这个东西好像好看一点，如果从环境设计角度，就是一个全方位的东西，就不单纯是一个房子、一个绿化，不单纯是软质景观、硬质景观，而是一个整体的环境。因为从整个城市来看，最主要的还是要有一个总体环境，所以当时我认为要做建筑设计，就要和周围环境相呼应、表现、衬托。公共艺术，首

6

图 6. 北京宛平抗日战争纪念雕塑园

先要有眼光、有品位、有素养，然后在这个地方它就有这个需求。在公共艺术当中，艺术家也好，建筑师也好，都是要为城市主管和业主服务。所以我记得一句话，“让我看看你的城市，我就知道你们这个城市的追求是什么”。

武：请您谈一谈建筑师、艺术家和雕塑家之间的这种跨界合作模式，在之前和现在有怎样的一种改变呢？

马：应该说，现在环境比过去更宽松了，所以大家也都愿意做跨界。但是我认为从现在来看，对公共艺术来讲，还是要惜墨如金，还是要谨慎。我认为从质量上、效果上，从各个方面都不能太急功近利。要想造出传世之作，你必须就得慢工磨细活，这个还是成正比的，你一下就想出来传世之作，不太可能。

陈：前些年注重的都是规模跟数量，现在慢慢转向质量，整体有了人文的提升。您认为如何才能培养出优秀的公共艺术家？

马：这是一个比较复杂的问题。因为艺术家的出现是多方面的，现在完全靠美院也不可能，草根也有很好的，关键是要有一个好的氛围、好的环境、好的政策。为什么创新总是创不了？就是因为框框比较多。实际上对于艺术来说，应该没有任何的禁区，这样才能做出比较像样的东西，公共艺术有时候就不行，要层层审批，这就比较麻烦。

武：您觉得公共艺术在中国的立法有没有势在必行的价值？

马：能做到立法当然更好了，对于法治国家这是非常需要的。我们应该有一套完整的东西，包括著作权问题、作品的保护问题，这些都不能随便地修改和改动，实际是一个很严肃的事。

武：您认为公共艺术的研究有怎样的价值和意义？

马：我认为通过提高全民的文化素养，提高审美水平，让大家的眼光能够提高。从现在看，我们整个的文化欣赏水平还是处在一个普及的阶段，按毛主席的话说，就是普及和提高，还是要不断地提高，不断地和国际水准能够接轨。有创意、有想法、有思想、有内涵，确实对一个城市会起潜移默化的作用。公共艺术并不是说一口吃个胖子，这就和文学作品、建筑一样，都是潜移默化。看多了，大众的眼光和审美就会有所提高，然后就能有思考，有联想，我觉得这对艺术来说是很重要的。

陈：您对我们做文献的梳理工作，有没有一些好的建议？

马：我认为60多年要有一个比较，从1949年，或者更早，从开始引进公共艺术有一个年谱的梳理。第一是要把事实搞清楚，我们总共有哪些艺术家，哪些作品？然后在这当中，可以看出公共艺术有哪些变化。原来可能是很封闭的，很保守的，到后来慢慢走向开放，走向多元化。所以，从历史的角度来看，很需要做这件事。但是这些需要积累，这不是一时半会的，恐怕得有10年、20年的功夫才能做出来，这个做出来本身是一件功德无量的事。

体育产业市场化助推体育建筑精明化营建——马国馨院士访谈

注：本文系2015年7月9日和华南理工大学孙一民教授的一次访谈，后刊于《城市建筑》（2015年9期）。

马：之前钱少，不那么任性，现在有钱了，就比较任性。

孙：领导越来越任性，技术层面的人也不在乎这种问题了。

马：上有好者，下必甚焉。所以咱们建筑设计行业很无奈，说好听了是为业主精心服务，说不好听了，是推波助澜，再不好听点，是为虎作伥。

孙：所以说，“精明”建设是不是要有双向的行动：从上至下，体制上要“精明”；从下至上，设计也要转换思想。

马：你说的很有道理，但是这也分主动和被动。就像以前在北京讨论过建筑节能问题，那时我就提过，别老说具体节能的事儿，应该先说房子该不该盖。也就是说，主管部门做的决定首先要“精明”，在精打细算的基础之上，通过规划师、建筑师、结构师的努力精上加精。所以，前面的决策层面是更决定性的、更主动的。

我们国家存在体制和政策方面的问题，长期以来体育建筑都是由各级政府，比如体委主导建设的，从行政的角度、金牌的角度、国家大型运动会的角度考虑得比较多，各地都以奥运会、亚运会、青运会、市运会、民运会或者根本挨不上边的省运会的名义建设很多体育建筑和设施，这是在立项上的一个误区。当然从国家角度，体育设施的总量还不够，人均水准与发达国家相比还有很大差距，但设施使用率却不高，闲置较多，形成了一个怪圈：国家已经高额投入进行建设了，维护、场租、人员方面仍然需要国家长期补贴来维持运营，做不到“以体养馆”。

所以国家现在提倡体育产业化、市场化，实际是要推动投资、建设、运营主体多元化，除了体委，其他人也可以来做这件事。但是，我们国家现在的机制还不完善，体育产业化程度也很低，所以还是处于摸索、过渡的时期。我曾经在会议中讲过，中国80000人规模的体育场也就那么几座，使用情况还并不饱满，而美国职业橄榄球队的主场都是70000 ~ 80000座席，美国几十个城市都有如此规模的体育场，换作在中国，一定会运营艰难，但是在美国就没事，因为体育运作已经非常成熟。

我认为“精明”，首先应该考虑市场，体育市场成熟了，自然而然就有体育建筑和设施的建设需求。应该从市场的角度出发进行建设，咱们现在有点本末倒置。当然国家从无到有地发展体育，各地也要相应建设一定的体育设施，但是都着眼于此就有问题。比如我们为了网球大师赛建造了专门的场馆，可是我们的网球市场还不成熟，除了大师赛也没有其他事儿了。再比如，我国的游泳馆，很多孩子在里边游泳，按说这也算是想了一个运营的办法，但是用这么大的设施给孩子游泳，就有点“大马拉小车”。其实各地普遍存在这个问题，即如果只是供日常健身和训练使用，根本不需要花这么多钱建设这么高级的几千座席的场馆。现在很多国家举办游泳比赛都是现搭一个泳池，建设的多是游泳练习馆，不仅空间小、节能，而且运作方便，使用费用较低。多年前我们去巴黎考察的时候提出想参观当地的室内游泳比赛馆，但是当地没有，接待方说等申办下奥运会以后才会建，没申办下来不建。当地游泳的设施不少，但是没有正式的比赛馆。这就是人家“精明”的地方。PhilipCox 曾告诉我，一座游泳馆 4 年的运转费用相当于一座游泳馆的土建费用。在咱们国家可能用不了这么多钱，因为场馆可能为了降低运转费用，关闭空调、换气等设备，然后到处结露产生凝结水等各种问题，等于自找麻烦。

所以，我国顶层的问题比下面更麻烦，但是市场化以后也慢慢有了很多还不错的实践案例，使用的反馈效果不错，很吸引人，是休闲产业市场化的一种尝试。从体育产业市场化的角度来看，咱们国家各方面条件还不完善，虽然也开始推动篮球、排球等职业运动的发展，但市场需要慢慢培育。对于体育建筑的营造，基本体制如果没有任何改变，难谈“精明”。

其次，决策层需要更多研究体育建筑本身的特点及其运作规律，不要总是看国外有，我们自己就要建，不要非得求大、求洋、求国际化，什么都要国际比赛标准。有的小城市总共才 80000 ~ 100000 人口，体育场看台就要做到 40000 ~ 60000 座，非常不切合实际。还有的要求必须挑棚全覆盖，一点用都没有，建完以后当“摆设”在那。再看美国洛杉矶奥运会，完全从商业角度出发，国际奥组委认为当时既有的场馆不满足比赛要求，他们就在旁边盖一个临时的设施，而我们国家开奥运会，什么都建成永久性的。

具体的设计层面，同样也需要精明化。目前大量的体育建筑的设计都想着在体育之上附加些别的内容来赚钱，然后拓展了酒店、商业等一些与体育无关的功能。当然这是一个盈利的办法，但我认为，还是由体育衍生出来的功能好一些。在这一点上，美国的橄榄球运动让我深有感触。我看了两年的“超级碗”，观察它整个运作过程。比如中场休息的 12 分钟，会有超级明星的表演，我们国家有的媒体报道总说很多人不是为了比赛而是为了中场表演而来，其实是完全颠倒了。不仅表演没有任何出场费用，而且很多如日中天的明星都以能在“超级碗”的中场 12 分钟表演而荣耀。美国国家橄榄球联盟的商业化运作已经非常成熟，电视、演艺、餐饮等各个行业都要借助它的平台分一杯羹。据报道，“超级碗”期间单是电视的销售量都比平时多 1/3，比赛当天餐饮的消费仅比感恩节少一点。而且在电视转播如此发达的情况下，每场比赛都座无虚席，又带动了服装、纪念品等市场的发展。

再从设计方面谈谈“精明”。咱们建筑设计似乎总是为其他专业创造了很多获奖条件，比如最大跨、最高跨、用钢量最高……我们在为“鸟巢”进行方案审查时，曾建议将看台和钢架连在一起，受力会合理些，用钢量也会节省很多，但建筑师就是要将这两样脱开，外边是单纯的壳，里面是单纯的看台。“水立方”墙体的结构网架本身就 5m 多厚，各方向都跨出 5m，体积就增加很多，经济性就差了很多，而且外面是气枕，结构空间一点用都没有。我曾写文章探讨建筑设计的结构美，即应该用最简单的结构来解决问题，是将复杂问题简单化，而不是复杂化。咱们现今的建筑有化简为繁的趋势，可能“好处”就是为各个专业获奖提供很多条件。所以往往建筑设计的“精明化”做得不好，却给结构、设备、电气等其他专业创造了很多获奖条件。

孙：建筑设计的不够精细，给其他专业留下了漏洞，反而成为了他们获奖的亮点。

马：等于自己制造一个困难，然后再想办法把这个问题解决。

孙：好的设计就应该把这些问题已经消灭掉了。

马：我访问奥雅纳（Arup）时，他们谈到什么是设计的问题，即设计就是要找到各个专业均佳的集成，而不是拿手什么就只做什么。只会钢结构，就什么都来钢结构，只会混凝土，就什么都来混凝土结构的话，这不叫设计，而只是一个技术。

设计的很多前提是顶层的决策，比如面积，任务书中规定5万㎡，就本身使用来讲3万㎡已经足够，但基于现在这样的体制，5万㎡也没什么不好，空间大了可以出租，或者做其他什么都可以赚钱。这样的决策本身就不够“精明”，因为空间规模一旦大了，节能、日常等运营问题都会随之而来。再举个例子，2008年北京奥运会，国际泳联要求“水立方”能容纳10000名观众，场馆按照这个要求进行了设计，赛后拆除了边上座椅，改成6000座规模，而奥体中心英东游泳馆也是6000座规模，不到1km的距离有两个这么高标准的游泳馆，很不精明。

其实从设计上可以考虑的事还是挺多的，比方说大跨，是不是要那么大跨度，如果当中加两个支点，可能问题就简单多了。

孙：关于美国职业体育联盟，我听过一个很有意思的事情。冰球联盟的老板们在20世纪20年代聚在一起，谈到场馆每年有几个月空着，就决定合伙推动篮球联赛，所以很多球馆是冰球和篮球比赛共用的。我有一个学生十年前写关于NBA球馆的硕士论文，收集了很多资料，其中有讲到球馆从冰球场地转换成篮球场地只需要一个下午的时间，因为如果不能如此快速地实现场地转换，一年就无法安排200多场次的比赛。

马：是，我对此也印象深刻，他们的比赛馆就是水泥地面。好多年前我去看一个世界级的比赛，预赛就在水泥地面上进行，决赛前，集装箱车拉来编好号的地板，两个人，没几个小时就将地面全部铺上了木地板，比赛结束之后又很快全部收走。

孙：他们有一些包括篮球馆的室内做法要求，咱们通常要求的采光并不是他们的需求，他们的需求是尽快完成场地转换。

马：这就看业主到底想要干点啥。比如我们在德国看到的体育馆，为了能够举办展览，设计了锯齿形的天窗，比赛结束，天窗一开，就变成展览场地了。

孙：NBA不在乎“黑盒子”，因为有足够场次支撑场馆的使用。我们国内总是策划NBA标准的球馆，但是一年也没有一次NBA标准的比赛。广州建了一座席18000座的篮球馆，网上说重庆也在建，都跟当年五棵松体育馆的讲法一样——媲美NBA球馆的专业篮球馆，可是五棵松体育馆直到现在CBA北京队越来越强之后，才有机会举办更多的篮球比赛。

马：其实体育建筑的“精明”营造，首先应从顶层入手。顶层有一个比较科学的、实事求是的、符合市场需求的决策，建筑师才有可能“精明”到底，同时还要注意千万别化简为繁。另外我觉得现在体育建筑越来越趋向奢华化，这其实是不“精明”的。体育建筑不需要奢华，国外的体育场都是用的喷涂材料，而我们把花岗石都贴上去了，给后期维护带来很多麻烦。1987年我第一次去天河体育中心参观，在贵宾休息室看到那个大水晶吊灯时都惊呆了，体育场的休息室比宾馆的还奢华！其实休息室只是短暂停留的地方，完全没有必要这么奢华。我有篇文章特别提到日本在国际足联世界杯赛场给天皇预备的房间，就俩沙发，没别的东西了，就这么简单。

孙：我看到过有些对待贵宾的做法只是营造气氛。曼谷在2007年举行世界大学生运动会时，为迎接来到现场的泰国王室成员，铺了一块类似地毯的东西，上边放两个椅子。也不是太好的椅子，但是有地毯就会让人感觉很高贵。其实很简单。有一次一个国外建筑师跟我们说，你们好像把奥运会看得太严肃，在我们来看它就是游戏，英文是game嘛，你们把它办成了婚礼，婚礼是不能出错的，游戏是可以出错的。曼谷世界大学生运动会开幕式上，伞兵举着国旗空降进来，结果举着自己国家旗帜的伞兵连伞带人飘到场外了。

马：就像2014年索契冬奥会开幕式上五环少一环的失误，要是在咱们国家就是大的政治事故了。但他们倒也无所谓，一笑而过，自己还有很调侃的解释。咱们都太认真，该认真的地儿不认真，不该认真的地儿又太认真。

孙：现在房地产开始介入之后，好像无论对前期决策还是设计过程都会有一些触动和变化。

马：对，所以现在比较高档社区里，室内游泳池、健身房越来越多，这些社区的体育设施逐渐会对整个体育建筑的设计都可能产生影响。

孙：包括高校里面，像我们南方院校，这么多年就一个泳池，今年我们团队参与改造，才变成两个池。

马：我记得很早以前去看的时候，就是室外池，然后做一个充气的顶。

孙：我们这次给它革新了，做的光伏的顶，还通风，但是顶上给它有一部分后期能源的使用，找了一些光伏的厂家和赞助。改完之后学生使用反馈非常好，原来运营是交给了市场上的专业公司，公司接手之后马上通过网络发布了各种信息。我们外围环境还没做完，里面就已经很热闹了，我们去现场看，救生员都很正规，因为有很多小孩子在里面游泳。按现在这个状况，社会化可能会真的触发一些改变，就是市场反回来倒逼，设计也要精心。

马：没错，之前我在加拿大考察，几乎每一个社区都有小的冰球练习馆。所以国家体育发达，必须有这个基础才行。咱们国家也是多方面的原因，比如都是独生子女，家长总担心出事，又怕体育伤害，所以体育课都不敢开展，春游也不敢去，到最后这个民族只能越来越弱。

孙：体育这一块，好像这两年国家出了不少推动发展的函，比前些年的频率高很多，但是真正对营建这个角度触动的还不多。

马：对，还没有深入到体育建筑的营建如何能够适应现在体育新的变化的程度。

孙：可能还是需要真正触动体育体制的深层变革，像最近关于一些赛事审批权放开的政策潜在的连带影响可能会很大。

当下体育建筑的建设不够精明是多种层面的影响，有时候认为是领导的问题，但我们也看到越来越多的精明的领导出现在各个岗位。

马：可能各地都难得盖一个大型体育设施，所以盖一个就要“高大上”，这一点很要命。我记得当年设计北京亚运会场馆时，我们就认为，体育建筑本身其实就像一个健美者，穿个背心、短裤就够了，而不应该打扮得花枝招展，更不要摆出那么夸张的动作。咱们现在的体育建筑都弄成满头珠翠了，各种附加的东西太多了！其实越是体育项目，脱剩的越少，才能把潜能发挥得越好。

《中国 20 世纪建筑遗产名录（第一卷）》序

注：本文系《中国 20 世纪建筑遗产名录（第一卷）》序言之一（天津大学出版社，2016 年 10 月）。

近来新闻媒体发表了习近平总书记关于文化遗产保护的一系列重要论述和批示，引起了全社会的热切关注。习总书记在北京考察工作时说："历史文化是城市的灵魂，要像爱惜自己的生命一样保护好城市历史文化遗产。北京是世界著名古都，丰富的历史文化遗产是一张金名片，传承保护好这份宝贵的历史文化遗产是首都的职责。要本着对历史负责、对人民负责的精神，传承历史文脉，处理好城市改造开发和历史文化遗产保护利用的关系，切实做好在保护中发展、在发展中保护。"在考察新农村建设时，他指出，要"注意乡土味道，保留乡村风貌，留得住青山绿水，记得住乡愁。"他还强调："让文物说话，把历史智慧告诉人们，激发我们的民族自豪感和自信心，坚定全体人民振兴中华、实现中国梦的信心和决心。"

正是在这一系列重要指示精神的指引下，2014 年 4 月成立的中国文物学会 20 世纪建筑遗产委员会明确了委员会成立的重要使命，确定了自己的定位，也看到了我们所面临的挑战，把人们酝酿已久的 20 世纪建筑遗产保护正式列入议程，为第一批 20 世纪建筑遗产的遴选和认定做了大量深入细致的工作。在认真研究了中国 20 世纪建筑遗产的认定标准，经反复讨论取得共识的基础上，经过全国各地 97 名建筑、文博、文化学者和专家的提名、投票，提出了将 98 项近现代建筑作为第一批认定的 20 世纪建筑遗产加以公布。这是一个十分有意义的开端，相信以此项工作为契机，将进一步推进全国 20 世纪建筑遗产保护工作，这也是学习贯彻习总书记关于文化遗产保护的一系列指示、勇于承担历史责任、主动实践的重要举措。

20 世纪是一个充满了重大变革、跌宕起伏的时代。在这百年间，中国的各个领域，包括政治、经济、社会、科学、文化等都发生了巨大的变化。在人类文明不断进步的过程中，人们的价值观、历史观、审美观发生了许多变化。无论是清末，还是国民政府时期以及中华人民共和国成立以后，人们所创造的建筑遗产都准确地反映了那个时代，反映了国家和民族的复兴之路，反映了社会的进步和曲折，反映了建筑技术和建筑材料的推陈出新，反映了对创造多样的建筑形式和类型的追求。随着时间的不断流逝，我们身边的建筑物成为了时代的重要历史见证，其历史价值和文化价值逐渐为人们所认识。尤其是随着城市化建设的热潮，城市范围不断扩大，人口不断增长，城市发展和保护的矛盾也日渐突出。因此 20 世纪建筑遗产的认定和保护已成为一个极为紧迫的严肃课题。

在 2016 年 6—7 月，两件事情引起了学界有识之士的密切关注。

2016年6月21日，北京中关村一座具有63年历史的科研建筑被拆除了。这栋不那么起眼的被称为“共和国科学第一楼”“中国原子弹的起点”的五层建筑为了新建纳米中心而在机械的轰鸣声中化为一堆残垣断壁。在该建筑被拆除的前一天，《科技时报》在头版以《京城之大，能容得下小小的原子能楼吗？》为标题进行了呼吁。同时配发了整版文章《共和国科学第一楼的尘封往事》，详细介绍了这栋“颜值”不高的“大楼”如何成为了我国第一个综合性科学研究机构，又如何衍生出许多国家科学研究机构。当年中科院成立研究所时，近代物理研究所名列名单之首，吴有训、钱三强先后任所长，1958年时更名为“原子能研究所”，“原子能楼”由此而得名。科研人员白手起家，一切从零开始，为我国的原子能研究事业奠定了坚实的基础。更重要的是中国核物理科学的重要奠基人和开拓者都集聚于此，从这栋楼里走出了六位“两弹一星”功勋奖章的获得者，两位国家最高科技奖的获得者，三十多位科学院和工程院的院士。许多科学家曾多方呼吁保留此建筑，但最后该楼还是在“手续齐全”的说辞下被拆除。据称有关方面也研究过将老楼的南墙嵌入新楼，保留老楼中的加速器这一设备，但恐怕研究保护方案的难度和审批周期都有问题，将“影响新建项目的进度”。人们在质疑，以现代人们的智慧，难道就想不出一个两全其美的办法，保留历史的记忆，珍惜人们的情感吗？

1

与此形成对比的是过了不到一个月，7 月 10 日—20 日在土耳其伊斯坦布尔召开的第 40 届世界遗产大会，将法国建筑师、艺术家勒·柯布西耶（1897—1965 年）的 17 项建于法国、德国、瑞士、比利时、日本、印度、阿根廷的各类建筑选为世界文化遗产，其中包括早期的法国萨伏伊别墅（1930 年）和晚期的印度昌迪加尔（1962 年），类型有教堂、公寓、办公建筑、美术馆、城市规划等。委员会称，这些革命性的建筑作品“实现了建筑技术的现代化，满足了社会及人们的需求，影响了全世界，为现代建筑奠定了基础”。他的这些项目在 2009 年和 2011 年的两次申请中未成功。与此相类似的是美国这次也申报了美国本土建筑大师赖特的十项建筑作品，虽然这些项目被咨询机构评估为“推迟录入”，但如果联系 1987 年联合国教科文组织将巴西建筑师尼迈耶设计建造的巴西新首都巴西利亚（1960 年建成）列入世界文化遗产名录，1994 年世界遗产委员会就提出关注

图 1. 北京故宫宝蕴楼建筑遗产项目发布会现场

“20世纪遗产”的倾向性政策，此后霍尔塔（比利时）、密斯·凡·德·罗（美国）、伍重（丹麦）、巴拉干（墨西哥）等建筑师设计的20世纪知名建筑陆续被列入世界遗产名录，虽然“共和国科学第一楼”和柯布西耶等人的作品在历史文化价值上可以有不同的解读，但仍可以看出中国在20世纪建筑遗产保护上与当前的世界潮流存在着时间和空间上的巨大差距。还需要我们努力工作，迎头赶上。

正如习近平总书记所说：“不忘本来才能开辟未来，善于继承才能更好创新。”建筑遗产，包括20世纪建筑遗产是我国文化遗产的重要组成部分，也是人类文明的重要组成部分。对建筑遗产的历史价值、文化价值、社会价值的认同是中华民族强大凝聚力的具体体现，也是我们自觉、自信的体现。当然，我们也面临着如何科学界定，及时的法律保障，成熟的技术和经验，保护及合理利用等一系列问题。如前所述的“共和国科学第一楼”的拆除，从法律上说得过去，拆除理由看上去也还充分，该建筑未列入文保单位的名单，但《文物保护法》中专门列出了“尚未核定公布为文物保护单位的不可移动文物”，这说明对遗产价值的认识尤其是潜在价值的认识是有过程的，许多尚未列入文保单位或世界遗产的项目很可能就是日后的文保单位或世界遗产，这正是对我们智慧的考验。如果以习总书记所说的“见证历史，以史鉴今，启迪后人”，“把历史智慧告诉人们，激发我们的民族自豪感和自信心，坚定全体人民振兴中华，实现中国梦的信心和决心”来对照，不是十分值得我们深思吗？

建筑遗产作为不可移动的物质遗产，有着不同的使用寿命、结构寿命、商业寿命、遗址历史文化寿命。在迅猛的城市化大潮中，我们往往急功近利、目光短浅，造成了不可挽回的损失和遗憾。在中国文物学会和中国建筑学会的指导下，20世纪建筑遗产委员会将以本次遗产名录的认定为起点，和全国的有志之士一起，把关系到我们的城市、城市中的人物和事件的历史记忆更好地传承下去，让这些丰富的人文内涵充实我们的民族记忆，继承伟大的民族精神。

2016年7月

汪师和建筑美学

注：本文曾刊于《中国建筑文化遗产》第19辑（天津大学出版社，2016年12月）。

1

2016年是恩师汪坦教授的100周年诞辰。为此清华大学建筑学院在5月14日，即汪坦先生的生日那天召开了“建筑与西方理论与中国近代建筑研讨会暨汪坦先生诞辰100周年纪念会”。先生的两个女儿和来自海内外的多名学者紧紧围绕对汪先生的回忆和追思，缅怀贡献，继往开来，回顾了先生的为人、处世、业绩、思想，论及如何继承和发扬先生留给我们的丰厚遗产。

汪先生自1958年到清华建筑系后至2001年去世，在清华工作和生活了43年。但如果除去“文革”十年（那时先生是“六厂二校”的“反面典型”之一，又曾去江西鲤鱼洲走“五七”道路），加上1989年就退休，真正在岗位的时间也就二十多年。但就是在这有限的工作时间，先生在建筑教育、建筑理论、建筑历史、建筑传媒等多个领域都做出了重要的贡献，成为有些领域的创始人、奠基人、开拓者，至今为人们所称颂。我自己曾于大学本科和攻读博士学位时两度师从先生，自己的亲身感受曾以“有幸两度从师门”为题写过一篇文字，回忆了我所了解的先生。这次想从大家较少涉及的建筑美学角度回忆一下先生在这一领域的开拓和探索。

美学是一门古老而又年轻的社会科学，是哲学的一个组成部分。它着重研究人们对于现实、特别是对艺术作品（包括建筑艺术）的审美认识和审美关系，它要解决美的本质、美的规律、美的标准和美的判断等一系列认识问题，同时又要指导艺术创作实践，不断提高人们的审美趣味和鉴赏能力。美的表现千变万化，所以两千多年来，一直为哲学家们所追问，他们的哲学思想和美学思想是紧密结合在一起的。古希腊的毕达哥拉斯及其学派第一次提出“美是和谐与比例”。他们认为圆和球有着绝对的对称与和谐。亚里士多德认为美的主要形式在于秩序、匀称和明确，同时认为只有各个部分的安排相对于整体来说是匀称的，大小比例和秩序能够突出完美的整体，才能看出整体上的和谐，从而把事物的形式美和内容美紧密结合起来。古罗马的维特鲁威吸收了希腊美学的优点，他认为庙宇的设计有赖于对称，而这些对称原理又都出于比例。他的《建筑十书》是最早的一本由边缘学科交叉而成的专著，是数学、艺术、工程

图1. 汪坦教授（1984.5）

力学等和谐统一的产物。而后文艺复兴运动促成了文学、艺术、哲学、技术、科学等各种知识的综合，达·芬奇就涉猎于众多学科领域，取得了许多杰出的成果，完美地表达了自然科学和美学的密切关系。他认为绘画再现可见世界，而科学则深入到事物内部，绘画反映事物的外在形式美，科学美学则反映事物的内在本质美。此后哥白尼、伽利略、开普勒、笛卡尔都促使科学和艺术充分汇合，形成了这一时期美学思想的战斗性特点。牛顿时期的数学家欧拉，通过力学积分计算，提出了自然界的结构是节约的这样一个美学命题，数学的逻辑美得到了推广和运用。此后的康德，既精通科学，又精通美学。他认为一个世界的结构越合理，它的美持续的时间就越长，但是再完美而合理的结构，也不可能使它的美永世长存，指出了结构的完美性和不完美性的辩证转化。到 20 世纪初以前，美的焦点则集中于真善美的统一，其焦点在于这种统一是以美作为基础，还是以真或善为基础。神学界认为统一的基础是上帝的善，而海克尔、玻尔兹曼认为应以真为基础，马赫认为统一的基础是美。这种对美的认识争论持续了很长时间。

2

然而时代在发展，对于审美的认识和人们的审美趣味总是在不断地变化，并要求能够与时代同步。自 19 世纪末 20 世纪初以来，随着钢筋混凝土和钢材等新型建筑材料的广泛运用，建筑风格和建筑方法产生巨大变革。所以虽然美学研究中建筑艺术一直为美学家们所关注，然而长久以来并没有成为美学研究中的一个独立领域。在现代建筑技术的条件下，不断创造新的建筑艺术美已是时代的需要，加上美学本身在进入新时代以后，一方面如哲学美学、心理美学、社会美学等通过不同学科的交叉渗透而形成了美学的新学科，另一方面美学也对各种艺术形式的研究日益细致深入，逐渐分化成为更加具体的艺术部门。正是在这种形势下，建筑美学作为美学的一个分支，获得了相对独立的发展。如何揭示不同时代不同建筑风格的本质，如何总结其特点；如何找出不同建筑思潮之间的关联，找出彼此间的对立和融合；而新的材料和技术，又如何在前人的基础上，创造出新的形式和风格？这些成为哲学家、建筑理论家、建筑师们关注的热点。从美国格林诺夫的《形式与功能》（1853 年）中所提出“形式适合功能就是美”“从内到外做设计”“装饰是虚假的美”等观点很快都成为现代建筑的基本主张，加上此后格罗庇乌斯、勒·柯布西耶、莱特等从技术美学、有机建筑等方面分别论述了现代建筑全新的美学思想，以至到塞维、哈姆林、布鲁诺·亚历山大、诺伯格－舒尔茨、斯克拉顿等一系列理论著作，使建筑美学的体系逐渐丰富和完善。然而中国的政治大环境加上国际关系的一边倒，使建筑美学这一课题对于当时的中国建筑界来说，还是一个遥远而陌生的领域。

对中国建筑界来说，建筑的形式、建筑美感、建筑的艺术特征、建筑和其他艺术的区别等都是建筑师不能回避的主题。前辈梁思成先生在 1932 年就曾指出：“这些美的存在，在建筑审美者的眼里，都

图 2. 汪坦教授和夫人马思琚教授（1996.5）

能引起特异的感觉，在‘诗意’和‘画意’之外，还使他感到一种‘建筑意’的愉快。”此后徐中先生在 1956 年针对建筑方针的理解，从建筑中有没有客观的美、建筑中有没有艺术的美、客观的物质创造中的美和艺术中的美在建筑中的统一等三个方面系统地阐述了“建筑的美观，应该是指建筑在客观美和艺术美统一的过程中能表达建筑艺术意图的美好建筑形式，不是空洞的，而是有内容、有形式的美观，是建筑艺术内容和形式的统一”。在经历了一场场政治运动之后，1959 年 5—6 月，建工部和中国建筑学会在上海联合召开了“住宅建筑标准及建筑艺术座谈会”，除了只用 4 天时间讨论住宅问题外，其余 12 天都在讨论建筑艺术问题。按当时的提法，“大家就建筑理论中的一些基本问题，如构成建筑的基本要素——功能、材料、结构、艺术形象及其相互之间的关系，建筑中形式与内容的问题，传统与革新的问题，进行了广泛的讨论。讨论并研究了社会主义建筑的特点，对资本主义建筑及各种学派进行了分析批判”。各建筑院校、设计院的主要技术负责人均做了发言，汪坦先生和吴良镛先生也联名在 5 月 28 日做了题为“关于建筑的艺术问题的几点意见”的发言。最后，建工部刘秀峰部长以他在会议结束时的发言为基础，以“创造中国的社会主义的建筑新风格”为题，从研究建筑问题的几个基本观点：建筑的特点及构成建筑的基本要素；建筑艺术问题；传统与革新、内容与形式问题；学习与创造问题；对建筑史的几点希望等方面作了全面系统地总结。这是带有明显时代烙印的纲领性指导性文件，既总结了经验，提出了政策和观点，当然也有其时代局限性。1962 年梁思成先生的科普文章《拙匠随笔》在介绍历史和设计的同时，也表达了其审美追求。《新风格》一文在此后的“文化大革命”中被批为“大毒草”。在很长一段时间里，美的问题成了建筑界的禁区，这也造成了国际上有关美学理论的研究和进展“和我国当前的情况有着时间空间上的实际差别”（汪坦先生语）。

但对这些基本理论的思辩是无法回避的，改革开放以后，建筑界思想理论的思辩又逐渐活跃起来。邹德侬先生在 1982 年翻译出版了哈姆林的《建筑形式美的原则》一书，这是建筑美学研究的重要著作，作者提出了现代建筑形式美的十大法则，并认为一个艺术上完美的建筑，无不是综合运用这些形式美法则的结果。与此同时，汪先生也密切注视着外来理论的进展，一方面这些理论涉及现代哲学、美学、文艺理论、心理学、社会学等“不是三言两语所能道破”的内容，同时信息论、控制论、系统论以至后现代主义等又不断开拓了新的领域。所以他在大量阅读原文著作的基础上，做了详细的读书笔记，既为后来建工出版社出版《建筑理论译丛》做选题准备，同时也为他对建筑美学的关注积累材料，因为“从事建筑理论探讨对比建筑实践来说并非‘松绑’，可以随心所欲，想入非非”，而是要“多看原文并和历史事实对照”（汪坦先生语）。

1985 年以后，汪先生齐头并进着好几件工作，一个重头戏就是《建筑理论译丛》的介绍和摘要。当时他向出版社推荐了 21 册，并发表了其中 7 册的读书笔记和内容摘要。如斯科特的《人文主义的建筑》（1914 年初版，1924 年再版），先生认为由于理论上突出了移情论，为理解巴洛克建筑作为“人文主义者”建筑原则的完善体现，做了有说服力的辩护。关于建筑空间的见解，塞维、科林斯、斯克拉顿等人都曾受到他的影响，对他们的审美观有所启发。诺伯格—舒尔茨的《建筑中的意向》介绍了符号学，探讨了作为形象艺术的建筑。同样是他的《存在、空间和建筑》则认为属于结构主义思潮，按格式塔原则揭示了场所和节点、途径和轴、领域与区域，这些形成了一个完整体，构成我们所称的“场”。科林・罗和凯特的《拼贴城市》是关于城市规划审美问题的讨论，拼贴是“一种概括的方法，不和谐的凑合，不相似形象的综合，或明显不同的东西之间的默契。”布罗德本特的《建筑中的设计——建筑与人文科学》则涉及设计方法，从建筑师的角度讨论有关人文科学、技术方法论、信息论、控制论、系统论。拉波波特的《城市形式的人文方面——关于城市形式和设计的一种人——环境处理方法》则研究人怎样塑造环境，物质环境如何影响人，探讨各种环境相互作用的机制。他从信息论的观点把环境设计者看作信息编码的过程，人是解码者，环境起了交往传递作用，在这个过程中特别重视感知机制。而先生的读书笔记中最后一篇是对塔非里的《建筑的理论与历史的解读》的解读，该著作主要涉及对理论和历史的评论："评论和建筑一样，应当连续地自我改革，以寻找新的参数"，“本世纪的艺术已经越过了意识形态的常规、纯理论以及类似的美学的围栏，以致于对现代艺术所做的真正的评论，只能来自同先驱者的崭新问题的直接的经验的交往，而有勇气抛开那些哲学系统的分析方法”，“在任何情况下，我们都不相信可以从传统的美学中派生出评论来……美学的问题常常是易变的和被艺术的不可预见的变化的具体经验所确立的”。记得在汪坦先生给我们的讲课中多次提到书中所涉及的结构主义评论家潘诺夫斯基、巴尔特等人。在当时这些晦涩难懂的著作的中译本还未翻译出版的时候，先生的这些读书笔记在当时就成了研究相关课题最好的导读，为建筑理论包括美学研究提供了各种不同的思路，同时也可以从中看到他对建筑美学的关注。

先生此时的另一项重要工作就是开设了“现代建筑引论”的课程，并不顾年高，先后在浙江大学、东南大学、同济大学、华中科技大学、天津大学、深圳大学等大学举行过一系列的讲座，其内容涉及历史主义、现代建筑美学、符号学、类型学、空间理论等。当然这又是他在读书之后融会贯通基础上的另一次提炼和浓缩。讲课留下了相当多的录音资料，但至今没有整理出来，听说一是先生的语速较快，加上又有些口音，所以对准确整理有一定困难；另外先生的思路如天马行空，跳跃式的旁征博引，也是后学或整理者难以企及的。

另外就是汪先生与陈志华先生合编，并于1989年出版的《现代西方艺术美学文选——建筑美学卷》，承先生赐赠一册，从中获益良多。该书收入了17位理论家、哲学家、工程师、建筑师的21篇文章摘要。编者认为“当代建筑的主流仍然是现代建筑……本书实质上是当代建筑的美学理论”。编者认为后现代主义“从目前趋势看，远远没有取代现代建筑，成为新阶段的主流的可能”。所以编者解释说，“现代主义在近90年的建筑实践中影响最深最广，它的限定也已经获得公认，这一段思路演变，颇值得我国借鉴。”按丛书体例，在每篇译文前有编者对译文和作者的简略评介，可以加深读者对文章的理解。该书从1853年的格林诺夫始，包括未来主义、风格派、包豪斯、构成主义，从格罗庇乌斯、密斯、勒·柯布西耶、莱特到佩夫斯纳、奈尔维、文丘里、斯克拉顿、阿尔海姆，涵盖了现代建筑发展不同阶段的主要理论和美学观点。如格林诺夫的“形式适合功能就是美”；卢斯的“装饰就是罪恶”；赞颂机械文明的未来主义思潮；受斯宾诺莎影响的风格派；发展了技术美学的包豪斯和柯布的《走向新建筑》；强调建筑的“美”和“真”“善”的不可分，突出其文化特征，主张“美的观念随着思想和技术的进步而改变”的“全面建筑观”；在建筑形式上无所顾忌地表达其复杂性和矛盾性等；直到斯克拉顿认为建筑美学可以成为哲学问题的一个合法课题，“建筑的审美理解是理性的自觉活动，功能性是建筑美的特征，在建筑鉴赏中，兴趣—倾向具有更深的影响”等。

从早年汪先生在美国学习时的家信中可看出他对于哲学、美学的兴趣和深入研究。他曾开列过一个52本书单，除去作家、音乐家、戏剧家的著作外，哲学家的著作就有亚里士多德、尼采、杜威、帕斯卡、卢梭、斯宾诺莎、柏拉图、叔本华、伏尔泰等人，同时，先生一生对于音乐的热爱，认为音乐是“比一切智慧，一切哲学更高的启示”（贝多芬），是“心境及其全部的情感和情欲”。同样，音乐美学也要探讨审美观念、审美判断、审美规律，这与称之为“凝固的音乐”的建筑也有相通之处。所以几十年来，他对于建筑美学的关心是顺理成章的。但由于各种原因的限制，先生在建筑美学上的研究和兴趣，并未得到进一步的开拓和展开，他还没有来得及把他的思路系统化，也还没有形成一个较完整的框架。从这点出发，我认为称汪坦先生为建筑美学研究的引路人似乎也更为恰当。建筑美学是有着相当难度的交叉课题，先生自己也说：“我国对于西方建筑理论流派的理解往往偏于美国流行的评论，不习惯识别像意大利理论家和历史学家塔非里的那种论证方式，以致阅读起来多感晦涩。”汪先生说：“我的经验是，多读几遍还是能看出发人深省之处。”先生谈及自己对于这些西方理论的理解时，也坦率承认读书笔记“在努力使其易懂之时，不免有曲解之嫌，只有读者留神了”。先生也多次说过，自己的讲课，自己的读书，有许多地方还要重新认识，有的地方甚至要否定。像美学这样的人文学科，审美可以有各种不同的解释，我们在这里不是对比谁掌握真理，而是看谁能对现象解释得更合理。但天不假以时日，先生已没有机会来做这些事情了，不能不说是学界的遗憾。

值得庆幸的是经过改革开放，经过汪坦先生等一批前辈的开拓引导，哲学界和建筑界对于建筑美学的关注，对于建筑审美的研究正在不断深入。除许多译著外，据我所知汪正章、侯幼彬、王世仁、沈福煦、熊明、曾坚等先生陆续有一批美学专著问世。不少学校开设了有关建筑美学的课程，建筑美学的研究对象、内容体系、哲学基础、生成机制一直到审美评价等框架均已初步建立。此时再回首美学研究的曲折历程时，汪坦先生在建筑美学领域的贡献将为人们所铭记。

谨以这篇不成熟的小文纪念恩师汪坦先生的诞辰百年。

2016年7月15日

《建筑传播论》序

注：本文是金磊著《建筑传播论——我的学思片段》的序言之一，题目《山川从此待文章》是作者加上的（天津大学出版社，2017 年 5 月）。

在文化的创造和传承过程中，编辑和传媒人起着非常重要的桥梁和推动作用。很早以前鲁迅先生在谈到编辑工作时曾说：“这是一个非常需要而且很有意义的工作，我自己也是搞过这一行的，其中也大有学问啊！”出于兴趣，我曾买过不少出版家和编辑的著作，如张中行、赵家璧、沈昌文、牛汉、吴泰昌等人的回忆录，让我深感他们的所知所为，实在是文化传承过程中的重要资源和组成部分。同样也想到我们建筑界，改革开放以来，我国取得长足进展的成就中，莫过于城镇化和建筑事业的发展，与此同时建筑传媒和传播，包括文字、期刊、网络、影视都对行业乃至整个社会产生了巨大的影响。金磊先生改行从事与建筑传播事业相关的工作近二十年，最近完成了《建筑传播论——我的学思片断》一书，从他作为传媒人的经历和视角，记录了他所经历的人和事，对城市和建筑的思考，我认为是具有学术和文献价值的成果。此前我曾分别向我熟悉的资深媒体人提出过类似的建议，希望从他们那儿发掘出更多在城市和建筑这些物质实体背后的活生生的人物和思考，从而使我们的建筑事业的发展历程更为全面和丰满。

金磊先生是从传播学的角度入手研究的。传播学是世界范围内发展最快的学科之一。这是一门应用学科，是一种实用技术，它涉及社会科学、自然科学和工程技术中的许多学科。我们生存的环境是由自然环境、社会环境和符号环境三类总体构成的。美国著名

1

2

图 1.《建筑传播论》书影　　图 2. 金磊（2014 年 5 月）

传播学者麦克卢汉认为："媒体是人的延伸，显现着现代文化特征的社会，某种意义上说是各种符号系统通过传播而构筑的社会现实。没有符号的处理、创造、交流，就没有文化的生存和变化，传播媒介是文化发生的场所，也是文化的物化。"传播学就是研究人与人，人与他们所属的社会和群体，借助于语言、文字、图像等方式，直接和间接地进行信息、思想和感情的交流，并在此基础上形成人际关系和人群关系。简言之就是研究人类一切传播行为和传播过程的发生、发展的规律及其与人和社会关系的学问。联合国教科文组织专门成立了国际传播问题研究委员会，并定期召开会议。国内许多大学也分别设立了传播系或传播专业。

我和金磊先生在北京市建筑设计研究院交往有三十余年。最早他是电气专业，而业余的学术兴趣重点是城市减灾防灾，并先后出版和发表了多部专著和论文，我因对这个课题也有兴趣，所以有较多的交集。金磊先生的一大特点就是对所从事事业的热情和执着，对工作的锲而不舍。他虽是半路出家，后来从事了与专业和本来兴趣关系不大的建筑文化传播的实践，但很快便进入角色，依托《建筑创作》这个平台，在 12 年的时间里为行业的进步、人物的推介、信息的交流做了大量有实效的工作，很快在建筑传播界显示出影响力和活动能力。近年随工作岗位的变化，又在《中国建筑文化遗产》《建筑评论》和《建筑摄影》三个平台辛勤耕耘和开拓，并已取得了明显的成效。对他的执著和热情用"殚精竭虑""筚路蓝缕"来形容是丝毫不为过的。

传播学是随着电子传播和信息技术的飞速发展和行为科学、公共关系学的建立而崛起的。因为建筑传播本身必须与相关的公众或团体通过交流、理解、认可和合作，从而建立互相了解和依赖的关系。出版家沈昌文曾说："编辑工作是个奇怪的职业。自己不生产，这边是作者，那边是发行，那边是印刷厂，你在中间，这样就要求你要做到人脉相通。"金磊先生的传播工作离不开众多的设计机构和团体，众多的建筑师和媒体人的支持，与天津大学出版社、中国建筑工业出版社等众多单位形成了默契的合作关系。他正是通过自己辛勤的工作，热忱的待人来赢得大家的信任，从而成功地完成了业内众多的建筑文化策划和出版活动。从这种意义上说，《建筑传播论》在论及建筑传媒理论论述实践路径时，也相当于叩问业界发展的时光，展开耕耘的原野。

著名的学者拉斯威尔提出了传播学的五个基本构成要素，即谁（WHO），说什么（WHAT），对谁（WHOM），通过什么（WHAT CHANNEL），取得什么效果（WHAT EFFECT）。公共关系学也把写作、编撰、制作、计划、宣传等作为工作的基本内容，也就是通过公开和合法的手段，提供必要的信息，争取社会和行业的了解和支持，从而达到文化传承、推动行业进步的社会功能。对金磊先生来说，这一工作集中表现在日常每一事件的总体策划和操作上。在《建筑创作》主持工作时，除去日常期刊的出版工作外，还要根据任务需要，随时提出重要的活动策划，诸如北京市建筑设计研究院 50、55、60 周年的院庆图书，首创的"建筑师茶座"系列，出版了众多系列丛书，如"新设计作品 100 丛书""设计文化丛书""建筑学人自选系列丛书""BIAD 设计作品丛书"等，从 2005 年起推出"中国建筑设计年度报告"，2007 年推出"新田野考察报告"，为纪念改革开放 30 年出版了《1978—2008 中国建筑设计三十年》，2009 年又组织了创刊 20 周年的《建筑创作精品集》，尤其让我感动的是为国庆 60 周年庆典，组织策划了 7 卷本的大型丛书"建筑中国六十年 1949—2009"，从内容的全面、时间的紧迫、组稿的困难等方面看我都对能否如期完稿出版有些怀疑，但最后在各方面的通力合作下如期出版，并被列入了中宣部“庆祝新中国成立60周年百种重点图书”选题。此外建筑图书的评选活动，建筑摄影大奖赛，中法建筑论坛等活动也在建筑界产生了积极的影响。进入新的传播平台以后，金磊先生的视野更为开阔，策划的内容也更生动丰富，如组织了中国近现代建筑文化遗产系列，出版了《抗战纪念建筑》《中山纪念建筑》《辛亥革命纪念建筑》等很具远见的专集。此外他一直重视对建筑师、结构师人物的深度发掘和研究报道，在推出有关宋融、张玉泉、杨宽麟等名家的专著外，还在《中国建筑文化遗产》平台上组织了梁思成、朱启钤、华揽洪、罗哲文、徐尚志、杨永生、周治良等人的专辑。这比他在《建筑创作》2007年百期时提出的会展、建筑评论、建筑田野调查、建筑摄影、学科建设与建筑传播的关系方面又拓展了一大步。

许多媒体人都是学者型编辑。著名出版家沈昌文说：“编辑是一门杂学，编辑要有杂学，要有修养，要有各方面的知识。”“编辑的学问是横通，不是竖贯。”但许多媒体人常常是没有横通和竖贯，只有“为他人作嫁衣裳”，没有本人的术有专攻和笔耕不辍。金磊先生笔耕的质量和数量是令人惊叹和钦佩的。除主编期刊每期“主编的话”“编后话”外，在众多的其他传媒报刊上经常可以看到他的大块文章，从中看到他的涉猎、观察和思考。在当前媒体变革的转折时刻，作为媒体人他又面临着很大的挑战：如何从经营思维到用户思维，从采编原创到打造产品，如何使用现代媒介，运用创新的传播模式，新的运营技巧，让有用的资讯最有效地抵达读者和受众，从而产生最大的社会效益，创造更大的价值。

城市和建筑最能代表一个时代的风貌，反映一个时代的追求。当前我国正处于一个思想大活跃，观念大碰撞，文化大交融的转折时期，建筑传播者的历史使命要求他们应成为时代风气的先觉者、先行者、先倡者。金磊先生一直认为：“做一个编辑，乃文化的创造者与书写者，对我来说写作是我在生命阶段的抚慰并反思社会及行业行为的一种方式，‘融合与创新’是我对自己思考乃至写作问题变更的一种‘自挑战’。”希望《建筑传播论——我的学思片断》的付梓不仅是对过去从业的总结和反思，更是作为今后新的征程的重要起点，这是行业的期待，也是时代的召唤。

2015年10月

灯火阑珊意陶然

注：本文系布正伟著《建筑美学思维与创作智谋》一书的序言之一（天津大学出版社，2017 年 9 月）。

我曾有幸在 1999 年和 2005 年两次为布正伟先生的大作写过序，两次文中我都提到："在与他同时代的建筑师中，我们可以找出许多有追求、有理想，充分利用改革开放所提供的难得机遇，辛勤劳作、精心耕耘、取得令人瞩目的丰硕成果的同行。而正伟先生正是这一代建筑师中十分突出的一位。"时隔十余年之后，我又有了借写序之机进而学习的机会。这次他结集出版了《建筑美学思维与创作智谋》一书，表明已是坐七望八的正伟先生在这些年并没有闲着，在他认定的做一个"能动脑的建筑师，能动手的理论家"的路上，又迈出了让人钦羡的一步。

正伟先生的大作是通过阐述建筑美学理论和建筑创作的关系，进而结合自己创作的心得剖析一些名家和作品，强调建筑美学的地位和作用。他以《"布"说悟道》为专栏题目，连续发表了多篇专文。建筑是技术科学和艺术的统一体，是物质产品和精神产品的结合，建筑美学是本就交叉融合的建筑学与属于哲学范畴的美学的又一次边缘交叉，是一门新兴的综合性学科。汪坦教授曾说："建筑现象是比较复杂的，它功能的一面是作为房屋，有些类似机器或器具，可是这种机器或器具，个头很大，把人本身和人的生活、活动都包含在内，扩大到一座城市，那就更了不得。在它里面，古今中外文化历史的交融渗透，也都有所体现。这当然和机器、器具大不相同，和诗歌、文学、绘画等所谓情感符号的艺术也不相同。因此，在美学中有些常见的范畴，如'形

1

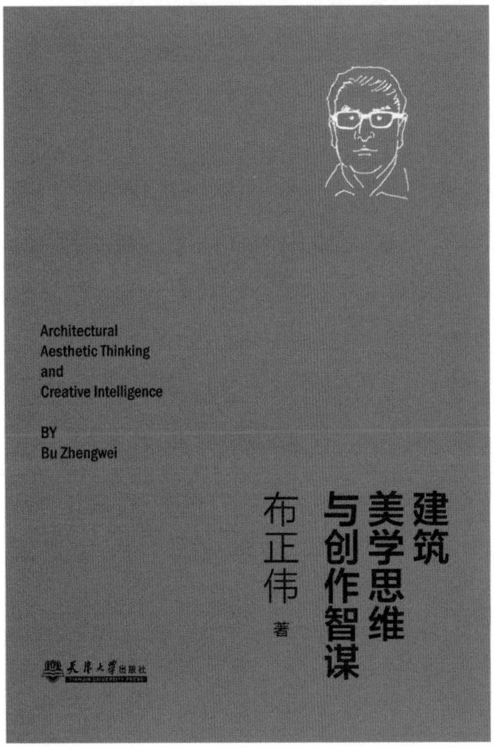

2

图 1. 布正伟与徐中先生胸像　　图 2.《建筑美学思维与创作智谋》书影

式与内容’‘表情与形式’‘联想与直觉’，甚至符号的意义等，在建筑的艺术性理解中都有既相同又不相同的地方，不容易解释清楚”。

建筑美学是一门古老而又年轻的科学。传统的美学研究都脱离不开对建筑的涉及，同样对美也有不同的认识。古希腊的毕达哥拉斯学派就第一次提出“美是和谐与比例”。苏格拉底认为衡量美的标准就是功用，有用就美，有害就丑。罗马建筑美学继承发展了希腊美学的优点，进而向清秀柔美方向发展。但务实精神限制了他们对哲学问题的思考。到文艺复兴时期，意大利的达・芬奇具有艺术家和自然科学家双重身份，提出了自然哲学和精神哲学问题，这一个时代的人们专注从数学比例上解决最完美的形体，把科学和艺术很好地结合起来。到牛顿时期的法国启蒙运动的狄德罗破除了美学归因于上帝的神秘色彩，认为理论只要符合自然规律，就是真、善，然后再加上适当的形式因素就是美了。到康德—黑格尔—拉普拉斯时期是美学思想的突破性阶段，如美的数学化、发展变化也是一种美、审美的主客观同构关系。此后又出现了美学与自然科学、技术科学分离的达尔文时期，科学美术思想在这一时期十分活跃，既是新旧交替的时代，也是美学既高度结合又高度分化的时代。尤其是随着古典美学对各种艺术形式研究的日益深入细致，美学逐渐分化为更加具体的部门，出现了更多的观点和流派，建筑美学也获得了相对独立的发展。

话扯得远了一点。正伟先生是在 20 世纪师从徐中先生时接触到了徐先生称之为“理论的理论”的建筑美学启蒙。老一辈的我国建筑前辈在这一领域是有着很多思考的。梁思成先生在 1932 年一篇文章中就提出：“这些美的存在，在建筑审美者的眼里，都能引起特异的感觉，在‘诗意’和‘画意’之外，还使他感到一种‘建筑意’的愉快。”而 1956 年徐中先生《建筑与美》的论文则比较全面地论述了建筑美学的基本理论框架，诸如建筑的客观美、艺术美、物质美和艺术美的统一等。1959 年 5—6 月，建工部和中国建筑学会在上海召开了“住宅建筑标准及建筑艺术问题的座谈会”，结合对于建筑方针的理解，诸多前辈在发言中都涉及了建筑美学的概念、规律、审美现象和活动。到 1959 年 10 月，建工部部长刘秀峰发表了《创造中国的社会主义的建筑新风格》长文，可说是有关这一问题的集大成之总结，尤其在文章第三部分集中讨论了建筑艺术问题：即建筑艺术与美的问题，建筑艺术与一般艺术的关系，建筑美的规律和法则等。文章对前一段讨论作了全面的总结，可称为当时建筑界设计创作和美学的纲领性文件，那时和国庆 10 大工程的建成一起对建筑界的影响还是很大的。记得北京市建筑设计院的党委书记李正冠，是一位老干部，但对建筑创作理论也十分感兴趣，他在 1961 年 9 月，结合设计院的工程回访，就写了一篇长达 120 页（油印本）的调研报告《建筑创作的一般问题》，里面专门有一章“几个建筑理论问题的探讨”，除了引用马恩列斯毛的经典外，还引用了高尔基、车尔尼雪夫斯基的语录，同时对梁思成、张开济、陈伯齐等先生的观点提出商榷。当然，前述的各种观点、谈话和文字都带有时代的局限，但还可以看出当时学术思想的活跃。但随着抓阶级斗争，设计革命，建筑界成了仅次于文艺界的“裴多菲俱乐部”，关于美学的讨论也成为禁区，这可能也印证了英国美学家斯克拉顿所说，“建筑乃是政治性最强的艺术形式”。

经过改革开发、拨乱反正，人们又开始关心建筑的审美现象，国内建筑界尤其建筑教育界对建筑美学的关心日渐深入和活跃。汪坦先生在 1989 年主编的“建筑理论译文丛书”，又为我们引进了 20 世纪以来或更早些国外的相关理论，从哲学、美学、心理学、社会学等角度了解当代最新的研究成果，为我们进行了一次补课。1989 年出版的“现代西方艺术美学文选”丛书的《建筑美学卷》较为简要、浓缩地介绍了俄现代主义和后现代主义时期的主要观点，这些都为此后建筑美学研究的深入打下了良好的基础。汪正章、侯幼彬、沈福煦、熊明、曾坚等陆续推出了相关的理论专著。

正伟先生多年来一直关注建筑美学的思考。从他早年的《自在生成论》到《结构构思论》，一直贯穿着边学习、边创作、边探索的过程，他试图从本体论、艺术论、技术论、文化论、价值论、方法论的层面加以体验。他从分散的、片段的、多方位的精读、勤思、善解的做法努力总结出对我们有所裨益的美学规律。

奈尔维在关于建筑师的美学意识修养时指出：“这种审美观应该是关系到创作这些建筑的时代在技术方面、精神方面和材质方面的写照和反映。”人的审美趣味总是不断发展变化的，总是要求与时代同步。建筑也是如此，一个时代有一个时代的审美趣味，在建筑表现上也会形成相应的艺术形式和风格，在现代建筑的发展过程中也出现了较大跨度的飞跃，于是出现了多流派、多形式、多风格的并存。因此在认识美的本质、美的规律、美的标准和美的判断上也肯定会有各种流派和分支，以至于也会形成指导建筑创作上的多种流派，会有各色各样的争论。正伟先生从自己的理解和鉴赏出发，从众多的案例和创作实践归纳出自己的感悟。诸如审美补偿、审美信息建构、建筑书写等，对我们是有一定启发性的。当然也会由此引出不同观点和不同审美感觉的讨论，这对繁荣建筑创作将会有很大帮助。

对于广大受众来讲，美的感知和理解是审美中的重要课题，随着系统论、信息论、控制论等新的综合性学科的出现，用新的理论和观点来解释审美现象也必须形成新的边缘学科。像信息论美学的创始人阿·莫尔斯所说：“所有的艺术作品——广而言之，艺术表现的任何形式，都可以被视为一种信息。它由发送者——一个有创造力的个人或小团体即艺术家，发送给来自一个特定社会文化团体的个别接受者。传递通道可以是视觉、听觉，或其他的感官系统。”虽然艺术以感知为主，其他学科以概念思维为主，但在艺术审美时，二者都不可缺少。因此在计算机技术和数字技术飞速发展的今天，无论是建筑美学，还是技术美学、科学美学，还是信息论美学，都面临着新的拓展和研究，尤其是在与社会学和心理学结合之后，在方法论上也会带来新的巨大变化，人们对美的本质、艺术的本质、建筑的本质，以至于对一系列美的信息鉴赏，都随着价值观的变化而面对新的挑战，因为艺术是对价值观的揭示。建筑艺术是人类最具创造力的活动之一，其涉及的不仅是人的认知和创造能力，更关乎人类自身的价值、精神、发展和未来。

2005 年为正伟先生作序时，我曾对不断攀登建筑理论大厦的他赠小诗一首。

负笈名校师先贤，知行博涉历苦甘。

书就诸论回眸望，灯火阑珊意陶然。

在他新的大作即将问世时，我愿以小诗的最后一句作为序文的标题，以表达对正伟先生的敬意和良好祝愿。

2016 年 5 月 28 日

凤凰台上凤凰游

注：本文系《凤凰中心——为明天而设计》（邵韦平编著）的序言之一（同济大学出版社，2017年10月）。

1

由北京市建筑设计研究院有限公司执行总建筑师邵韦平为首的团队创作的北京凤凰中心项目，2008年经过6年的设计施工以及3年多使用检验，工程的社会效益、环境效益和经济效益已得充分的体现。本书围绕该工程进行多方位、全频道的介绍，对城市环境、建筑空间、技术集成、工艺控制，以至加工建造进行深入的解读，得到海内外、业内外人士的热切关注和高度评价。为了能更全面地对凤凰中心的案例进行析，本人尝试从美学的角度作一次粗浅的文化价值的解读。

美学是一门古老而又年轻的学科。它着重研究人与世界的审美关系，特别是对艺术的审美意识。它要解决美的本质、美的规律、美的标准和美的判断等一系列认识问题，同时又要指导艺术实践，提高人们的审美趣味。建筑作为历史悠久的物质和艺术产品，自然为两千年以来的哲学家们所追问。而随着时代的变迁和科学技术的发展，人们对美的认识和审美趣味也是不断发展变化的，与时代同步。因此这种解读也必然涉及美字的许多新的分支。

凤凰中心在建筑方案构思过程中，表现出了与北京以往建筑极不相同的思路。根据用地环境、业主性格和当代的技术潮流，借助了有拓扑概念的莫比乌斯环。而在概念实现过程中，又通过数字技术使设计的建造过程发生了质的飞跃，通过几何控制系统的建立，超越了单纯的技术选择，以求弥合数字化和人文价值与审美需求之间的鸿沟。当下计算机和数字技术的诞生是在数学理论的指导下才得以实现的。从美学的发展历程看，相当一部分哲学家和美学家都希望把美的现象和判断建立在数学（包括几何学）的基础上。如古希腊的毕达哥拉斯学派认为，认识世界就在于认识支配着世界的数，数的原则是一切事物的原则。拍拉图认为，神永远按几何规律办事。他们的这些思想又极大地影响了文艺复兴运动后的一大批科学家，包括哥白尼、伽利略和牛顿等，他们追求“科学工作的最终目标是确定它的数字规律”，开普勒就认为外部世界的秩序如和谐“是上帝的数学语言透露给我们的”。伽利略说，宇宙“这部著作是用数学的语言写成的，其中的符号就是三角形、圆和其他几何图形。”同样牛顿也认为数学的和谐是客观世界的本质，但同时也认为宇宙的和谐、美及完善是上帝某一推动力的结果。而康德和拉普拉斯等

图1. 邵韦平在凤凰中心现场（2013年6月）

人则确信，自然界的一切和谐、秩序的完美完全是自然界内部发展的结果，与上帝全然无关。到了达尔文—麦克斯韦时期，人们发现了生物细胞学和进化论中的美学意义。达尔文的数学并不好，但非欧几何使人们的空间观念有了革命性的变革，这一时期的主要人物，如数学家黎曼和物理学家马赫，认为只要全力追求微分方程式的美和完善，就可以探索自然界的现实规律，从而片面夸大、过分强调了数学美的作用，企图用一个数学方程式来解释一切美的现象。到了爱因斯坦时代，对于数学美的解释更加深刻，要求科学与美学更紧密结合的呼声也更高……之所以用较长的篇幅回顾哲学家对数学和美学的关注，无非是要强调数学是人类理性思维的重要方式，在人类文明的发展历程中起了非常重要的作用。在历史上数学研究、数学模型和数学推论表现出了其预见的精确性和可检验性。这是我们探讨凤凰中心美学控制的基础。

2

3

自20世纪后半叶以来，控制论、信息论、系统论的出现，耗散结构、协同学、模糊数学和突变数学的兴起，又为美学找到了新的支撑点，同时对于传统的美学思想有所突破。如法国有名的布尔巴基学派——由一群年轻的数学家组成，其成果之一就是他们在考察了广泛的数学内容之后，认为可以用结构概念来描述数字中所有的基本问题和相互关系。他们抽象出了三种最简单的类型作为基本结构，那就是代数结构、拓扑结构和序结构。其中代数结构通过不同的合成规则，可以得到很多复杂的关系；拓扑结构给空间观念提供了抽象的数学表示，对于不同的空间观念，不论是欧式还是非欧式的空间，都可以引出它们的领域、极限、连续性等概念。这三种基本结构又互相交织，组合成了数学中许多新的分支。他们用城市概念来形容这种复杂数学的动态美，例如用城市和建筑比喻："数学好像一座大城市，它的郊区在周围的土地上不停地、有点杂乱无章地向外扩展。同时市中心隔一段时间就进行重建，每一次设计更加明确，布局更加雄伟，总是以老的住宅区和它的迷宫式的小街道为基础，通过更直、更宽、更舒适的林荫大道通往四面八方。"此后美国数学家维纳从控制论和信息论的立场，认为世界显现一种有秩序

图2. 凤凰中心内景1　　图3. 凤凰中心内景2

的和谐美，是因为系统熵很小的缘故；要获得某种秩序，就必须克服熵的增加，通过某种途径获得负熵流……

所有这些相关背景的梳理说明，首先要从科学美学、技术美学的角度来认识凤凰中心的创作。其结构逻辑、结构和幕墙的美学设计的控制与优化，进而拓展到建造和管理，通过数字化技术把复杂多变的信息变为可度量的数字、数据，然后建立起适当的数字化模型，通过数字编码、数字压缩、数字传输、数字调解与调制，使数字技术成为应用最广泛、最直接和最富创造力的实用技术，凤凰中心的建构过程也由此创了新的美学价值，同时扩大了现代美学的鉴赏范围。

与传统的传播机构不同，凤凰集团属于时下的全媒体，是一个综合的、多元的传播品牌，是通过社会信息系统及其传播而与受众建立关系。这种传播过程、传播手段、传媒媒介、传播目的都与信息处理和信息传递密切相关。20 世纪 50 年代在法国问世的信息论美学就是在这种背景下产生的。其创始人亚・莫尔斯认为：“所有的艺术作品——广而言之，艺术表现的任何形式，都可以被视为一种信息。它由发送者——一个有创造力的个人或小团体即艺术家，发送给来自一个特定社会文化团体的个别接受者。传递通道可以是视觉、听觉或其他的感受系统。”信息论美学的基本框架就是：信源—编码—信道—译码—信宿。在凤凰中心的创作中，其创作构思就是信源，设计和施工过程就是编码，使用者和观众的感受系统就是信道，其体验和使用感受过程就是译码，建成作品后为人们所接受就是信宿。信息论美学的一个重要理论就是，艺术作品（包括建筑作品）要为人们所接受和适应，其信息组合必须达到优化，也就是其新颖度与可理解性之间达到最优比例。因为在信息的传递过程中，其新颖度和可理解性是成反比的：越是新的东西，就越难以理解，而完全可以理解的东西，则可能是完全陈旧的，其信息量会等于零。所以无论是凤凰传媒所传播的信息，还是凤凰中心建筑实体本身所传达的信息，都必须在新颖度和可理解性之间，构成最优化的比例。由此设计者也提出了“审美信息”的概念，广义的信息美学要和心理学等学科密切结合，既要研究凤凰中心作为设计作品所表现出的社会意义和美学价值，同时也要把观众和使用者的体验过程、接受过程一起结合起来，这样才完成了设计作品的真正功能潜力，也是设计作品的真正生命力所在，凤凰中心建成以后的一系列社会活动成功举办正是体现了作品的活力。同时也在使用和活动的过程中，不断发现这一作品的多余信息量和多余符号数，亦即这一设计作品所表现出的功能潜力和美学潜力，可以适应众多不同需求的社会活动的信息传递，不断给受众新的惊喜，新的启发，让受众感受到作品适应各种不同需求和重大活动时所表现出的包容度，这正是信息论美学的另一个重要特质——一个优秀的艺术作品，必须还有一定的多余信息量，这样才能体现出它的独创性。

探讨了凤凰中心从信息论美学、科学美学、技术美学等角度所表现出的审美经验、审美趣味之后，最后还要回归到建筑美学的范畴，也就是研究建筑的现实审美的一般规律。建筑是审美的载体，虽然古代哲学家对美的论述都要涉及建筑，也包括维特鲁威、达・芬奇等建筑师，而在现代建筑技术条件下，新的建筑美学需要顺应创造崭新的建筑艺术美的需求。按照英国哲学家斯克拉顿的观点，建筑的价值首先是由它们所达到的功能程度来决定的；其次是它的地区性、技术性、总效性和公共性。从某种意义上说，建筑乃是政治性最强的艺术形式。意大利的奈尔维认为：“建筑审美观绝不应该是基于各个时期所特有的、在各种风格形式上不断重复意义上的艺术特征，更不是在学校绘图练习里所表现的形式特征，这种审美观是关系到创作这些建筑的时代在技术方面、情神方面和才智方面的写照和反映。”也就是该建筑的表现与人类文明进步息息相关，不仅仅表现美的创造能力，更关乎人类自身的价值、精神、发展和未来。由于科学技术的迅猛发展，其创造形象的手段也更加丰富有力。凤凰中心所面对的建筑美学新课题，就是如何在数字技术高度发达的当下，综合利用形式美的法则，创造出开放的、有秩序的，但又是非常规的具有时代特色的形象和风格，创造出韵律美和意蕴美，造成美感和美的心物共鸣。它不单纯是建筑师及其团队的孤芳自赏，同时包括其使用者和一般受众通过品鉴、思索、联想来加强对于审美的认识、对建筑的现代心理感应。

4

从以上的审美认识出发，对于与共和国同龄的北京市建筑设计研究院有限公司来说，凤凰中心的设计、建造过程，以及作品的最后完成和使用，在新时期的背景下都是有示范性、代表性和开拓性的重要作品。这个完全由中国建筑师群体独立创造并拥有自主知识产权的革命性成果，不但将对设计院此后一段时期大型公共建筑的创作产生深远的影响，同时还会对建筑业界的技术进步和美学鉴赏起到引领和推动作用，并极大地提高中国建筑师走向世界的国际竞争力。

我用古诗“凤凰台上凤凰游”作为本文的题目，也正是让人们在关注现代工业、现代技术、现代传媒等问题的同时，更多地从更大的命题，从价值、人们的关系和体验去加以想象，从而体验那种诗意的美。

图 4.《为明天而设计》书影

求索不止的人生

注：本文选自《行万里路，谋万家居——“人居科学发展暨《良镛求索》座谈会”文集》，是2017年1月16日作者在座谈会上的发言（中国建筑工业出版社，2017年12月）。

感谢座谈会给我一个机会，可以汇报一下学习了《良镛求索》之后的亲身感受。在收到吴先生的书以后，我当天晚上就通读了一遍，因为自1959年入大学到现在，受教于先生也将近六十年。先生书中叙述的许多情节和自己的成长过程是同步的，甚至是共事和亲历的，而书中也有许多自己并不知道的故事和内容，加上全书又是图文并茂，所以除了阅读的吸引力之外，还有许多亲切感。工程院的院士传记现在已经出版了三四十册，我也陆续读了一些，从中也学习到这些院士的许多事迹和精神，但是比较下来，还是吴先生这一册印象更为深刻。

先生在自序中提到，本书是“以求解之心面对严峻问题，以诚朴之心记录专业实践，并以期望探求之心展望未来”，是“近90年来的个人求索心得和反思，是对自己的内省、心得与认识，不表功，不盗名”。先生就是沿着这样的思路来解读他的人生之路。因为先生说过他的人生是由3个30年所构成的，这也是自述中的三个主要部分，但对这3个30年，我在阅读时关注的重点还是很不一样的。

第一个30年我读得非常仔细，因为先生的家庭、童年、受教，到抗战、流亡，以及后来到美国匡溪留学等，虽然篇幅都不长，但都是过去从未听说过的，所以这些内容都非常吸引人。同时正因为了解到先生生于忧患的曲折经历，也就能更好地领会为什么先生时时把张载的名句“为天地立心，为生民立命，为往圣继绝学，为万世开太平”时时挂在心上的忧国忧民之情。

第二个30年我更关心和注意先生总结的人生感悟。这段是我们国家的建筑行业跌宕起伏、大起大落的时代，又是我们求学、工作时的亲历，从先生的字里行间我寻找到许多先生所透露的成功秘诀。如先生总结的“先行一步”：在抗战时期先生就从梁先生的先行一步而启发自己要“有对新鲜事物的敏感，洞悉时弊、胸负酝酿”，同时将此领悟用于思考治学和事业，要“思想先行”。又如先生总结的荀子名句“学莫便乎近其人”，说的是最方便的学习就是去接近名师和贤人，尤其在遇到困难或决定大方向时，如身边能有高明的老师和朋友来指点和引导，就可以“择其善者而从之”了。又如“贵在融汇，以少胜多”，这就是人们过去总结清华的“会通古今，会通中西，会通文理”的说法，这样才能像先生那样“集中在大目标，大概念下聚焦”。又如在组建教师队伍等人才问题上，先生主张“君子爱人以德”，从这点出发，先生总结了“得人”如汪坦先生和关肇邺先生的例子，也有“失人”如傅熹年先生和英若聪先生。类似的感悟警句书中还有许多，如“复杂问题，有限求解”，“一致百虑，殊途同归”等，都是很有指导性、启发性的，因时间有限不一列举，都有待我们进一步去发掘领会。

1

2

第三个 30 年就是先生退出行政工作以后全心投入探索创造的 30 年，广义建筑学、人居环境科学等重要成果的开拓和推进，国家最高科技奖的获得（2012 年）。这 30 年是先生取得大丰收的“黄金时代”。记得先生曾对我提到过，他的主要成果都是 60 岁以后取得的。但不是所有的人 60 岁后都能取得这样的成就。先生坚持“一息尚存，求索不止”的信念，“心无旁骛，持之以恒”，最后达到“不忘初心，方得始终”的境界。这种治学态度，研究方法是值得我们终身受用的，这里就不再展开了。

最后顺便也向清华大学建筑学院提两点建议，先生的自述由于篇幅有限，对人生经历和学术道路加以提炼、归纳和总结，许多地方只是点到为止，需要组织力量，全方位地深入发掘和总结，以利于后学者的领会和学习。另外按照工程院对院士自传的体例要求，最后都附有生平年表和著作目录，尤其是年表要以时间为经纬，全面细致地录述，是细致而辛苦的基础工作。此前出版的《梁思成全集》中的生平年表我以为就不尽理想，因此不管是年表的简编还是长编，都要尽早提前着手。像我们班的蒋钟堉同学的父亲蒋天枢先生的重要学术贡献就是是陈寅恪先生的年谱长编。希望学院通过这些工作把对先生的研究更加深入全面。

这里我想用在 2012 年参加清华“第二届人居科学国际科学论坛”同时兼庆先生 90 大寿时的一首小诗作为结束。

人文求善科学真，艺术逐美苦觅寻。

业传四海拓广义，寿望九如颂德馨。

固本宁邦千载事，融环汇境万家春。

情系苍生栖诗意，秉烛探源解迷津。

诗中“九如”语出《诗经·小雅》，指如山、如阜、如陵、如冈、如川之方至、如月之恒、如日之昇、如南山之寿，如松柏之茂之意。而“秉烛”句是指先生写的《中国人居史》时的自谦之句，“我们只是点燃了一支小小的蜡烛”。最后再次祝先生健康长寿，谢谢。

图 1. 座谈会合影（2017 年 1 月 16 日）　图 2. 座谈会上的吴良镛院士（2017 年 1 月）

《建筑拾记》读后

注：本文系《建筑拾记》的序言之一（天津大学出版社，2018 年 1 月）。

北京建院约翰马丁国际建筑设计有限公司成立于 1994 年，那时称为北京金田建筑设计有限公司，2007 年北京市建筑设计研究院对金田公司进行了战略改组，由朱颖出任董事长兼总经理，2010 年引进了美国的约翰马丁结构工程设计集团作为战略投资人，并正式更名为如今的建院马丁公司。其实对美国的约翰马丁公司我还是有点了解的。1984 年 8 月去考察美国体育建筑时，曾在洛杉矶顺访过马丁公司，并与公司负责中国业务的罗超英女士有过几次会面。马丁公司以结构设计见长，两家合作以后，以北京建院为技术支撑，成为由中华人民共和国商务部批准，住建部颁发甲级工程设计资质证书的中外合作企业，也是北京建院在深化改革、探索创新道路上一次重要的尝试。公司改组 10 年来，完成了近 200 项共近 1000 万 m^2 的建筑设计及近 100 项规划设计项目。公司致力于提供从建筑策划到规划方案、施工图直到后期服务的全过程综合服务，承接了国内外的一批重点项目，获得了许多国家和地方的重要奖项，成绩斐然，展现了整个设计团队的综合实力和管理水平。最近朱颖总将他们团队改组 10 年来在各设计项目中的体会和感悟总结为《建筑拾记》一书，我有幸得以先睹，受到很多启发。

1

建筑设计活动是把知识和技术转化为现实生产力过程中的关键环节，在设计的全过程中，建筑师的思路、感悟、知识、意志、经验、价值观和审美观都是一次充分的体现和表达，表现了设计思维活动的极端复杂性。这里面表现出严密的逻辑性和艺术个性的统一；对安全性和风险性的

图 1.GE 北京科技园鸟瞰

2

认知；对技术因素和价值因素的追求等过程。而另一方面设计过程的创新又不是直接依靠基础科学层面的原始创新，而是通过知识和技术的渐进性积累、综合集成而逐步完善和推进。因此设计活动的理性思维对于建筑师的成长和设计团队作品的质量十分重要。朱总和他的设计团队总结说：“团队一直在探索和思索中前行，自成立以来，对公司的环境观、城市观的探索，文化引领设计手法的研究，新建筑技术的研发，对团队设计观的总结一直都在进行中。”这与在当前城市化的大潮中，许多建筑师满足于“作而不述”形成了明显的对比。《建筑拾记》涉及了对不同建筑类型和设计项目在不同层面和不同学科维度上的思考和提升，相信对设计团队的提高甚至是行业的技术进步都是十分有用的。我想以“拾记”中的两例来谈自己的体会。

“壹记”的题目是“办公空间未来”，这是美国 GE 公司在北京科技园的跨国研发企业总部设计。GE（通用电气公司）是全球最大的跨行业经营的科技、制造和服务型企业之一，世界 500 强排名第 16 位。这次公司把在中国的运营管理、研发设计及部分销售整合在一起，打造中国区的运营和研发总部。其总用地 $5hm^2$，总建筑面积 7.4 万㎡，地上 5 层，地下 1 层。项目于 2016 年 10 月正式落成启用。该设计项目获得了 2017 年全国优秀工程勘察设计行业奖的一等奖。

近代办公建筑的发展从 20 世纪初至今，也就是百余年的历史，但办公建筑的出现被认为是 20 世纪最重要的标志物之一，是社会进步、技术发展、经济繁荣的产物。从 1885 年美国芝加哥第一栋 10 层的保险公司大楼开始，高层商务办公建筑作为一种新的建筑类型随着电梯的出现而华丽登场，芝加哥学派也在高层建筑的发展史上占有了重要地位。此后建筑的重心向纽约转移，折中主义风格成为典型的设计风格，高度不断被突破，建筑材料、施工机械、新型设备等技术进步为这些突破提供了可能。办公建筑的组织管理、研究决策、信息处理功能也更加高效和细化，并很快转入了国际式的现代风格，尤其到 20 世纪 70 年代前后到达高层办公建筑的极盛时期。提高办公效率、营造符合心理和生理需求的工作环境，控制建造和运营成本以及有特色的建筑形象甚至公共利益的考虑成为新型办公建筑的基本设计目标。尤其是随着计算机技术、网络信息技术的进展，许多高科技产业、创意产业、制造产业出现了总部办公式研发型的办公建筑，除了其企业管理、产品展示、企业宣传、公共开放等特点外，更加注重激发创造性、绿色生态环境、安全私密性、人性化关怀、注重交流等方面的追求。通用公司的研发企业总部就面临着

图 2. 江西吉安文化艺术中心

这样的新挑战、新要求和新目标。

3

朱颖和他的设计团队为了应付这一挑战，进行了对相应研发型总部办公设计的调研和案例分析。他们通过国内外对苹果公司总部、谷歌公司总部、脸书总部、蚂蚁金服总部大楼的分析和解剖，总结出了这种面向未来的研发办公的一些基本特色和趋向。诸如：扁平的组织管理结构激发灵感，促进沟通；办公环境的可改变的弹性以创造共享、分享、交换和交流；智能与物联网 + 傻瓜式体验等健康办公理念，建立起迅速有效的信息传输机制；轻量化社区 + 管家式模式与综合管理，形成服务和生活配套设施的诸多空间……这样为设计团队的思路和设想提供了切实可行的目标，进而总结出“理性创新、面向未来、绿色生态”的设计原则，为设计出一个符合 GE 公司全球化企业形象的创新型总部，富有归属感的企业园区，同时又将成为孕育梦想的创新场所。

正是按照这样的思路，朱颖和设计团队一起在科技园的办公空间构成上，首先体现扁平化管理形成的平等与交流的组织管理体系，传递轻松而自由的交流氛围；其次主要营造一个功能齐全、设备多样的生态办公社区，通过提供工作、就餐、休息、培训、娱乐、健身、医疗等设施形成员工新的生活方式；另外设置了共享、可变、可拓展的办公空间，通过网络地板便于工作的即时更新；在设施管理上通过智能安全管理、智能工位预留系统、智能会议预留系统、智能楼宇控制等实施国际化的管理服务，使科技园通过了美国 LEED 绿色建筑认证，在运行费、节能减排、创造舒适和人性化的工作环境上均达到一定水准。因此设计团队认为总部办公空间与一般的办公建筑不同，在当前加强这方面的研究和探索，将更加有助于加快我国在科技创新和赶超国际先进水平的步伐。

“叁记”的题目是“城市活力客厅”，介绍了江西吉安文化艺术中心的设计。这是一个以 1157 座席剧院为主体，集观演、会议、展示、休闲、办公为一体的大型综合文化建筑。2012 年建成后获江西省首届十佳建筑奖，2015 年获全国优秀工程勘察设计行业奖二等奖。除了在设计过程中对城市空间的整合、整体布局和造型上的经营外，对于剧场的托管经营和后评估工作上也很有特色。

近年来我国各地在剧场类文化设施的建设上掀起一股热潮，据统计到 2016 年年末我国共有艺术表演场馆 2285 个，比 2015 年增加 142 个。但据文化部的统计，各级文化部门所属场馆年均演出仅 43 场，每个观众席年利用率仅 26.5 人次，相当于全年有 338 天场馆处于空闲状态。2015 年全年全国艺术表演团体共演出 210.78 万场，但进入剧场的仅有 9 万场；全年有 9.58 亿人次观看演出，但进入剧场的观众仅有 4000 万人次。这说明剧场行业的设施利用上长期空置，存在巨大的浪费，有巨大的提升潜力。因此，在对剧场经营管理模式进行优化改革的同时，对已建剧场设置的评估和分析工作显得十分必要和紧迫。

当前“前策划后评估”的知识体系和设计方法已越来越为人们所重视。国外在 20 世纪随着控制论的出现，通过数据的聚集、信息反馈来研究系统的控制和调解，来解释其中的控制规律。对于后评估（POE）工作，英国皇家建筑师学会曾定义为：“建筑在使用过程中，对建筑设计进行的系统研究，从而为建筑

图 3. 朱颖（2010 年 7 月）

师提供设计的反馈信息，同时也提供给建筑管理者和使用者一个好的建筑标准。”我国张钦楠先生曾在1995年较早地介绍过这一方法。近年来住建部在2014年提出“探索研究大型公共建筑的后评估”，2016国务院提出“建立大型公共建筑工程后评估制度”。“前策划后评估”形成一个闭合环节，但在性质上还是有所区别，前策划更侧重于设计工作“解决有无”的界定计划，而后评估则着重于建设成果好与坏的反思和评价服务。比较之下后者的难度和准确度要求更高。

吉安文化艺术中心的设计过程充分考虑了这一问题。早在设计之初市委市政府就决定设施建成后将由北京保利剧院管理有限公司托管经营。该公司在全国各地接受托管了53家大剧院，在技术、管理、运行、保障诸方面都很有经验，这样根据托管方的意见，在设计之初就对设计内容进行了调整和修正。在建成以后的托管过程中，根据“市场运作、业主监管、委托经营、政府补贴”的经营管理模式，运行十分顺利。在2017年托管合同5年期满时对运行情况进行了后评估，据统计5年托管期中自营组织演出165场（平均每年30场以上），本地演出235场，另外每年有地方会议20场，12场市民活动，接待中央和外省市参观考察团年均46次，每年的复合使用天数为132天，重要设备完好率常年达到98%，5年间从未发生重大安全和设备事故。在后评估的基础上，业主方决定继续委托保利公司托管到2022年。由于关注了建筑生命周期的全过程，为设计建成后的运营管理创造了良好的条件。这种前策划后评估的体制，考验了决策的科学性，实施的完整性和可持续性，不仅是设计个案提升运营潜力、改进工作的重要反馈和指导，对于行业的健康发展也具有指导意义。

朱颖和他的设计团队总结的《建筑拾记》还有许多亮点和真知灼见，对于充满激情的创作团队而言，10年还是一个不长的周期，还有较长的路要去探索。建院马丁公司本着积极求索的初衷，不断开拓进取，“不积跬步无以至千里，不积小流无以成江海”，已经取得了十分可喜的成绩。谨以这短短的读后记表示对朱颖和他的团队的祝贺和期望。

2017年12月23日

老骥新作论

注：本文系洪铁城著《婺派建筑 # 基本单元 #“十三间头”拆零研究》一书的序言之一（中国戏剧出版社，2018 年 4 月）。

北京市建筑设计研究院的老前辈、设计大师张开济总建筑师曾赠给洪铁城先生一副对联：“才气横溢似洪水，意志坚强比铁城。”除了嵌入洪铁城先生的名字外，还巧妙地概括了他的丰富经历和多彩人生。他当过泥瓦工、测绘队员，又是高级建筑师、总工程师；他有许多建筑设计和规划作品，又曾任城建系统、文化系统的副局长、局长；他是作协会员创作了大量新诗和散文，又曾策划过许多大型文化活动……按时下的话，铁城先生是一位跨“界”人物，但又被人称为“实干家”。他曾先后赠我多部大作。最近他又完成了有关婺派建筑基本单元研究的《“十三间头”拆零研究》书稿，我有幸先睹，因此就写下一点粗浅的感受。

在中国几千年的文明发展史当中，人居发展占据了重要的地位。吴良镛先生说：“对于历史上发生的事件总是存在着一个怎么看的问题，也必须要有一种认识问题的新思路。虽然历史本身是一个客观存在，但人所研究的历史并不是对这个客观存在的复制。历史总是人们基于自身所处的时代面临的问题，面对过去进行的反思。社会有了新发展、学科有了新问题，认识有了新发现，人们才有可能用新的视野认识历史，总结历史、提升历史，从而创新史学，发展科学。”（引自《中国人居史》）对于中国民居我知之甚少，最早是在 20 世纪 50 年代读到刘敦桢先生的《中国住宅概论》，书中对明清住宅曾依平面形状加以分类，尤其分析到三合院或四合院得以普遍应用，“明白地告诉

1

2

图 1.《“十三间头”拆零研究》书影　　图 2. 洪铁城（2002 年 9 月）

我们阶级社会的经济政治文化对建筑的影响何等严重与深刻，最显著的例子是宗法的家族制度与均衡对称原则对当时政治地位较高与经济基础较好的居住建筑深深地盖上了一个烙印”。当时书中的实例还未曾涉及浙江的各类民居。

但刘敦桢先生一直关注江浙民居的调查和研究。1963年前后当时我正在大学学习，记得《人民日报》用一整版的篇幅介绍了当时建筑科学研究院建筑理论及历史研究室关于浙江民居的调研成果，主要都是十分直观的线描民居透视图。听说刘先生对这些表现图还不很满意，认为画得太漂亮了，反不如照片更为来得真实。但由于绘画表现技法十分成熟和程式化建筑及环境刻画得细致入微，所以这些作品大受建筑系学生的欢迎，成为我们极好的学习范本。但这些调研成果却因建筑界的政治运动和“文革”，一直到 1984 年才得以正式出版。知道这一消息后我赶紧去买了一本并保存至今。书中对浙江民居的布局、型制、结构、装修等都有详细分析，整理了 8 个县市的 22 组实例，大量的插图更为精美。对于浙江民居中的三合院形式也特别地指出：“最典型的是‘十三间头’的型式”，“由正厅三间加左右厢楼各五间共十三间房屋组成的三合院。”“大住宅往往由这种‘基本单元’纵横拼接而成。”同时还没有忘记注明：“历史上的民居是封建时代的产物，受到封建等第和个体经济的限制，宗法观念，风水迷信等，在民居的布局中起着一定的作用；再加上结构制作和材料运用等方面的保守、简单民居也必然存在着落后和不合理的方面。因此，我们只能批判地吸收其中有益的东西，而绝不能硬搬和模仿。”文字中同样也盖有当时时代所留下的“一个烙印”。

我对这种浙江“十三间头”民居的实际体验是在 1997 年 1 月。当时因去金华评标的机缘，承地主铁城先生热情接待，专程陪我参观考察了东阳明清住宅代表作全国重点文保单位的东阳卢宅。当时天气寒冷，又是大雪，照片拍得很不理想，但终于看到了东阳明清民居的实物。建筑群轴线分明，主次有序的布局，粉墙黛瓦的立面造型，精美细致的木作雕饰，再加上铁城先生如数家珍地侃侃而谈，给人留下难忘的记忆。后来他在清华大学吴焕加教授指导下撰写的博士论文就是以东阳明清住宅为题，通过背景材料、若干实例、重点个案、研究分析，最后归纳出东阳明清住宅与普通民居相比较，是两种文化的物化标志。东阳住宅是儒家传人为自己创造的生存空间，是有文化内涵的生存空间和环境。同时这些住宅形成了一个建筑体系，在一定的地域范围内具有共同的特征。我在 2000 年 3 月审读过这篇论文，深感铁城先生由于长期在一线工作，有天时地利之便，同时又勤于读书，善于思考，掌握了大量的一手资料和文献，因此表现出与一般在校研究生的论文有很不相同的特色。用铁城先生自己的话讲，是“扬长避短”和“另辟蹊径”。前者是指“从文化角度、艺术角度、空间角度进行研究”；后者是指“从研究东阳明清住宅业主，作为自己的主攻目标来展开”，从而以具有学术价值的研究成果正式出版。

铁城先生坚持了几十年的民居研究，在 17 年之后，已年逾古稀的他又推出了新作，而且“采用了当代西方文明最高发展的‘拆零’技术对复合细胞体进行细化分析研究，试图解开‘十三间头’生成和存在的奥秘，从中获知建筑群落、聚落形成的渊源关系、逻辑关系和空间构成的生态过程”。对美国未来学家思想家阿尔温·托夫勒（1928—2016）的“拆零”理论我是首次接触，经过“恶补”才略知皮毛。托夫勒自 1970 年起，分别相隔 10 年的 3 本著作《未来的冲突》《第三次浪潮》和《权力的转移》都具有世界影响力，其对未来社会经济文化的预见也极具睿智。尤其最近人们更是注意到，他早在 1990 年出版的《权力的转移》一书中就曾预见：商人特朗普“可能成为美利坚合众国总统的潜在候选人”。只可惜他在2016年6月27日去世，他只差不到一个月就能亲眼见证特朗普成为美国共和党的正式提名候选人。

回过头来再说“拆零”技术。这是托夫勒在《科学与变化》中所提出的，“当代西方文明中得以最高发展的技巧之一就是‘拆零’，如物理学中的基本粒子”。当时由于近代科学的一些最伟大的成就都是在微观层次上有所发现而取得的，如分子生物学由于成功分离了生命机体中的特殊分子基因（DNA），而取得了巨大成功。在经典科学的时代，“拆零”成为一种主要研究方法，成为人类认知能力和认知方法论的重要突破，通过对细部元素的研究和描述，进而解读其整个过程，也使其研究成果涉及了众多社会经济文化领域，当然也包括工程技术。这也像诺贝尔奖获得者，比利时科学家普利高津在创造耗散结构论时，把客观世界的各种系统都看作是与周围环境有相互依存和相互作用的开放系统，从而研究其性质、稳定和演变的规律。铁城先生从“拆零”的思路出发，把婺派建筑基本单元“十三间头”从时限特征、套型分析、阴阳礼制分析、专项设计分析、木作分析、建筑设计分析、装饰艺术分析、聚落形成分析、人居环境分析这些不同的研究坐标或细部元素加以多级细分，以“拆零”为手段，为进一步剖析探寻东阳民居提供了由果及因的路径，最后从建筑设计、规划模式、规范化、作坊化创造、礼制文化的活化石几方面归纳引伸出总体研究结论，在民居的研究上可说是一次有意义的探索和尝试。

普利高津在探索耗散结构理论同时，还主张研究方法的变革。他并不仅仅满足于单纯把事物拆分开，还进一步主张“拆零与建构的统一，把已细分的各部分重新组装到一起，在整体当中发现新的和谐”。吴良镛先生在人居史研究方法当中提出了整体论与还原论的统一。“只有坚持整体的观点，才能把握整体的特征。但要更深层次地认识其内在的规律，还需要对事物进行‘还原’，将之分解成若干个要素。事物整体特征的变化是整体要素之间变化的综合表现。事物虽然由要素组成，但要素不是事物本身，它不能脱离事物而独立存在。因此既要把握要素的变化、认识事物的特征，又要认识要素之间的相互关系与整体结构的特征、把握事物的整体。对事物要素演进历史的研究，不能代替历史本身的研究，任何的‘还原’研究并不是目的，而是认识事物的手段。”（摘自《中国人居史》）

祝贺铁城先生的新作杀青付梓，也预祝这位“老骥”实干家不断有新的成果问世。

2017年4月16日夜二稿

《精明营建——可持续的体育建筑》序

注：本文为《精明营建——可持续的体育建筑》序言之一（孙一民著，中国建筑工业出版社）。

1

华南理工大学建筑学院的孙一民教授在多年教学、研究和设计实践的基础上，厚积薄发，出版了他关于体育建筑研究的新作《精明营建——可持续的体育建筑》，我有幸先睹了书稿，从中得到许多启发。

体育一直是我国十分热门的行业，尽管我们在竞技水准、运动普及程度、运动员数目等方面和世界一流水准还有差距，正在从体育大国向体育强国努力，但其社会影响力和人们关注度却是不可小视的，如巴西奥运会的女排决赛就牵动着多少亿国人的目光。这里也体现了一个浅显的道理：国家的强盛和发展，才能带来竞技体育和全民健身事业的发展。即如我国重返亚运会后，1982 年新德里亚运会上一举打破日本运动员独霸亚运会的局面；重返奥运会后，在 1984 年洛杉矶奥运会上，中国运动员获 32 枚奖牌，金牌总数列第四位，实现了“零的突破”；2008 年的北京奥运会上，又以 51 枚金牌居金牌总数首位，成为金牌总数首位的第一个亚洲国家。与此同时，健身运动的社会化、体育人口的大众化、社区体育的多样化也日益成为构建和谐社会的重要目标。体育事业的发展也必然推动我国各种类型的体育设施建设，所以体育建筑设计自然而然地成为设计行业的显学，呈现出百花争艳的局面。

我是在一民读研时知道他的，审读过他有关高校多功能厅堂设计研究的博士论文。在学期间，他在梅季魁先生的指导下专攻体育建筑设计，更为幸运的是他也赶上了我国体育建筑蓬勃发展的大好时机，得以在这个难得的舞台，一展自己的才能与智慧，并取得了可喜的成就。记得早在 1985 年前后，他就跟随梅先生参与了亚运会朝阳体育馆和石景山体育馆的设计。1991 年取得博士学位并到华南理工大学任教以后，视野更为开阔，设计的建筑类型更多，但大型体育设施的设计和研究仍是他的重要主攻方向，在我国一些大型体育赛事如奥运会、全运会、大运会等体育设施的竞标和建设，国内体育设施的论证和研究，与国外著名设计事务所的合作中都可以见到他的身影。他取得了很好的社会效益和经济效益。除了获得国内的各类奖项外，还获得了许多国际性的奖项，如：北京奥运会摔跤馆获 2011 年“IPC/IAKS

图 1. 孙一民像（2011 年）

国际体育建筑杰出功勋奖”，亚运武术馆获 2011 年“IOC/IAKS 国际体育建筑铜奖”，等等。这些不但扩大了我国体育建筑设计在国际体坛的影响，同时也向世界展现了中国建筑师的雄厚实力。一民是在这方面表现突出的建筑师。

由于一民的学术经历和他的关注重点，除了在设计项目上展现了才华之外，他还勤于思考，勇于从实践过程中发现问题，大胆剖析。众所周知，由于我国体育运行机制上的缺陷，体育事业社会化、产业化的不成熟，在轰轰烈烈的设施和场馆建设中，许多矛盾和弊病已经和正在显现出来，为人们所诟病。一民在他的新作中，就这种跃进式的建设、普遍的急功近利、缺乏理性的研究，提出了当前场馆建设中所存在的问题：总体发展失衡，重复建设；科学决策缺失，建与养矛盾突出；选地不当，与城市缺乏良性互动；功能定位单一，灵活适应性不足；高投入，低效益；运营成本高，能耗大，等等。于是从自己所经手的十项建筑作品所做的探索，加上在长期研究过程中对国外实例的经验和做法的了解，提出通过城市理性、功能理性和技术理性的方法，实现可持续的体育建筑。在体育建筑的研究上他提出了一个比较系统的理论框架。

一民的分析主要是针对体育建筑在现代化环境下如何在观念上更加理性化或者运用更加理性的判断来分析的社会学命题。德国的社会学家和历史学家韦伯在 20 世纪初提出一种新的研究方法，以研究人的社会活动的意义和目的为研究对象，他所提出的理性主义包括人们通过内心思索引发的思想层面意义关联的系统化，通过计算和分析来支配事物的科学技术的理想行为，通过意义关联及利害关系制度化而形成的系统。当时他认为这种理性体系是历来社会发展中最理想的体系。在这种理性体系的指引下，可能创造大量的财富，对大自然无尽的征服和探索，获得更多的自由发展空间。但韦伯在反省欧美地区的现代化时又发现理性的发展使得追求自由和解放的人们在这一过程中变成了理性的奴隶。他又提出了“理性之铁笼”的著名隐喻，在科技的理性，计算的理性和官僚体制的理性之下，将跌入物质和权利的控驭，导致社会的等级化、官僚化、法律化。人们认为，在工具理性和价值理性两种理性的观点中，工具理性是十分重要的，现代化的大部分内容都是工具理性的。但如果在工具理性的指引下，片面强调功利的取向，同样也会陷入困境，这时需要价值理性的内容来加以平衡，需要人们有一种价值提升的力量来使现代化的过程更加健康。即如我们城市建设中出现的“追求视觉冲击的奇奇怪怪的建筑”“盲目崇洋”“追逐第一，豪华奢侈，盲目攀比”等乱象，就需要通过“适用、经济、绿色、美观”的方针，考虑我国人口、资源、环境的国情，考虑可持续发展的主流价值判断来加以认识。我们在现代化过程中不仅要考虑“如何去实现”，还要考虑“为什么要如此”。

一民的新作提出了很重要的问题，对于工具理性和价值理性的问题我知之甚少，只是在学习新作的过程中提出一点粗浅的体会，以此来求教于一民和其他方家。

2017 年 4 月 12 日

《设计之路》序

注：本文为《设计之路》序（尹冰主编，天津大学出版社，2018 年 9 月）。

1

筚路蓝缕一甲子，塞上江南谱华章。2018 年是宁夏回族自治区成立 60 周年，同时也是宁夏建筑设计研究院有限公司（简称宁夏院）成立 60 周年，再加上今年又是我国改革开放 40 周年，在这多喜临门的时候，作为同行衷心祝贺宁夏院在 60 年来的砥砺前行中取得了巨大成就。回顾 60 年不忘初心、团结奋进的光荣历程，检阅 60 年来向社会和自治区贡献的设计精品，总结过去的成就和经验，宁夏院以面向未来的姿态走向新的征程，为社会做出更大的贡献。

60 年的砥砺前行中，宁夏院和自治区的跨越变迁同步，各族技术人员同心同德，顽强奋斗。尤其是改革开放以来，全院解放思想，锐意进取，经历了 1984 年由事业单位转为事业单位企业化管理，进入自收自支、自主经营、自负盈亏的阶段，在 2003 年又进一步改企建制，成立员工持股的宁夏建筑设计研究院有限公司。由于产权清晰，权责分明，改制进一步激发了广大技术人员、建筑师和工程师的创新能力和创业积极性，使公司始终保持地区设计行业的龙头地位，树立了坚实的口碑。

60 年的砥砺前行中，宁夏悠久、多彩的历史为公司的稳步前进创造了良好的历史背景。西汉时期就在银川设县，汉成帝在此建城，此为银川建城之始，后唐高宗建新城，西夏国在此建都持续了两百多年，到元朝时建立西夏中兴行省，公元 1288 年改行省为宁夏府城，从此宁夏之名衍传至今。明清均称府治或府城，直到 1958 年宁夏回族自治区成立。60 年的前赴后继，创造了经济繁荣、社会安定、民族团结的兴旺景象，向东出海，向西出境，城乡旧貌换新颜，也为公司的蓬勃发展提供了条件，为宁夏城乡的巨大变化做出了贡献。

60 年的砥砺前行中，宁夏回族自治区内接中原，西连西域，北连大漠，多民族的交融形成了独特的多元文化。在这里我们可以发现中原文化、河套文化、边塞文化、丝路文化、西夏文化和伊斯兰文化等多种多样的文化，从贺兰山的岩画艺术到被称为“东方金字塔”的西夏王陵；从丝绸古道到三边总揽

图 1.《设计之路》书影

军务；从灵武南磁湾恐龙到水洞沟的旧石器遗址……悠久丰富的文化遗存是宁夏宝贵的历史财富。历代的文化记录，从唐代王维的“贺兰山下阵如云，羽檄交驰日夕闻”，唐代韦蟾“贺兰山下果园成，塞北江南旧有名”，到近代毛泽东同志的“六盘山上高峰，红旗漫卷西风”，董必武同志的“银川信是米粮川，秋实如云喜报连”，都显示了宁夏的人文资源。悠久的传统传承和丰富的文化底蕴为宁夏的建筑创作提供了难得的财富和源泉。

60年的砥砺前行中，宁夏建筑设计研究院有限公司面对地区经济由弱到强，实力大幅提升的形势，在设计创作建筑精品的征途上，也迈出了坚实的步伐。60年来，公司在各种建筑类型的设计，诸如办公建筑、教育建筑、医疗建筑、体育建筑、文化建筑、商业建筑、居住建筑等方面，都进行了大胆地探索，在表现时代特色、民族特色、地域特色上取得了长足的进步。尤其是近年来，这些不同类型的建筑作品使城市面貌发生了很大变化，城市功能和城市空间也得到极大的拓展和提升。在表现现代回族建筑、伊斯兰特色上，从总体到局部都可以看出他们的努力，这也使地区现代化和国际化的气息进一步加强。仅以银川市为例，近年来先后获得“中国最美丽城市”“中国旅游休闲示范城市”“全国首批水生态文明建设试点城市”等荣誉，从中可以看出宁夏建筑设计研究院有限公司在其中所起到的重要作用。

60年的砥砺前行，宁夏建筑设计研究院有限公司也在长期的奋斗过程中，和国内其他设计院、校加强了合作，彼此交流学习，互通有无。以和北京市建筑设计研究院有限公司的合作为例，早在20世纪60年代，北京院就选派了以张一山同志为首的20多位管理干部和技术干部支援宁夏院的建设。到改革开放以后又有多次合作的机会，如宁夏图书馆、宁夏博物馆和贺兰山体育场等项目，北京院在宁夏承接的一些项目，也包含他们的多方支持，这都极大地加深了两公司之间的关系和友情。就我自己而言，多次去宁夏院的学习和交流，也给我留下了深刻的印象。

抚今追昔，知往鉴今。登高望远，开拓未来。在宁夏建筑设计研究院有限公司几代人的努力下，在公司董事会及经营管理班子的领导下，在全体职工的共同努力下，公司已取得了令人瞩目的成就。这次公司利用60周年大庆的机会，又出版了公司的设计作品集，这是60年旅程的一次大回顾、大检阅，既代表了公司发展历史上的一个重要里程碑，同时也是公司在新时代走向新征程的新起点。我相信在十九大精神和自治区提出的“实现经济繁荣，民族团结，环境优美，人民富裕，与全国同步建成全面小康社会”的目标指引下，宁夏建筑设计研究院有限公司必将取得更大的成就，为行业的进步做出更大的贡献。

2018年8月2日

《人民英雄纪念碑》序

注：本文为《人民英雄纪念碑》一书的序言（贾英廷著，中央文献出版社，2018 年 9 月）。

1

人民英雄纪念碑是首都北京天安门广场中最重要的纪念性建筑，是中国近现代历史的永恒象征，也是重要的爱国主义教育和革命传统教育的重要场所，多年来已为全国人民所熟知。2018 年恰逢人民英雄纪念碑落成 60 周年，贾英廷先生的新作《人民英雄纪念碑》即将付梓。作者从自己独有的角度，以生动的文字、翔实的资料、丰富的图片向我们展现了已历经一甲子的人民英雄纪念碑，介绍了纪念碑从筹划选址、方案设计、艺术创作、建造施工直到落成揭幕的来龙去脉，有助于加深我们对于纪念碑的历史价值、文化价值、艺术价值的理解。相信对文博界、建筑界、史学界、美术界都会有所裨益。

人民英雄纪念碑是新中国成立之后在举行开国大典的天安门广场立项建设的第一座纪念性建筑。1949 年 9 月 30 日中国人民政治协商会议第一届会议的最后一天通过了建设纪念碑的决议，并于当天下午 6 时在天安门广场举行了奠基典礼。随后在全国开展了纪念碑规划设计方案的征集、筛选、审定和反复修整。1952 年 5 月 10 日成立了人民英雄纪念碑兴建委员会，由彭真任主任，郑振铎、梁思成为副主任，同年 8 月 1 日正式开工兴建，到 1958 年 4 月 22 日竣工建成，5 月 1 日正式落成揭幕，前后经历了 9 年时间。此后天安门广场经整修扩大到 $40hm^2$，纪念碑也在 1961 年被列入全国重点文物保护单位。由此可见，人民英雄纪念碑的建设和落成是当时首都建设和纪念性建筑建设史上最重要的事件。

这个由国家兴建的对政治性和艺术性都要求极高的大型公共艺术工程，体现了无数人的智慧和艺术创造力，是中央领导、广大专家和人民群众紧密结合，集思广益，反复推敲而凝成的优秀成果。毛泽东主席、周恩来总理、彭真市长等老一辈领导对于工程的重大决策、方案审定乃至浮雕内容的选定等都做过重要的原则性指示。而参与纪念碑建设的各路专家，包括建筑师、雕塑家、美术家、史学家以及工程专家等在梁思成和刘开渠先生的领导下，多次讨论修改，反复研究论证，尤其是多次将设计方案及模型公开展出，征求首都各界和广大市民的意见，最后形成了为广大人民群众接受的纪念建筑形式。

图 1.《人民英雄纪念碑》书影

在人民英雄纪念碑的整体设计中出于对于中华文化的自信，采用了广大群众十分熟悉并喜爱的传统形式。纪念碑从台座、碑座，到碑身、碑顶，从整体到细部，从大的比例造型到细微的装饰纹样，都是在广泛吸取前人智慧和成功案例的基础上兼收并蓄，取精用宏，推陈出新的综合和创造，取得了建设的成功。在当时的时代背景下能够取得这样里程碑式的成果是很有启发和指导意义的。纪念碑的筹备和建设前后用了 9 年时间，这固然和当时的技术条件、施工条件等诸多因素有关，但同时这个较长的时间也为建筑师、雕塑家、工艺美术家的设计和构思，直至最后定稿，留下了相对充裕的时间。而纪念碑的加工、雕刻、安装也都需要精雕细刻，要有足够的施工周期，这也是人民英雄纪念碑能够成为经得起时间考验的高质量、高水平的传世之作的重要保证。

在人民英雄纪念碑建成一个甲子的时刻，重新回眸当年的建设更是一件极有意义的事情。贾英廷先生供职的天安门地区管理委员会是一个由北京市政府派出，行使政府职能，会同有关部门统一规划和协调管理天安门地区事务的办事机构，为保证天安门广场政治、文化、外交等活动的顺利进行做了大量工作。贾英廷先生长期在天安门地区管委会工作，且担任领导职务，对天安门一草一木的了解有天时地利之便，对天安门一砖一瓦的变迁有挥之不去的情怀。他曾出任天安门地区管委会的新闻发言人，著有《百年天安门》《天安门的中国记忆》等著作。2014 年，《百年天安门》还曾入选“经典中国国际出版工程”图书，并作为国家外向型出版物输出至美国、英国等多个国家。这次《人民英雄纪念碑》的成书更是作者在长期潜心整理、收集、采访、研究钩沉的大量成果中，以人民英雄纪念碑建设的全过程作为本书的时间主线，在纪念碑的早期策划、方案设计、艺术创作和建造施工的每个重要节点上，用独有的视角将研究成果分解成许多引人入胜的故事。这种故事性的情节可以让人们更充分详细地了解纪念碑建设过程中不为人知的一面。在讲述生动故事的过程中增加了本书的可读性和趣味性，这也将成为首都建设史、公共艺术史和城市雕塑史研究中的重要补充。

本书选用了近百幅珍贵的图片资料，这也是本书除文本以外的重要补充和说明。众所周知，当下我们已经进入读图的时代，这些图片资料哪怕是一些散碎的片段，只要能够如实地、有逻辑性地反映一个事件，尤其是表现纪念碑建设这样重大的事件，就可以传达许多用文字所无法表达的内容和信息。尤其是这些信息经历了 60 年的时间跨度，它们有着比文字更强的优势和表现力，凝固了许多特定的瞬间。正如一位摄影理论家所说：“所有的照片，都会由于年代足够久远而变得有意义和感人。”我国史学界此前已经开始了“图像证史”和“图像传史”的学术讨论和研究。图像无语胜千言。在本书中这些图片资料和文本资料互相映衬，相得益彰，同样会引起人们的共鸣。

我工作的北京市建筑设计研究院是人民英雄纪念碑的建设设计单位之一。这些年我曾多次参与天安门地区建设和管理的研讨，这次有幸先睹本书全稿，颇有感慨。出于对人民英雄纪念碑的景仰和对首都公共艺术的关心，草拟文字，谨作序言。最后祝贺《人民英雄纪念碑》一书的出版，并预祝贾英廷先生不断有新作问世。

2018 年 8 月 25 日

《河北省工程勘察设计大师丛书——建筑卷》序

注：本文为《河北省工程勘察设计大师丛书——建筑卷》一书的序言，天津大学出版社

燕赵大地沃野良川，南北通衢，山盘巨龙，水舞灵蛇。最近河北省工程勘察设计咨询协会准备出版一套“河北省工程勘察设计大师丛书”，这是河北省工程勘察行业领军人物的一次展示和检阅，也是改革开放以来河北省工程勘察行业所取得成就的集中体现。他们的作品和业绩对河北省起到了引领和推动作用，对全国工程勘察设计行业而言，也是一次极好的汇报和交流。

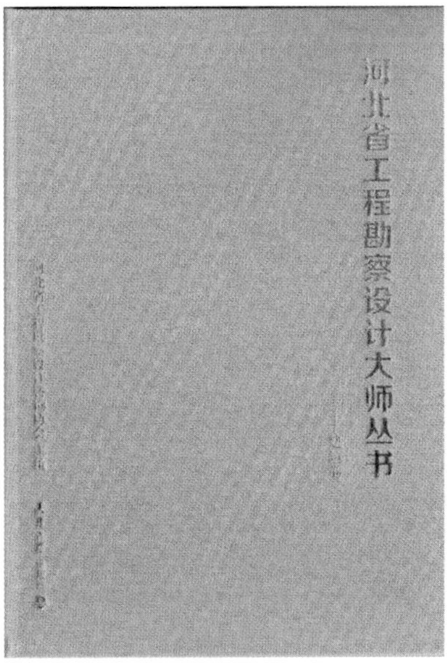

1

燕赵大地人杰地灵，群星璀璨。本丛书中的《建筑卷》展示了河北省建筑界李拱辰、郭卫兵、孙兆杰、谷岩、孔令涛、郝卫东、岳欣、曹胜昔等八位建筑大师的风采。他们长期植根、耕耘在燕赵大地，为本省建筑事业的发展与提升贡献了自己的才智和心血。他们是河北省建筑设计界的代表，是河北省改革开放和现化进程的亲历者和践行者。他们的成就也是河北省建筑设计界的缩影。

天时、地利、人和的众多优越条件成就了这些建筑大师具有特色和生命力的作品。

解放思想春风化雨，改革开放大潮翻卷。尽管这八位建筑大师的教育背景、工作经历、成长过程各不相同，但是都脱离不开国家改革开放的大环境。改革开放 40 年，也为河北省带来了大好的机遇，在经济发展和城市化的进程中，广大城市和村镇以前所未有的速度进行着建设，基础设施的进一步发展为建筑师们大展身手提供了绝好的舞台。这些大师们把握时代机遇，勇站时代潮头，创作出一批批体现时代特征、反映社会进步、具有地域特色的建筑精品，从而获得了业界广泛认可。

燕赵大地是中华民族的发祥地之一，物华宝地，人文璀璨，沧桑历史，画卷恢宏。五千多年前中华民族的始祖就在这里从征战到融合，开创了中华文明史。英雄千古悲歌，才俊旷世绝唱，这里有省级以上的文物保护单位 930 处，数量居全国第一位，有 3 处世界文化遗产，6 个国家历史文化名城。“赵州陈桥巧夺天工，毗卢明绘美轮惊艳。隆兴佛阁圆照圣地，柏林禅寺悟空正源。”丰厚的历史文化积淀滋养了河北的大师，人文底蕴成为创作的源泉，他们守正创新，薪火相传，在各种不同类型的设计作品中

图 1.《河北省工程勘察设计大师丛书——建筑卷》书影

很好地处理了传统与现代、坚守与开拓的关系，赋予自己的作品以新的生命、精神和气质。

国门的开放同样也惠及河北省，建筑师们可以通过“走出去，请进来”来完善自身。通过国外的考察和参观，可以实地了解欧美建筑的过去和现在，亲身体验当地的建筑溯流，及时掌握第一手信息。而同时通过在国内建筑市场与国外建筑师的交流和竞争，他们直接接触许多国外的新理念和新技术，兼收并蓄，皆为我用，进一步提升了大师们的创作激情和设计活力。

科教兴国，人心所向。我一直认为，建筑创作活动是极具个人色彩的集体创作行为。河北省的八位建筑师分属的五个不同的设计单位，在改革开放以后形成了不同的设计运作体制，在各自擅长的领域成熟地运行。一个成功的设计作品，首先需要领军人物的构思、组织和运作，同时需要与之配合默契而热情的团队，还要相关专业工程师的紧密合作，当然也需要开明而具前瞻性和包容力的主管部门和业主，最后还要有施工单位的支持和再创作，只有这样才能有设计作品的满意完成度。从这点出发，说明在设计作品创作的每一个环节都需要具有“工匠精神”的队伍。这也是设计作品取得成功不可或缺的条件和人力保障。

河北省古称冀州，所谓“冀”者，希望之意也。在这片希望的田野上，可以预见随着新时代、新征程契机的来临，产业升级、结构调整、环境改善、生态优先将为城市建设的发展提供新的机遇。随着京津冀三地协同发展上升为重大国家战略，除了疏解北京的非首都功能外，还要进一步提升河北省经济社会发展速度和水平，尤其是雄安新区的设立，提出了“成为推动高质量发展的全国样板，建设现代化经济体系的新引擎，坚持世界眼光、国际标准、中国特色、高点定位，坚持生态优先、绿色发展，坚持以人民为中心、注重保障和改善民生，坚持保护弘扬中华优秀传统文化延续历史文脉”的目标。将来，这里将成为中国进一步改革开放的高地，为新时代全面深化改革、扩大开放树立新的样板。京津冀的建筑工作者们责无旁贷，河北省更是重任在肩。

太行山峰峦叠嶂，白洋淀碧波荡漾。预祝河北的建筑大师们在“千年大计、国家大事”的新征程中取得更大的成就。

东瀛研修的回忆

1

改革开放四十年中祖国大地发生了翻天覆地的变化，在时代的大潮流中，我们每一个人同样地感受到这种变化在身上的体现。三十多年前的1981—1983年间，我有一次公派出国去日本丹下健三城市建筑研究所学习两年的机会，两年中的所见所闻，真可以写好几本书，这次的回忆因篇幅所限，只能摘要地加以简述。

丹下健三先生是具有国际声誉和影响的日本建筑大师。1964年东京夏季奥运会上的代代木体育中心的两个比赛馆和1970年大阪世界博览会的总体规划及庆典广场等设计的成功奠定了他在日本建筑界的地位，1980年他获得日本文化勋章，是日本对文化艺术界人士的最高奖项。此间他还陆续取得了一系列的国际奖项和英国、美国、德国、意大利等国建筑奖。1980年他通过中间人向北京市建议：可以派五个人到他的研究所去工作两年，此间他们的全部在日费用均由他负担。对于他的善意北京市十分赞赏，北京市科委决定市规划局和市建筑设计院各派出两人、建工局派出一人去日本学习。规划局是吴庆新和任朝钧，建院是柴裴义和我，建工局是建工研究所的李忠梼（到日本后才知当中还有点小误会，当时日方提出一名在施工工地，我方以为要求是施工人员，实际上日方提的是设计监理，当时中国还没有这个专业，去日以后才发现有了误会，日方后来又联系了施工公司）。经过一段日语的强化学习后，我们在赵冬日先生的陪同下就奔赴日本了。赵总1941年毕业于日本早稻田大学，和1938年毕业于东京大学的丹下先生辈分相近。

在改革开放初期，公派到国外建筑名师的事务所去学习的机会并不多，据我所知除我们以外，几乎同时出国的还有去美国贝聿铭事务所工作的部院王天锡。当时丹下先生是希望中国派一些年轻人前去，“在北京访问时我看到最年轻的38岁，年纪最大的52岁。其原因是38岁以下的人因为‘文化大革命’没有受到专门的教育。对中国来说将近15年的空白，我想真是个很大的问题。”（引自《丹下健三自传》）。的确如此，柴裴义和我都是1942年生人，是“文革”之前的最后一批大学生了。在别人看来我们是赶上了改革开放的头几班车，可是对我们的岁数而言，恐怕就是“末班车”了。所以我们到日本后，在研究所的年轻人开玩笑说：“来的都是‘大叔’级别的。”

图1. 丹下健三先生（1982年7月）

2

3

到日本没几天之后就正式开始了工作。此前日方为我们在港区南麻布租好了一所住宅的二层（港区是租金十分昂贵的地段），置办了家具和家用电器，买好了上班的月票，上班坐 3~4 站汽车，研究所位于赤坂草月会馆的 9 和 10 层，总面积约 1100 ㎡，9 层是两间大工作室，10 层是一间大工作室。另外就是先生的办公、会客及秘书、财务的房间。研究所号称有 120 人，除东京外，在巴黎和新加坡还有分支，实际在办公室工作的也就 60 人左右。

我们研修的主要方式就是分配到各个设计小组去参加设计工作。开始我被分配在广岛市政厅方案竞赛的小组，帮助画平、立面图。广岛是丹下先生的老家，所以先生也十分重视，我几乎每天都加班到末班车时才离开。有一天太晚了步行回家走了 40 分钟（但这次竞赛并未获胜）。以后陆续参加的十几项工程全部都是日本海外的项目，其中新加坡的最多，有五项，其次是非洲尼日利亚的，再就是中东沙特、巴林，亚洲的尼泊尔，澳大利亚的悉尼等。因为那时还没有使用计算机，所以主要的工作内容是制作模型。日本制作模型的材料、工具、两面胶等都很齐备、配套，需要的材料都可以买到，所以制作起来十分顺手方便。像那时十分时兴采光顶，一般的做法就是在聚酯片上刻出网纹，填上白色就可以，但如比尺大些，就要用薄木片先切成细杆件，然后再胶结成立体网架的形式，真是十分细致并要求耐心的工作。回国时我特地把我制作的一个建筑模型带回来留作纪念。

广岛项目之后我又到了尼日利亚新首都阿布贾中心区的规划和城市设计组，这个工程规模很大，模型也大，小组占了十层整整一间工作室的面积，除日方人员外，还有尼日利亚的设计人员参加。当时需要提交一份阿布贾中心区的城市设计报告，要求我为工程画些单线的表现图。画第一张时我特别小心，反复画了多种草稿，换了不同的视角，也征求日本同行的意见，后来先生也多次来看过，第一张得到首肯以后我就比较放心了。因为有在北京院多年工作的经验，应付起来比较自如，只要定下视点高度，并确定一个灭点位置就可以完成。当然每一幅画面的许多内容和形象都要自己设计，所以在绘制时也要费

图 2. 草月会馆外景　　图 3. 作者制作的建筑模型（新加坡电话电讯公司工程）

一番脑筋。另外日方的立面设计也在不断修改，有时石材，有时又改为幕墙，而且要保证石材或幕墙透视图上的分块或分格与立面图完全一致。但我的速度也越来越快，能达到一天一幅或多幅，所以引得非洲同行也来请教画透视图的诀窍。最后完成的报告书约 200 页，其中采用了我绘制的 14 幅透视图（实际画的数量要比这个多很多了），以至研究所的三把手对我说：你画的这些比我们研究所过去一年里画的数量还要多。当时我也有点“知识产权”意识，在每幅透视图上都留下了 MA 的字样，但安排的比较巧妙，恐怕只有我自己才能从图中找到。

又过了几个月，尼日利亚的国会大厦做深入的设计，需要其内部各主要厅堂的表现图。这次不是印刷报告书，而是要大幅的表现图，于是我把表现方法由钢笔单线改为了铅笔，因为铅笔画起来更方便，在室内更适于表现光感和层次感。而室内透视又比室外画起来更简单，每次我画好大约 52cm × 42cm 的铅笔稿以后，就请外面公司把它放大到展板上，然后我再在上面上色。此前别的工程中，我尝试过彩色铅笔，但最后只是淡彩的效果，不够强烈。后来找到一种透明的塑料薄膜（COLOR OVERLAY），膜的一面是胶，用利刃可以十分方便地在画面上裁割成需要的形状，基本等于干作业的平涂，但色彩均匀而且可以几种颜色叠加，十分丰富，边界清楚，而且速度极快。以这种风格完成了立面，议会大厅，门厅，过厅等处的大幅表现图。我自认这是自己就地取材独创的一种新表现形式，在别的地方还没有见到过，这里顺便也自吹一下。最后在 1982 年 10 月新加坡国王中心的方案中，又绘制了一幅室内，一副剖面透视，铅笔稿就有零号图纸那么大，主要是细部能更多。

丹下先生的大部分时间都在外面，平时很少见到，有时休息日他要来看工程，这时大家都要赶来“加班”。研究所的工作也是时忙时闲，忙的时候连续几天连轴转，白天黑夜不带合眼的，闲的时候有的人一上午都不来上班（肯定那时丹下先生不在国内），可我们依然每天都准时九点到研究所。那时学习日语口语的条件并不好，因为上班时大家都在埋头工作，没有时间聊天，回家以后五个中国人在一起长进也不大，这样只好在笔译上下点功夫。我就利用空闲的上班时间首先收集丹下先生的作品和论文，因为研究所有个小图书馆，查找很方便。我把他历年的作品、图纸、评论及介绍都收集起来，把其中的重要部分笔译出来，尤其是他代表性的论文，还真“啃”下来几篇，里面有看不懂的暂时先跳过去，这样对丹下先生的资料我收集和翻译比较齐全了。后来中国建筑工业出版社在 1984 年准备出版一套国外著名建筑师丛书时，编辑找到我撰写丹下一册，我很快答应下来，因为内容都是现成的，编写评论的长文稍困难一些，但最后在 1986 年交出全部书稿。尽管拖拉到 1989 年 3 月才正式出版，但仍是这套丛书中第一个完成并出版的，这也得益于在日本时已积累下来足够的素材了。这也是对丹下先生这位建筑大师的建筑理论、设计实践以及个人历史的系统梳理，这里我就不赘述了。

另外在参加不同的设计项目时，顺便也把这些项目的设计说明书也都作为学习的内容。因为是日本海外项目，所以都是英文文本，但我发现日本人所撰写的英文文件，阅读起来相对比较容易，而要看由地道的英国人撰写的报告，那就要困难多了，几乎到处都是生词。通过阅读这些报告，我了解了许多第一次遇到的新词和新概念，如 URBAN DESIGN（城市设计），CBD（中央商务区），VIP（贵宾），FAR（容积率）等。现在这些词汇我们这里都已耳熟能详，可三十几年前还是很新鲜的。

为了加强对日本历史的了解，我还翻译了太田博太郎的《日本建筑史序说》（最近看到已有同济的正式译作），还翻译过一篇有关贝聿铭的长文等。但对在日本的学习来说，更多地则是收集资料，当时日本的资讯就很发达，消息十分灵通，让我更满意的是复印十分方便，那时国内也开始引进复印机，像建院引进的是德国施乐，但复印时需要用专用的纸，很不方便，而这里则是普通的 A3、A4 纸，可以两面印，可以缩印。我因为怕复印太多回国不好带，所以对这些技术运用极为纯熟。收集资料的专题也十分广泛，只要是我感兴趣的，如建筑史，建筑师、抗震、防灾、老龄化、住宅、体育（院里要求的）、构造等。有一次做尼日利亚国会大厦时，尼方要求室内增加民族的特色，研究所马上让巴黎寄来一本非洲纹样图集，内容精彩极了。后来我就全部复印了下来。日本的建筑杂志种类也极多，有用的资讯很多，尤其是一本《日经建筑》的杂志，是半月刊，刊登国内外动态的消息十分及时。更方便的是杂志的最后有多页各种厂家广告的集中介绍，分门别类都编了号，杂志附有一张卡片，只要把姓名、地址、单位填上，然后把你所想要的厂家介绍或产品样本编号勾出寄到杂志社，此后产品样本就源源寄来。我们用这种方式也收集了不少建材和产品的样本，十分便利，国内至今还没有类似的服务，还是依靠产品推销员一家一家地跑。

4

5

6

日本是照相机大国，我对摄影心仪已久，苦于没钱买不起相机，到日本后很快购置了佳能 AE-1，这样摄影的兴趣被激发出来，每到休息日就外出拍照，先负片后来又加上正片，先把位于东京的丹下先生的作品都拜访到，有的（如代代木体育中心）还去过不止一次。假日到外地时，除了丹下先生的作品外，对于日本一些有名建筑师的作品也都收集了一些。后来几次要给丹下先生拍照都被所里提醒制止。有一次先生来看尼日

图 4.1982 年 7 月在日本丹下事务所内　图 5. 在日本朋友家做客　图 6. 研究所的告别酒会（1983 年）

利亚模型，看他当时心情很好，我就趁机拍了一些。后来有一张就用在《丹下健三》一书上了。但也出过洋相，有一次院里一考察团来日，我陪他们参观并代为拍照，等到新宿时发现都拍了40张了，还没有拍完的意思，打开相机后盖一看胶卷根本就没挂上，让大家白做了诸多表情。当然后来的相机为防止没有挂上胶卷采取了很多预防和检测措施，但这都是后话了。

再说说研究所的日本同事，对我们都十分热情，大家在一起国内外大事小事无话不谈，在工作中对我们也很照应。后来大家熟稔以后也经常互开玩笑。好几位邀请我们去他们家里做客，怕我们不认识路，画好了详细的乘车路线。有一次请我们到家为他们表演地道“中华料理”的制作，来了三四家的主妇，每人拿一个笔记本把每一步骤记成笔记。我们当中的吴庆新的厨艺还是可以，我切凉菜的刀工也让日本朋友惊叹了一番。只是最后我们在超市买香油时买错了，日本的香油称为胡麻油，而我们没注意，就买了香油，拌出来全不是那个味道了。还有几位结婚时也邀请我们去参加。有一次所里几个年轻人要参加香港顶峰的国际竞赛，这属于“干私活”，是绝对不能让丹下先生知道的。他们也在休息日把我叫去为他们画了四张室内外透视图。丹下先生和夫人对我们也是十分关心，多次通过所员询问我们的生活和学习，有一次夜里加班，正是台风横断东京之时，外面风雨交加，先生夫人几次打电话让我们赶紧回家休息。1981年圣诞节前，招待我们几人吃饭，饭后还专门到丹下先生的家里叙谈了一番（可惜那次没有带相机）。最让我们感动的是我们到日本一年左右时，在年底安排我们放假一周回国探亲，丹下夫人说：“一般我们所员在国外最长只待三个月，你们都出来一年了，还没有回去过。”于是我们高高兴兴回来一趟。在两年研修期满回国之前，先生专门为我们在所里举办了一次酒会，丹下先生和夫人，全体所员，包括秘书，司机都参加了，气氛十分热烈。在最后不知是谁起的头，大家唱起了《友谊地久天长》，就在那时我流泪了。除了在两年光阴与大家朝夕相处所结下的友谊和感激之外，音乐的感染力也让人难以自持！

到国外学习除了学习专业知识外，更多地是可以了解那个国家和民族的文化、习俗、美学观、价值观，好像过去是用放大镜看身边的环境，用望远镜看域外的国家，而出国的经历则正好反过来了，可以用放大镜来观察过去我们不熟悉的国家。在日本学习还有一次意外的惊喜，那就是在1982年10月4日陪同贝聿铭夫妇在东京参观了大半天，详情我已在《建筑学报》写过一篇回忆文章。交谈中贝先生十分关心我们回国以后的打算（当时王天锡已经回国了）。我回答还是想做好手中的具体工作，没有更多的打算。后来贝先生语重心长地说：将来的希望是在你们这一辈人身上。我记得回答说，我们这一辈人要努力做一些工作，一些宣传工作，一些舆论工作，但总体看来我们还是过渡的一代，将来能大加发挥或寄予希望的倒可能是我们的下一辈。贝夫人说，还是要有一个目标，为此而奋斗。我说：是的，那要花费很长时间的，在中国办成一件事不是那么容易的，也可能成功，也可能失败，也可能碰得头破血流。贝夫人回答，当然是这样，我们理解。距那次会见已过去了37年，中国的建筑事业还是有了极大的改观。中国的中年和青年建筑师们已经展现出了新的面貌，不但在国内大展身手，并已经走向了国际舞台。

2019年1月9日

后记

2019年是和中华人民共和国同龄的北京市建筑设计研究院有限公司成立70周年，在公司的大力支持下，这本论文集得以顺利出版，这也是作者作为一个在公司工作了54年的员工，向公司70周年庆典的一个小小献礼，也是一次汇报。

这本文稿是继《日本建筑论稿》（1999年）、《体育建筑论稿——从亚运到奥运》（2007年），《建筑求索论稿》（2009年）、《环境城市论稿》（2016年）之后的另一册论文合集。在文章的选择上是基于以下的考虑：

（1）以前的各本论稿都是集中于某一个专题，将与此专题有关的论文、谈话等收集在一起，可以从历时性的角度看出在涉及专题方面的诸多思考；但有一些论文和文字的内容不属于前述的几个专题，可是觉得尚有参考的价值，不忍割爱，因此想把这些内容上不相干的文章选取一部分整理编辑在一起；

（2）在前述各册论稿出版以后，又有与前几册内容相关的新论文，这次也予以收入；

（3）为部分书籍或杂志写的稿件或序言，其中有的因各种原因未得正式发表，这次也收入了一些。

经过编选之后，觉得共50篇文字尚能构成一本书的篇幅，最后按发表或写作时间排序。但因内容比较碎片化，无法用一个标题加以概括，故名之《集外编余论稿》。即如本书第一篇文章《住宅的现状》，是37年前发表于日本的一篇介绍性文字，如今早已时过境迁，但作为当时情况的反映，其内容可能仍会有些参考价值，加上又是自己在国外发表的第一篇论文，所以收录。另外由于论文发表的前后时间跨度较大，对有些插图也做了较大的补充和修改。

本书得以出版还要感谢天津大学出版社、《中国建筑文化遗产》编辑部等单位的大力支持，多年来在他们的鼓励、支持和协助下，陆续整理出版了一些著作，在当前学术著作出版不易的现状下，我充满了感激之情，在此再次对他们表示衷心的感谢。

2018年3月14日